高职高专建筑工程专业系列教材

建 筑 材 料

（第四版）

刘祥顺　主编

中国建筑工业出版社

图书在版编目（CIP）数据

建筑材料/刘祥顺主编. —4 版. —北京：中国建筑
工业出版社，2014.11（2022.6重印）
高职高专建筑工程专业系列教材
ISBN 978-7-112-17479-9

Ⅰ.①建… Ⅱ.①刘… Ⅲ.①建筑材料-高等职业教
育-教材 Ⅳ.①TU5

中国版本图书馆 CIP 数据核字（2014）第 265739 号

本书共 12 章，主要介绍建筑材料的基本性质、无机气硬性胶凝材料、水泥、混凝土、建筑砂浆、烧土及熔融制品、天然石材、建筑钢材、木材及其制品、有机合成高分子材料及防水材料等在房屋建筑工程中常用的建筑材料的基本成分、性能、技术标准及应用等必要的建筑材料知识。为了方便教学，每章后备有复习思考题及习题，书后介绍了建筑材料试验。

这次修订对砂浆、混凝土的配合比设计内容作了大量修改和补充，并新增了"混凝土质量的控制与评定"。

本书既可作为高职高专建筑工程专业教材，又可作为土木工程技术人员的参考书。

* * *

责任编辑：朱首明　刘平平
责任校对：李美娜　赵　颖

高职高专建筑工程专业系列教材

建　筑　材　料

（第四版）

刘祥顺　主编

*

中国建筑工业出版社出版、发行（北京西郊百万庄）
各地新华书店、建筑书店经销
北京红光制版公司制版
北京建筑工业印刷厂印刷

*

开本：787×1092 毫米　1/16　印张：16½　字数：395 千字
2015 年 1 月第四版　　2022 年 6 月第三十八次印刷
定价：32.00 元
ISBN 978-7-112-17479-9
（26159）

第 四 版 前 言

本书自 1997 年出版后，至今已经历了 16 个年头。经三次修订，三十余次印刷，共发行了十余万册。众多院校师生及广大读者给予充分的肯定和欢迎。近年来，建筑技术和有关标准更新较快，为使教材内容跟上科技发展的潮流，满足教学的需要，决定再次进行修订。

一、本次修订仍保持原教材的内容体系和原教材的编写特点。

二、在绪论中引入了绿色建材与绿色建筑的概念，使学生对绿色建材有一个初步的认识。

三、本次修订对第一章"建筑材料的基本性质"内容进行了重组与归类。

四、对钢材与木材部分增加了防火的内容。

五、近年，石灰、混凝土、建筑砂浆、建筑石油沥青、高分子防水卷材以及水泥、金属材料、沥青的试验方法等国标均有较大的更新。本次，上述内容均以现行标准加以修订。

六、对砂浆、混凝土的配合比设计按新《规程》作了大量修改与补充。

七、混凝土部分增加了混凝土强度检验评定的内容。

参与本版教材修订工作的人员有沈阳建筑大学刘祥顺（绪论、第一、四、五、六章）、张巨松（第八、九章）、徐长伟（第十、十一章）；哈尔滨工业大学李学英（第二、七、十二章）；山东建筑大学祁世勋（第三章）；辽宁建筑职业学院周大伟（建筑材料试验部分）。全书由刘祥顺统稿。

本书修订中难免有不当之处，恳请同行专家及广大读者给予指正，并提出宝贵意见。

2014 年　编者

第 三 版 前 言

本书首次作为"房屋建筑工程（工业与民用建筑）"专业专科教材出版于 1999 年 6 月。之后曾多次印刷，并被众多院校采用作为教科书。出版社曾希望编者对该书进行修订。直至 2007 年进行了第一次修订，第二版至今又已有四年。在这四年中多种重要建筑材料的技术标准又经更新，使得本书的内容已跟不上形势的发展和教学的需要。因此在各位编者的努力下，对第二版教材进行了较大幅度的改动和更新。

一、本次修订仍保持原教材的内容体系与原教材的编写特点。

二、为了更加适应高职高专学历层次的特点和需要，在新版教材中增加了一些例题以便帮助学生深入理解课程内容。同时还删去了部分内容。

三、新版教材中明确地提出了材料在呈现不同状态时的密度概念，区分了材料内部孔隙的开口与闭口，以及对材料的性能如吸水性、抗冻、抗渗、绝热、吸声等的不同影响。

四、最近几年建筑石膏、水泥、混凝土、砂浆、钢材、木材、防水卷材等主要建筑材料的技术标准有了较大的更新。本次改版各位编者都做了大量细致的工作，使得全书都采用了现行标准。

五、本次再版将一些常用建筑材料按照《建筑材料术语标准》JGJ/T 191—2009 进行了规范。

六、本次教材修订的参编人员有沈阳建筑大学刘祥顺（绪论、第一、四、五、六章）、张巨松（第八、九章）、徐长伟（第十、十一章）；哈尔滨工业大学李学英（第二、七、十二章）；山东建筑大学祁世勋（第三章）；辽宁建筑职业技术学院周大伟（建筑材料试验部分）。全书由刘祥顺统稿。

本书修订难免有不当之处，恳请读者及同行专家给予指正，并提出宝贵意见。

2010 年　编者

第 二 版 前 言

高等专科工业与民用建筑专业系列教材"建筑材料"首次出版于 1997 年 6 月，至今已有十个年头。在这十年中经多次印刷，并被众多院校所采用，受到广大读者的欢迎。随着我国改革开放形势的不断深入，科学技术日新月异。在材料科学领域中，新材料、新技术不断出现。我国的技术标准也在一步步与国际接轨。为了适应形势的发展，适应教学的需要，本次对原教材进行了必要的修订。

一、本次修订仍保持原教材的内容体系和原教材的编写特点。

二、近几年，随着我国改革开放形势的发展，我国的各种技术标准都在逐渐地与国际接轨，与国际先进水平接近。各种建筑材料（如水泥、混凝土、建筑钢材等）的技术标准均已更新。旧标准不宜长期作为教学内容。修订后的教材均采用国家现行的技术标准。

三、由于国家建筑体制及市场的变化，建筑材料的使用及供应渠道也在发生变化。如建筑工程中最重要的材料——混凝土，在大、中城市中已由原来的绝大部分由工地自拌生产，发展到预拌（商品）混凝土，直接提供给工地。为此，在第四章混凝土中增加了一节介绍关于"预拌混凝土"的有关知识。

四、由于国家土地政策的不断深入落实，黏土砖的使用范围受到限制，一些地方已经处于被取缔或半取缔状态。同时，各类混凝土砌块的出现和发展将成为现代建筑砌体的主体材料。因此，在第四章中增加了"混凝土制品"一节主要介绍混凝土类的砌块。

五、本次教材修订的参写人员有沈阳建筑大学刘祥顺（绪论、第一、四、五、六章）、张巨松（第八、九章）、刘军、徐长伟（第十、十一章）、刘祥顺、迟宗立（建筑材料试验部分）；哈尔滨工业大学李学英（第二、七、十二章）；山东建筑大学祁世勋（第三章）。全书由刘祥顺统稿。

本书修订难免有不当之处，恳请读者及同行专家给予指正，并提出宝贵意见。

2007 年　编者

第 一 版 前 言

一、本书为"房屋建筑工程（工业与民用建筑）"专业专科教材，是根据全国建筑工程学科专业委员会提出的《建筑材料》课程教学基本要求的精神编写的。着重拓宽学生在建筑材料方面的知识，加强学生对材料的使用性能与特点的理解与掌握，并使学生具有必要的测试技能。

二、为了注重学生的能力培养，教材把重点放在材料的基本性质、水泥、普通混凝土、建筑钢材等一些学生应掌握的基本理论和基本知识以及建筑工程中常用的主要建筑材料上，对一些新材料、新品种和要求了解的内容标以＊号，可供学生自己阅读，以便提高学生的自学能力。

三、本书还为学生介绍了建筑材料标准的基本知识。在书中各种材料介绍时，突出了规范的作用，加强学生的法规观念。并且全书采用了法定计量单位及当前最新的技术规范，使学生获得最新知识。

四、本教材基本上是按材料组成安排教材内容体系的。为了适应建筑施工中按功能对建筑材料进行分类的需要，提高学生按使用功能对各种材料进行综合比较的能力，本教材增设了第十二章建筑材料按使用功能分类，按材料的使用功能加以对比、归纳总结。以便加深学生对材料使用性能的了解。

五、本书由沈阳建筑工程学院刘祥顺担任主编。参加编写的人员有：刘祥顺（绪论、第一、四、五、六章）、哈尔滨建筑大学葛勇（第二、七、十二章）、山东建筑工程学院祁世勋（第三章）、沈阳建筑工程学院张巨松（第八、九章）、刘军（第十、十一章）、迟宗立（建筑材料试验）。

由于时间仓促，编写人员缺乏经验以及水平所限，书中难免有缺点和不妥之处，恳请读者及同行专家给予指正并提出宝贵意见。

1997年　编者

目　　录

绪　　论

第一节　建筑材料的定义与分类

建筑材料是指在建筑工程中所应用的各种材料的总称。应包括：

（1）构成建筑物本身的材料，如钢材、木材、水泥、石灰、砂石、烧结砖、玻璃、防水材料等。

（2）施工过程中所用的材料，如钢、木模板及脚手杆、跳板等。

（3）各种建筑器材，如给水排水设备，采暖通风设备，空调、电气、电信、消防设备等。

本教材中主要介绍构成建筑物本身所使用各种材料。

建筑材料品种繁多，可从不同角度进行分类，常见有按化学成分（表 0-1）和按使用功能（表 0-2）两种分类方法。

建筑材料按化学成分分类　　　　　　　　　　　　　表 0-1

分　　类		实　　例
无机材料	金属材料	黑色金属	普通钢材、非合金钢、低合金钢、合金钢
		有色金属	铝、铝合金、铜及其合金
	非金属材料	天然石材	毛石、料石、石板材、碎石、卵石、砂
		烧土制品	烧结砖、瓦、陶器、炻器、瓷器
		玻璃及熔融制品	玻璃、玻璃棉、岩棉、铸石
		胶凝材料	气硬性：石灰、石膏、菱苦土、水玻璃 水硬性：各类水泥
		混凝土类	砂浆、混凝土、硅酸盐制品
有机材料	植物质材料		木材、竹板、植物纤维及其制品
	合成高分子材料		塑料、橡胶、胶粘剂、有机涂料
	沥青材料		石油沥青、沥青制品
复合材料	金属-非金属复合		钢筋混凝土、预应力混凝土、钢纤维混凝土
	非金属-有机复合		沥青混凝土、聚合物混凝土、玻纤增强塑料、水泥刨花板

分　　类	定　　义	实　　例
建筑结构材料	构成基础、柱、梁、框架屋架、板等承重系统的材料	砖、石材、钢材、钢筋混凝土、木材
墙体材料	构成建筑物内、外承重墙体及内分隔墙体的材料	石材、砖、空心砖、加气混凝土、各种砌块、混凝土墙板、石膏板及复合墙板
建筑功能材料	不作为承受荷载，且具有某种特殊功能的材料	保温隔热材料（绝热材料）：膨胀珍珠岩及其制品、膨胀蛭石及其制品、加气混凝土 吸声材料：毛毡、棉毛织品、泡沫塑料 采光材料：各种玻璃 防水材料：沥青及其制品、高聚物改性沥青防水材料、高分子防水材料 防腐材料：煤焦油、涂料 装饰材料：石材、陶瓷、玻璃、涂料、木材
建筑器材	为了满足使用要求，而与建筑物配套的各种设备	电工器材及灯具 水暖及空调器材 环保器材 建筑五金

第二节　建筑材料的特点及其在工程中的地位

建筑材料是一切建筑工程的物质基础。要发展建筑业，就必须发展建筑材料工业。可见，建筑材料工业是国民经济的重要基础工业之一。

随着国民经济的高速发展，需要建造大量的工业建筑、水利工程、港口工程、交通运输工程以及大量的民用住宅工程，这就需要数量巨大的优质的品种齐全的建筑材料。

建筑材料不仅用量大，而且有很强的经济性，它直接影响工程的总造价。一般住宅工程的材料费用约占总造价的 50%～60%。所以，在建筑过程中能恰当地选择和合理地使用建筑材料不仅能提高建筑物质量及其寿命，而且对降低工程造价有着重要的意义。

建筑材料的质量如何，直接影响建筑物的坚固性、适用性及耐久性。因此，要求建筑材料必须具有足够的强度以及与使用环境条件相适应的耐久性，才能使建筑物具有足够的使用寿命，并尽量地减少维修费用。

建筑材料的发展是随着人类社会生产力的不断发展和人民生活水平不断提高而向前发展的。现代科学技术的发展，使生产力不断提高，人民生活水平不断改善，这将要求建筑材料的品种与性能更加完备，不仅要求经久耐用，而且要求建筑材料具有轻质、高强、美观、保温、吸声、防水、防震、防火、节能等功能。

因此，作为建筑材料必须具备如下四大特点：适用（具有要求的使用功能）、耐久（具有与使用环境条件相应的耐久性）、量大（具有丰富的资源）和价廉。

理想的建筑材料应具有轻质、高强、防火、无毒、高效能和多功能的特点。

第三节　绿色建筑材料与绿色建筑

一、绿色建筑材料

绿色建筑材料是指采用清洁生产技术，不用或少用天然资源和能源，大量使用工农业或城市固体废弃物生产的无毒害、无污染、无放射性，达到使用周期后可回收利用，有利于环境保护和人体健康的建筑材料。因此，绿色建筑材料又称生态建材、环保建材和健康建材。

绿色建筑材料是在传统建筑材料的基础上产生的新一代建筑材料。当前主要包括新型墙体材料、保温隔热材料、防水密封材料和装饰装修材料。

二、绿色建筑

国家标准《绿色建筑评价标准》GB/T 50378—2006 中指出，绿色建筑是指在建筑的全寿命周期内，最大限度地节约资源（节能、节地、节水、节材）、保护环境和减少污染，为人们提供健康、适用和高效的使用空间，与自然和谐共生的建筑。其主要内容是节能、节地、节水、节材（即"四节"）与环境保护，注重以人为本，强调可持续发展。《标准》的评价指标体系包括以下六大指标：

（1）节地与室外环境；

（2）节能与能源利用；

（3）节水与水资源利用；

（4）节材与材料资源利用；

（5）室内环境质量；

（6）运营管理（住宅建筑）、全生命周期综合性能（公共建筑）。

第四节　建筑材料技术标准简介

建筑材料技术标准（规范）是针对原材料、产品以及工程质量、规格、检验方法、评定方法、应用技术等作出的技术规定。因此它是在从事产品生产、工程建设、科学研究以及商品流通领域中所需共同遵循的技术法规。

建筑材料技术标准包括内容很多，如原料、材料及产品的质量、规格、等级、性质要求以及检验方法；材料及产品的应用技术规范（或规程）；材料生产及设计的技术规定；产品质量的评定标准等。

根据技术标准的发布单位与适用范围，可分为国家标准、行业标准和企业及地方标准三级。

1. 国家标准

国家标准通常是由国家标准主管部门委托有关单位起草，由有关部委提出报批，经国家技术监督局会同有关部委审批，并由国家技术监督局发布。国家标准在全国范围内适用，是对全国范围的经济、技术及生产发展有重大意义的标准。

2. 行业标准

行业标准是指全国性的某行业范围的技术标准。这级标准是由中央部委标准机构指定有关研究院所、大专院校、工厂、企业等单位提出或联合提出，报请中央部委主管部门审批后发布，因此又被称为部颁标准，最后报国家技术监督局备案。

3. 企业标准与地方标准

企业标准与地方标准是指只能在某地区内或某企业内适用的标准。凡国家、部未能颁布的产品与工程的技术标准，可由相应的工厂、公司、院所等单位根据生产厂家能保证的产品质量水平所制定的技术标准，经报请本地区或本行业有关主管部门审批后，在该地区或行业中执行。

各级技术标准，在必要时可分为试行与正式标准两类。按其权威程度又可分为强制性标准和推荐性标准。建筑材料技术标准按其特性可分为基础标准、方法标准、原材料标准、能源标准、环保标准、包装标准、产品标准等。

每个技术标准都有自己的代号、编号和名称。标准代号反映该标准的等级或发布单位，用汉语拼音字母表示，见表0-3。

技术标准所属行业及其代号 　　　　　　　表0-3

所 属 行 业	标 准 代 号	所 属 行 业	标 准 代 号
国家标准	GB	石　油	SY
建　材	JC	冶　金	YB
建设工程	JG	水利电力	SD
交　通	JT		

编号表示标准的顺序号和颁布年代号，用阿拉伯数字表示；名称以汉字表达，它反映该标准的主要内容。例如

GB　175　—　2007　通用硅酸盐水泥
代号顺序号　批准年代号　名称
编号

表示国家标准175号，2007年颁布执行，其内容是：通用硅酸盐水泥。

又如

GB/T 14684—2011 建筑用砂

表示国家推荐性标准14684号，2011年颁布执行的建筑用砂标准。

由于技术标准是根据一个时间的技术水平制定的，因此它只能反映该时期的技术水平，具有暂时相对稳定性。随着科学技术的发展，不变的标准不但不能满足技术飞速发展的需要，而且还会对技术的发展起到限制和束缚作用。所以技术标准应根据技术发展的速度与要求不断地进行修订。我国约在五年左右修订一次。为了适应改革开放的需要，当前我国各种技术标准都正向国际标准靠拢，以便于科学技术的交流与提高。

第五节　本课程的目的、任务及学习方法

建筑材料与建筑设计、建筑结构、建筑施工及建筑经济一样，是建筑工程学科的一个

分支，是房屋建筑工程专业的重要专业基础课。本课程的目的是为其他专业课程（如房屋建筑、建筑施工及结构课）提供建筑材料的基本知识；为从事技术工作时，能合理地选择和正确地使用建筑材料打下基础。因此，课程的任务就是使学生获得常用建筑材料的性质与应用的基本知识和必要的基本理论；了解建筑材料的标准，并获得主要建筑材料检验方法的基本技能训练。

本课中涉及常用建筑材料如砖、石灰、石膏、水泥、混凝土、建筑砂浆、建筑钢材、木材、防水材料、塑料、装饰材料、绝热材料及吸声材料等，主要讨论这些材料的原料与生产；组成、结构与性质的关系；性质与应用；技术要求与检验；运输、验收与储存等方面的内容。从本课程的目的及任务出发，主要应掌握建筑材料的性质、应用及其技术要求的内容。

建筑材料课程内容繁杂，因此掌握良好的学习方法是至关重要的。正确的学习方法是要运用好事物内因与外因的关系，共性与特性的关系。要了解建筑材料各方面内容的关系，见图0-1。要了解不同种类材料具有不同的性质；同类材料不同品种既存在共性，又存在各自的特性；只要抓住代表性材料的一般性质，运用对比的方法去掌握其他品种建筑材料的特性。掌握了抓重点内容、抓内容关系、抓对比手法即可事半功倍。

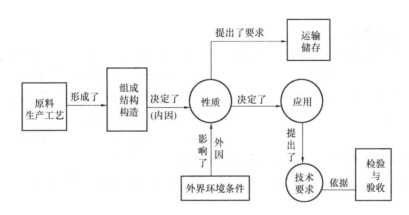

图 0-1　建筑材料各方面内容的联系

建筑材料课是一门以生产实践和科学实验为基础的实践性很强的学科。因而实验课是本课程的重要教学环节。通过实验，可以学会和掌握建筑材料的基本试验方法，从而培养科学研究的能力和严谨缜密的科学态度。

第一章 建筑材料的基本性质

建筑物中，各个建筑部位都起到一定的作用。梁、板、柱以及承重墙体主要承受荷载作用；屋面要承受风霜雨雪作用且能保温、防水；基础除承受建筑物全部荷载外，还要承受冰冻及地下水的侵蚀；墙体要起到抗冻、隔声、保温隔热等作用。这就要求用于不同建筑部位的建筑材料应具有相应的性质。

建筑材料所具有的各种性质，主要取决于材料的组成和结构状态，同时还受到环境条件的影响。为了能够合理地选择和正确地使用建筑材料，必须了解建筑材料的各种性质以及性质与组成、结构状态的关系。

第一节 材料的组成与结构

一、材料的组成

无机非金属材料是由金属元素和非金属元素所组成，其化学成分常以其氧化物含量百分数的形式表示。金属元素与非金属元素按一定的化学组成和结构特征构成矿物，矿物具有一定的分子结构和性质。无机非金属材料可由不同矿物构成，其性质受矿物组成及其含量的影响。如硅酸盐水泥中若提高硅酸三钙矿物的含量，其硬化速度及强度都将提高。

金属材料的化学成分以其元素的百分含量表示。金属的化学成分的改变将明显地改变其性质，如由于含碳量的不同，生铁和钢具有明显不同的性质。

有机材料是由分子量极大的聚合物组成。其组成元素主要是 C 和 H 以及 O、N、S 等元素（详见第十章）。

二、材料的结构

材料的结构是指从原子、分子水平直至宏观可见的各个层次的结构状态。一般可分为三个结构层次：即微观结构、亚微观结构和宏观结构。

（一）微观结构

微观结构是指材料内部在原子、离子、分子层次的结构，常用电子显微镜及 X 射线衍射分析手段来研究。根据质点在空间中分布状态不同，分为晶体和非晶体。

1. 晶体

晶体是指质点在空间中作周期性排列的固体。晶体具有固定的几何外形、各向异性及最小内能。然而晶体材料是由众多晶粒不规则排列而成，因此晶体材料失去了一定几何外形和各向异性的特点，表现出各向同性。由于晶体具有最小内能，使晶体材料表现出良好的化学稳定性。

2. 非晶体

它是一种不具有明显晶体结构的结构状态，亦称为玻璃体。熔融状态的物质经急冷后即可得到质点无序排列的玻璃体。具有玻璃体结构的材料具有各向同性；无一定的熔点，加热时只能逐渐软化。由于玻璃体物质的质点未能处于最小内能状态，因此它有向晶态转变的趋势，是一种化学不稳定结构，具有良好的化学活性。如水淬矿渣与石灰在有水的条件下，在常温即可发生化学反应。

（二）亚微观结构

亚微观结构是指用光学显微镜观察研究的结构层次，它包括晶体粒子的粗细、形态、分布状态；金属的晶体组织；玻璃体、胶体及材料内孔隙的形态、大小、分布等结构状态。由于所有晶体材料都是由众多不规则排列的晶粒组成，因此晶体材料的性质往往取决于晶粒的组成、形状、大小以及各种晶粒间的比例关系。

（三）宏观结构（亦称构造）

宏观结构是指用放大镜或直接用肉眼即可分辨的结构层次。按其孔隙尺寸可分为：

1. 致密结构

如金属、玻璃、致密的天然石材等。

2. 微孔结构

如水泥制品、石膏制品及烧土制品等。

3. 多孔结构

如加气混凝土、泡沫塑料等。

按构成形态可分为：

1. 聚集结构

如水泥混凝土、砂浆、沥青混凝土、塑料等这类材料是由填充性的集料被胶结材料胶结聚集在一起而形成。其性质主要取决于集料及胶结材料的性质以及结合程度。

2. 纤维结构

如木材、玻璃纤维、矿棉等，这类材料的性质与纤维的排列秩序、疏密程度等密切相关。

3. 层状结构

如胶合板、纸面石膏板等，这类材料的性质与叠合材料性质及胶合程度有关。往往是各层材料在性质上有互补关系，从而增强了整体材料的性质。

4. 散粒结构

如砂、石及粉状或颗粒状的材料（粉煤灰、膨胀珍珠岩等）。它们的颗粒形状、大小以及不同尺寸颗粒的搭配比例对其堆积的疏密程度有很大影响。

材料的宏观构造对材料的工程性质如强度、抗渗性、抗冻性、隔热性能、吸声性能等都有显著地影响。尽管组成和微观结构相同，宏观构造不同的材料也会具有不同的工程性质，如玻璃砖与泡沫玻璃具有不同的使用功能；若组成和微观结构不同，但只要宏观结构相同也可有相似的工程性质，如泡沫玻璃与泡沫塑料都可以作为绝热材料。

第二节　材料的构造特征参数

一、材料的密度

密度是指材料的质量与体积之比。根据材料所呈现的状态不同，材料的密度可分为密度、体积密度、视密度和堆积密度。

（一）密度

材料在绝对密实状态下，单位体积的质量称为密度，即：

$$\rho = \frac{m}{V}$$

式中　ρ——材料的密度，g/cm³；

　　　m——材料的质量，即干燥材料的质量，g；

　　　V——材料在绝对密实状态下的体积，即材料体积内固体物质的实体积，cm³。

建筑材料中除少数材料（如钢材、玻璃等）外，大多数材料都含有一些孔隙。为了测得含孔材料的密度，应把材料磨成细粉除去内部孔隙，用李氏瓶测定其实体积。材料磨得越细，测得的体积越接近绝对体积，所得密度值越准确。

（二）体积密度与视密度

材料在自然状态下，单位体积的质量称为体积密度（亦称表观密度），即：

$$\rho_0 = \frac{m}{V_0}$$

式中　ρ_0——材料的体积密度，kg/m³ 或 g/cm³；

　　　m——材料的质量，kg 或 g；

　　　V_0——在自然状态下材料的体积，m³ 或 cm³。

在自然状态下，材料内部的孔隙可分两类：有的孔之间相互连通，且与外界相通，称为开口孔；有的孔互相独立，不与外界相通，称为闭口孔。大多数材料在使用时其体积为包括内部所有孔在内的体积，即自然状态下的外形体积（V_0），如砖、石材、混凝土等。有的材料如砂、石在拌制混凝土时，因其内部的开口孔被水占据，因此材料体积只包括材料实体积及其闭口孔体积（以 V' 表示）。为了区别两种情况，常将包括所有孔隙在内时的密度称为体积密度；把只包括闭口孔在内时的密度称视密度，用 ρ' 表示，即 $\rho' = \frac{m}{V'}$。视密度在计算砂、石在混凝土中的实际体积时有实用意义。

（三）堆积密度（亦称松散体积密度）

粉状及颗粒状材料在堆积状态下，单位体积的质量称为堆积密度，即：

$$\rho'_0 = \frac{m}{V'_0}$$

式中　ρ'_0——材料的堆积密度，kg/m³；

　　　m——材料的质量，kg；

　　　V'_0——材料的堆积体积，m³。

材料的堆积密度主要与材料颗粒的体积密度以及堆积的疏密程度有关。

在建筑工程中，进行配料计算；确定材料的运输量及堆放空间；确定材料用量及构件自重等经常用到材料的密度、体积密度和堆积密度值，见表1-1。

常用材料的密度、体积密度及堆积密度　　　　　　　　　　　　表 1-1

材 料 名 称	密度（g/cm³）	体积密度（kg/m³）	堆积密度（kg/m³）
钢材	7.85	—	—
木材（松木）	1.55	400～800	—
普通黏土砖	2.5～2.7	1600～1800	—
花 岗 石	2.6～2.9	2500～2800	—

材 料 名 称	密度 (g/cm³)	体积密度 (kg/m³)	堆积密度 (kg/m³)
水　泥	2.8～3.1	—	1000～1600
砂	2.6～2.7	2650	1450～1650
碎石（石灰石）	2.6～2.8	2600	1400～1700
普通混凝土	—	2100～2600	—

二、自然状态下，材料的密实程度

在自然状态下，材料的密实程度用密实度（或孔隙率）表示。

（一）密实度

密实度是指在材料体积内，被固体物质充实的程度。以 D 表示，即

$$D = \frac{V}{V_0} \cdot 100\% \quad 或 D = \frac{\rho_0}{\rho} \cdot 100\%$$

（二）孔隙率

孔隙率是指在材料体积内，孔隙体积所占的比例。以 P 表示，即

$$P = \frac{V_0 - V}{V_0} \cdot 100\% = \left(1 - \frac{\rho_0}{\rho}\right) \cdot 100\%$$

可见，$D + P = 1$

材料的孔隙率的大小，说明了材料内部构造的致密程度。材料的许多性质如重量、强度、吸水性、抗渗性、抗冻性、耐蚀性、导热性、吸声性等都与材料的孔隙有关。这些性质除取决于孔隙率的大小外，还与孔隙的构造特征密切相关。孔隙特征主要指孔的种类（开口孔与闭口孔）、孔径的大小及分布等。实际上绝对闭口的孔隙是不存在的，在建筑材料中，常以在常温常压下，水能否进入孔中来区分开口孔与闭口孔。因此，开口孔隙率（P_K）是指在常温常压下能被水所饱和的孔体积（即开口孔体积 V_K）与材料的体积之比，即

$$P_K = \frac{V_K}{V_0} \cdot 100\%$$

闭口孔隙率（P_B）便是总孔隙率（P）与开口孔隙率（P_K）之差，即

$$P_B = P - P_K$$

三、散粒状材料在堆积体积内的疏密程度

空隙率是用来评定颗粒状材料在堆积体积内疏密程度的参数。它是指在颗粒状材料的堆积体积内，颗粒间空隙体积所占的比例。以 P' 表示，即

$$P' = \frac{V_0' - V_0}{V_0'} \cdot 100\% = \left(1 - \frac{\rho_0'}{\rho_0}\right) \cdot 100\%$$

式中　V_0——材料所有颗粒体积之总和，m³；

　　　ρ_0——材料颗粒的体积密度，kg/m³。

当计算混凝土中粗骨料的空隙率时，由于混凝土拌合物中的水泥浆能进入石子的开口孔内（即开口孔也作为空隙），因此 ρ_0 应按石子颗粒的视密度 ρ' 计算。

第三节 材料的力学性质

一、强度及强度等级

（一）材料的强度

材料在外力（荷载）作用下，抵抗破坏的能力称为强度。材料在外力作用下，不同的材料可出现两种情况：一种是当内部应力值达到某一值（屈服点）后，应力不再增加也会产生较大的变形，此时虽未达到极限应力值，却使构件失去了使用功能；另一种是应力未能使材料出现屈服现象就已达到了其极限应力值而出现断裂。这两种情况下的应力值都可作为材料的强度，前者如建筑钢材以屈服点值作为钢材设计依据，而几乎所有的脆性材料如石材、普通砖、混凝土、砂浆等都属于后者。

材料的强度是通过对标准试件在规定的实验条件下的破坏试验来测定。根据受力方式不同，可分为抗压强度、抗拉强度、抗剪强度及抗弯强度等。常用材料强度测定见表1-2。

测定强度的标准试件　　　　　　　　　　　　　表 1-2

受力方式	试 件	简 图	计算公式	材 料	试件尺寸（mm）
	(a) 轴向抗压强度极限				
轴 向 受 压	立方体			混凝土 砂　浆 石　材	$150 \times 150 \times 150$ $70.7 \times 70.7 \times 70.7$ $50 \times 50 \times 50$
	棱柱体		$f_压 = \dfrac{F}{A}$	混凝土 （轴心抗压） 木材	$a=100,\ 150,\ 200$ $h=2a \sim 3a$ $a=20,\ h=30$
	复合试件				
				砖	$s=115 \times 120$
	半 个 棱柱体			水泥	$s=40 \times 62.5$

受力方式	试 件	简 图	计算公式	材 料	试件尺寸（mm）
		（b）轴向抗拉强度极限			
轴 向 受 拉	钢筋 拉伸试件		$f_{拉}=\dfrac{F}{A}$	钢筋 木材	$l=5d$ 或 $l=10d$ $A=\dfrac{\pi d^2}{4}$ $a=15$，$h=4$ $(A=a\cdot b)$
	立方体			混凝土 （劈裂抗拉）	$100\times100\times100$ $150\times150\times150$
		（c）抗弯强度极限			
受 弯	棱柱体砖		$f_{弯}=\dfrac{3Fl}{2bh^2}$	水泥	$b=h=40$ $l=100$
	棱柱体		$f_{弯}=\dfrac{Fl}{bh^2}$	混凝土 木材	$20\times20\times300$，$l=240$

不同种类的材料具有不同的抵抗外力的特点。同种材料其强度随孔隙率及宏观构造特征不同有很大差异。一般说，材料的孔隙率越大，其强度越低。此外，材料的强度值还受试验时试件的形状、尺寸、表面状态、含水程度、温度及加荷载的速度等因素影响，因此国家规定了试验方法，测定强度时应严格遵守。

（二）强度等级、比强度

1. 强度等级（旧称标号）

为了掌握材料的力学性质，合理选择材料，常将建筑材料按极限强度（或屈服点）划分成不同的等级，即强度等级。对于石材、普通砖、混凝土、砂浆等脆性材料，由于主要用于抗压，因此以其抗压强度来划分等级，而建筑钢材主要用于抗拉，则以其屈服点作为划分等级的依据。

2. 比强度

比强度是用来评价材料是否轻质高强的指标。它等于材料的强度与其体积密度之比，其数值较大者，表明该材料轻质高强。表1-3的数值表明，松木较为轻质高强，而红砖比强度值最小。

材料名称	体积密度 (g/cm³)	强度值 (MPa)	比强度
低碳钢	7.85	235	30
松　木	5.0	34	68
普通混凝土 C30	2.40	30	12.5
红　砖	1.70	10	5.9

二、弹性和塑性

（一）弹性

材料在外力作用下产生变形，当外力取消后能够完全恢复原来形状、尺寸的性质称为弹性。这种能够完全恢复的变形称为弹性变形。材料在弹性范围内变形符合胡克定律，并用弹性模量 E 来反映材料抵抗变形的能力。E 值愈大，材料受外力作用时越不易产生变形。

（二）塑性

材料在外力作用下产生不能自行恢复的变形，且不破坏的性质称为塑性。这种不能自行恢复的变形称为塑性变形（或称不可恢复变形）。

实际上，只有单纯的弹性或塑性的材料都是不存在的。各种材料在不同的应力下，表现出不同的变形性能。

三、脆性和韧性

（一）脆性

材料在外力作用下，直至断裂前只发生弹性变形，不出现明显的塑性变形而突然破坏的性质称为脆性。具有这种性质的材料称为脆性材料，如石材、普通砖、混凝土、铸铁、玻璃及陶瓷等。脆性材料的抗压能力很强，其抗压强度比抗拉强度大得多，可达十几倍甚至更高。脆性材料抗冲击及动荷载能力差，故常用于承受静压力作用的建筑部位如基础、墙体、柱子、墩座等。

（二）韧性

材料在冲击、震动荷载作用下，能承受很大的变形而不致破坏的性质称为韧性（或冲击韧性）。建筑钢材、木材、沥青混凝土等都属于韧性材料。用作路面、桥梁、吊车梁以及有抗震要求的结构都要考虑材料的韧性。材料的韧性用冲击试验来检验。

第四节　材料的物理性质

一、材料与水有关的性质

（一）亲水性与憎水性（疏水性）

当水与建筑材料在空气中接触时，会出现两种不同的现象。图 1-1（a）中水在材料表面易于扩展，这种与水的亲和性称为亲水性。表面与水亲和力较强的材料称为亲水性材料。水在亲水性材料表面上的润湿边角（固、气、液三态交点处，沿水滴表面的切线与水和固体接触面所成的夹角）$\theta \leqslant 90°$。与此相反，材料与水接触时，不与水亲和，这种性质称为憎水性。水在憎水性材料表面上呈图1-1（b）的状态，$\theta > 90°$。

在建筑材料中，各种无机胶凝材料、石材、砖瓦、混凝土及木材等均为亲水性材料，因为这类材料的分子与水分子间的引力大于水分子之间的内聚力。沥青、油漆、塑料等为憎水性材料，它们不但不与水亲和，而且还能阻止水分渗入毛细孔中，降低材料的吸水性。憎水性材料常用作防潮、防水及防腐材料，也可以对亲水性材料进行表面处理，以降低其吸水性。

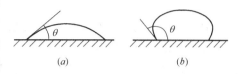

图 1-1　材料润湿边角

(a) 亲水性材料；(b) 憎水性材料

（二）吸湿性与吸水性

1. 吸湿性

材料在环境中能吸收空气中水分的性质称为吸湿性。吸湿性常以含水率表示，即吸入水分与干燥材料的质量比。一般说，开口孔隙率较大的亲水性材料具有较强的吸湿性。材料的含水率还受环境条件的影响，随温度和湿度的变化而改变。最终，材料的含水率将与环境湿度达到平衡状态，此时的含水率称为平衡含水率。

2. 吸水性

材料在水中能吸收水分的性质称为吸水性。吸水性大小用吸水率表示，吸水率常用质量吸水率，即材料在水中吸入水的质量与材料干质量之比表示

$$W_{\mathrm{m}} = \frac{m_1 - m}{m} \cdot 100\%$$

式中　W_{m}——材料的质量吸水率，%；

　　　m_1——材料吸水饱和后的质量，g 或 kg；

　　　m——材料在干燥状态下的质量，g 或 kg。

对于高度多孔、吸水性极强的材料，其吸水率可用体积吸水率，即材料吸入水的体积与材料在自然状态下体积之比表示

$$W_{\mathrm{V}} = \frac{V_{\mathrm{w}}}{V_0} = \frac{m_1 - m}{V_0} \cdot \frac{1}{\rho_{\mathrm{w}}} \cdot 100\%$$

式中　W_{V}——材料的体积吸水率，%；

　　　V_{w}——材料吸水饱和时，水的体积，cm³；

　　　ρ_{w}——水的密度，g/cm³。

可见，体积吸水率与开口孔隙率是等同的。质量吸水率与体积吸水率存在如下关系

$$W_{\mathrm{V}} = W_{\mathrm{m}} \cdot \rho_0 \cdot \frac{1}{\rho_{\mathrm{w}}}$$

材料吸水率的大小主要取决于材料的孔隙率及孔隙特征，密实材料及只具有闭口孔的材料是不吸水的；具有粗大孔的材料因不易吸满水分，其吸水率常小于孔隙率；而那些孔隙率较大，且具有细小开口连通孔的亲水性材料往往具有较大的吸水能力。材料的吸水率是一个定值，它是该材料的最大含水率。

材料在水中吸水饱和后，吸入水的体积与孔隙体积之比称为饱和系数

$$K_{\mathrm{B}} = \frac{V_{\mathrm{w}}}{V_0 - V} = \frac{W_0}{P} = \frac{P_{\mathrm{K}}}{P}$$

式中　　K_B——饱和系数；

　　P_K、P——分别为材料的开口孔隙率及总孔隙率，%。

饱和系数说明了材料的吸水程度，也反映了材料的孔隙特征，若 $K_B=0$ 说明材料的孔隙全部为闭口的，$K_B=1$ 则全部为开口的。

材料吸水后，不但可使质量增加，而且会使强度降低；保温性能下降；抗冻性能变差；有时还会发生明显的体积膨胀，可见材料中含水对材料的性能往往是不利的。

【例 1-1】　取某干燥状态的材料 50g 磨成细粉，用李氏瓶测得体积为 19.23cm³，将该材料浸水饱和后测得其体积吸水率为 25.2%，1m³ 重 1952kg，求该材料的体积密度、开口及闭口孔隙率。

【解】　1. 该材料的密度值为：

$$\rho = \frac{m}{V} = \frac{50}{19.23} = 2.60(\text{g/cm}^3)$$

2. 求该材料的体积密度

由于材料的体积吸水率为 25.2%，即 1m³ 材料浸水饱和后吸入 0.252m³ 的水，或者说吸入 252kg 的水。

$$\therefore \quad \rho_0 = 1952 - 252 = 1700 \ (\text{kg/m}^3)$$

3. 材料的开口孔隙率

$$P_k = W_v = 25.2\%$$

4. 材料的总孔隙率为：

$$P_{总} = \left(1 - \frac{\rho_0}{\rho}\right) \cdot 100\% = \left(1 - \frac{1700}{2600}\right) \cdot 100\% = 34.6\%$$

5. 材料的闭口孔隙率为：

$$P_{闭} = P_{总} - P_{开} = 34.6\% - 25.2\% = 9.4\%$$

（三）耐水性

材料长期在水的作用下，不破坏，其强度也不显著降低的性质称为耐水性。

材料含水后，将会以不同方式来减弱其内部结合力，使强度有不同程度的降低。材料的耐水性用软化系数表示

$$K = \frac{f_1}{f}$$

式中　　K——材料的软化系数；

　　f_1——材料吸水饱和状态下的抗压强度，MPa；

　　f——材料在干燥状态下的抗压强度，MPa。

软化系数波动在 0～1 之间，软化系数越小，说明材料吸水饱和后强度降低得越多，耐水性越差。受水浸泡或处于潮湿环境中的重要建筑物所选用的材料其软化系数不得低于 0.85。因此，软化系数大于 0.85 的材料，常被认为是耐水的。干燥环境中使用的材料可不考虑耐水性。

（四）抗渗性

材料抵抗压力水渗透的性质称为抗渗性（或不透水性）。材料的抗渗性常用抗渗等级来表示，抗渗等级用材料抵抗压力水渗透的最大水压力值来确定。其抗渗等级愈大，则材料的抗渗性愈好。

材料的抗渗性也可用其渗透系数 K 表示，K 值愈大，表明材料的透水性愈好，抗渗

性愈差。

材料的抗渗性主要取决于材料的孔隙率及孔隙特征。密实的材料,具有闭口孔或极微细孔的材料,实际上是不会发生透水现象的,具有较大孔隙率,且为较大孔径、开口连通孔的亲水性材料往往抗渗性较差。

对于地下建筑及水工构筑物等经常受压力水作用的工程所用材料及防水材料都应具有良好的抗渗性能。

(五)抗冻性

材料在使用环境中,经受多次冻融循环而不破坏,强度也无显著降低的性质称为抗冻性。

材料经多次冻融循环后,表面将出现裂纹、剥落等现象,造成重量损失、强度降低。这是由于材料内部孔隙中的水分结冰时体积增大(约9%)对孔壁产生很大的压力(每平方毫米可达100N),冰融化时压力又骤然消失所致。无论是冻结还是融化过程都会使材料冻融交界层间产生明显的压力差,并作用于孔壁使之遭损。

材料的抗冻性大小与材料的构造特征、强度、含水程度等因素有关。一般,密实的以及具有闭口孔的材料有较好的抗冻性;具有一定强度的材料对冰冻有一定的抵抗能力;材料含水量愈大,冰冻破坏作用愈大。此外,经受冻融循环的次数愈多,材料遭损愈严重。

材料的抗冻性试验是使材料吸水至饱和后,在-15℃温度下冻结规定时间,然后在室温的水中融化,经过规定次数的冻融循环后,测定其质量及强度损失情况来衡量材料的抗冻性。有的材料如普通砖以反复冻融15次后其重量及强度损失不超过规定值,即为抗冻性合格。有的材料如混凝土用抗冻等级来表示。

对于冬季室外计算温度低于-10℃的地区,工程中使用的材料必须进行抗冻性检验。

二、材料的热工性能

(一)导热性

材料传导热量的能力称为导热性。材料的导热能力用导热系数(λ)表示。

$$\lambda = \frac{Q \cdot d}{A \cdot (T_2 - T_1) \cdot t}$$

式中 λ——导热系数,W/(m·K);

  Q——传导的热量,J;

  d——材料的厚度,m;

  A——材料的导热面积,m²;

$T_2 - T_1$——材料两侧的温度差,K;

  t——传热时间,s。

令 $q = \dfrac{Q}{A \cdot t}$ 称为热流量,上式可写成

$$q = \frac{\lambda}{d}(T_2 - T_1)$$

从式中可以看出,材料两侧的温度差是决定热流量的大小和方向的客观条件,而 λ 则是决定 q 值的内在因素。在建筑热工中常把 $1/\lambda$ 称为材料的热阻,用 R 表示,单位为 m·K/W。

可见,导热系数与热阻都是评定建筑材料保温隔热性能的重要指标。材料的导热系数愈小,热阻值愈大,材料的导热性能愈差,保温隔热性能愈好。

材料的导热性主要取决于材料的组成及结构状态。

1. 组成及微观结构

金属材料的导热系数最大，如在常温下铜的 $\lambda=370W/(m\cdot K)$，钢 $\lambda=58W/(m\cdot K)$，铝 $\lambda=221W/(m\cdot K)$；无机非金属材料次之，如普通黏土砖 $\lambda=0.8W/(m\cdot K)$，普通混凝土 $\lambda=1.51W/(m\cdot K)$；有机材料最小，如松木（横纹）$\lambda=0.17W/(m\cdot K)$，泡沫塑料 $\lambda=0.03W/(m\cdot K)$。相同组成的材料，结晶结构的导热系数最大，微晶结构的次之，玻璃体结构的最小，为了获取导热系数较低的材料，可通过改变其微观结构的办法来实现，如水淬矿渣即是一种较好的绝热材料。

2. 孔隙率及孔隙特征

由于密闭的空气的导热系数很小，$\lambda=0.023W/(m\cdot K)$，因此材料的孔隙率的大小，能显著地影响其导热系数，孔隙率愈大，材料的导热系数愈小。在孔隙率相近的情况下，孔径越大，孔隙互相连通的越多，导热系数将偏大，这是由于孔中气体产生对流的缘故。对于纤维状材料，当其密度低于某一限值时，其导热系数有增大的趋势，因此这类材料存在一个最佳密度，即在该密度下导热系数最小。

此外，材料的含水程度对其导热系数的影响非常显著。由于水的导热系数 $\lambda=0.58W/(m\cdot K)$，比空气约大 25 倍，所以材料受潮后其导热系数将明显增加，若受冻结冰［冰 $\lambda=2.33W/(m\cdot K)$］则导热系数更大。

人们常把防止内部热量散失称为保温，把防止外部热量的进入称为隔热，将保温隔热统称为绝热。并将 $\lambda\leqslant0.23W/(m\cdot K)$ 的材料称作绝热材料。

（二）热容量

材料受热时吸收热量，冷却时放出热量的性质称为材料的热容量。材料吸收或放出的热量可用下式计算

$$Q=c\cdot m(T_2-T_1)$$

式中　Q——材料吸收（或放出）的热量，J；

c——材料的比热容（亦称热容量系数），J/(kg·K)；

m——材料的质量，kg；

T_2-T_1——材料受热（或冷却）前后的温度差，K。

比热与材料质量之积称为材料的热容量值。材料具有较大的热容量值，对室内温度的稳定有良好的作用。

几种常用建筑材料的导热系数和比热值见表1-4。

几种常用材料的热性质指标　　　　　　　表 1-4

材　料	导热系数 [W/(m·K)]	比 热 容 [J/(g·K)]	材　料	导热系数 [W/(m·K)]	比 热 容 [J/(g·K)]
钢　　材	58	0.48	泡沫塑料	0.035	1.30
花 岗 岩	3.49	0.92	水	0.58	4.19
普通混凝土	1.51	0.84	冰	2.33	2.05
普通黏土砖	0.80	0.88	密闭空气	0.023	1.00
松　　木	横纹 0.17 顺纹 0.35	2.5			

三、材料的声学性质

（一）吸声

声波传播时，遇到材料表面，一部分将被材料吸收，并转变为其他形式的能。被吸收的能量 E_a 与传递给材料表面的总声能 E_0 之比称为吸声系数。用 α 表示

$$\alpha = \frac{E_a}{E_0}$$

吸声系数评定了材料的吸声性能。任何材料都有一定的吸声能力，只是吸收的程度有所不同，并且，材料对不同频率的声波的吸收能力也有所不同。因此通常采用频率为 125、250、500、1000、2000、4000Hz 的平均吸声系数 α 大于 0.2 的材料称为吸声材料。吸声系数愈大，表明材料吸声能力愈强。

材料的吸声机理是复杂的，通常认为：声波进入材料内部使空气与孔壁（或材料内细小纤维）发生振动与摩擦，将声能转变为机械能最终转变为热能而被吸收。可见吸声材料大多是具有开口孔的多孔材料或是疏松的纤维状材料。一般讲，孔隙越多，越细小，吸声效果越好；增加材料厚度对低频吸声效果提高，对高频影响不大。

（二）隔声

隔声与吸声是两个不同的概念。隔声是指材料阻止声波的传播。是控制环境中噪声的重要措施。

声波在空气中传播遇到密实的围护结构（如墙体）时，声波将激发墙体产生振动，并使声音透过墙体传至另一空间中。空气对墙体的激发服从"质量定律"，即墙体的单位面积质量越大，隔声效果越好。因此，砖及混凝土等材料的结构，隔声效果都很好。

结构的隔声性能用隔声量表示，隔声量是指入射与透过材料声能相差的分贝（dB）数。隔声量越大，隔声性能越好。

四、材料的光学性质

（一）光泽度

材料表面反射光线能力的强弱程度称为光泽度。它与材料的颜色及表面光滑程度有关，一般说，颜色越浅，表面越光滑其光泽度越大。光泽度越大，表示材料表面反射光线能力越强。光泽度用光电光泽计测得。

（二）透光率

光透过透明材料时，透过材料的光能与入射光能之比称为透光率（透光系数）。玻璃的透光率与组成及厚度有关。厚度越厚，透光率越小。普通窗用玻璃的透光率约为 0.75～0.90。

第五节　材料的耐热性与耐燃性

一、耐热性（亦称耐高温性或耐火性）

材料长期在高温作用下，不失去使用功能的性质称为耐热性。材料在高温作用下会发生性质的变化而影响材料的正常使用。

（一）高温下质变　一些材料长期在高温作用下会发生质的变化。如二水石膏在 65～140℃脱水成为半水石膏；石英在 573℃由 α 石英转变为 β 石英，同时体积增大 2%；石

灰石、大理石等碳酸盐类矿物在900℃以上分解；可燃物常因在高温下急剧氧化而燃烧，如木材长期受热发生碳化，甚至燃烧。

（二）高温下形变　材料受热作用要发生热膨胀导致结构破坏。材料受热膨胀大小常用线胀系数表示。普通混凝土膨胀系数为10×10^{-6}，钢材为$(10 \sim 12) \times 10^{-6}$，因此它们能组成钢筋混凝土共同工作。普通混凝土在300℃以上，由于水泥石脱水收缩，骨料受热膨胀，因而混凝土长期在300℃以上工作会导致结构破坏。钢材在350℃以上时，其抗拉强度显著降低，会使钢结构产生过大的变形而失去稳定。

二、耐燃性

在发生火灾时，材料抵抗和延缓燃烧的性质称为耐燃性（或称防火性）。国家标准《建筑材料及制品燃烧性能分级》GB 8624—2012，将建筑材料的燃烧性能分为不燃烧材料（A级）、难燃烧材料（B_1级）、可燃烧材料（B_2级）和易燃烧材料（B_3级）四级。

不燃烧材料是指在空气中，无法点燃的材料。无机材料均为不燃烧材料如石材、水泥制品、石膏制品、烧土制品、玻璃陶瓷、钢材、铝材等。但是，玻璃混凝土、花岗岩石材、钢材、铝材等受火焰作用会发生明显地变形而失去使用功能，所以它们虽然是不燃烧材料，但却是不耐火的。

难燃烧材料是指在空气中受高温作用，难起火、难微燃、难碳化，当火源移走后能立即停止燃烧的材料。这类材料多为以不燃烧材料为基体的复合材料如沥青混凝土、纸面石膏板、水泥刨花板、阻燃人造板材等。它们可以推迟发火时间或缩小火灾的蔓延。

可燃烧材料是指在空气中点燃时，会起火或微燃，当火源移走后仍能继续燃烧或微燃的材料，如木材及大部分有机材料。

易燃烧材料随点即燃，火焰不熄灭。

国家标准《建筑材料及制品燃烧性能分级》GB 8624—2012中规定，经检验符合本标准的建筑材料及制品，应在产品上及说明书中冠以相应的燃烧性能等级标识：—GB 8624A级、—GB 8624B_1级、—GB 8624B_2级、—GB 8624B_3级。

为了使燃烧材料有较好的防火性，多采用表面涂刷防火涂料的措施。组成防火涂料的成膜物质可为非燃烧材料（如水玻璃）或是有机含氯的树脂。在受热时能分解而放出的气体中含有较多的卤素（F、Cl、Br等）和氮（N）的有机材料具有自消火性。

常用材料的极限耐火温度见表1-5。

常用材料的热性能　　　　　　　　　　　　表1-5

材　料	温　度（℃）	注　解	材　料	温　度（℃）	注　解
普通黏土砖砌体	500	最高使用温度	预应力混凝土	400	火灾时最高允许温度
普通钢筋混凝土	200	最高使用温度	钢　材	350	火灾时最高允许温度
普通混凝土	200	最高使用温度	木　材	260	火灾危险温度
页岩陶粒混凝土	400	最高使用温度	花岗石（含石英）	575	相变发生急剧膨胀温度
普通钢筋混凝土	500	火灾时最高允许温度	石灰岩、大理石	750	开始分解温度

第六节　材料的装饰性

建筑材料对建筑物的装饰作用主要取决于建筑材料的色彩和材料本身的质感。

（一）色彩

色彩是构成一个建筑物外观及影响周围环境的重要因素。

建筑物的色彩首先应利用建筑材料的本色，这是一种最合理、最经济、最方便、最可靠的来源。烧结普通砖、青砖具有良好的装饰色彩和耐久性使我国无数古建筑经数百年仍保持着色彩效果；天然石材除具有良好的耐久性外，还具有宽阔的色彩范围如花岗石可有灰、黄、红及蔷薇色，是一种高级的室内外装饰材料，为许多大型建筑所采用；大理石可有红、黄、棕、黑色各种色彩，纯净的大理石为白色，我国常称为汉白玉、雪花白等，是高级的室内装饰材料；石灰、石膏洁白的颜色使其成为良好的室内抹面材料。建筑铝材、不锈钢、玻璃、木材等，它们都可以自身本色，为建筑物提供色彩效果。而且具有良好的耐久性。

获得色彩的第二个来源就是采用天然的矿质颜料、植物染料及人工合成染料来改变建筑材料的色彩。然而将整个建筑构件改变颜色，显然是不经济、不合理的。因此人们又找到了一种最经济的作法，即采用饰面材料本身来装饰建筑物。这种做法可以使人们按自己的主观意愿尽可能地进行理想的调配。当墙体材料需要通过饰面保护，改善耐久性或者立面装饰需要同时改变质感和色彩时，通常需外加装饰面层，如做砂浆类、石渣类面层或贴面砖等做法。当饰面的目的只是为了改变表面颜色时，对一般等级的建筑物来说，采用表面刷涂料的办法是比较经济合理的。

（二）质感

质感是指人们对建筑材料外观质地的一种感觉。它包括内容很多，如材料表面粗糙或细腻的程度；材料本身的纹理与花样；材料的坚实与松软；材料的光滑、透明性、光亮与昏暗；花纹的清晰与模糊；色彩的深浅等。材料的质地不同，给人们以不同的感觉，如坚硬而又光滑的材料（镜面花岗石）有严肃、有力、整洁之感；保持自然本色的材料（木材）则给人以清新、亲切、淳朴之感等。

质感除取决于所用材料外，更重要的是取决于材料的加工方法和加工程度。采用不同的加工方法及加工程度，可取得不同的质感效果。如粗凿的花岗石可给人一种粗犷、伟岸、神圣不可侵犯、坚如磐石的感觉。装饰砂浆、装饰混凝土、石渣类饰面等主要是通过装饰做法来达到装饰目的的。

一定的分格缝、凹凸线条也是构成饰面装饰效果的因素。抹灰、刷石、水磨石、天然石材、混凝土板材、石膏板、玻璃等的分块、分格等除了防止开裂及施工接槎的需要外，也是装饰面在比例、尺度感上的需要。因此，饰面线型的设置在某种程度上也可看作是整体质感一个组成部分，应在工艺合理的条件下充分利用。

此外，质感的丰富与贫乏、粗犷与细腻是在比较中体现的，因此在建筑设计中对建筑物的不同部位，选择不同的装饰作法以求得总体质感上的对比与衬托，来体现建筑风格与设计意图。

第七节　材料的耐久性

材料在使用环境中，在多种因素作用下能经久不变质，不破坏而保持原有性能的能力称为耐久性。

材料在环境中使用，除受荷载作用外，还会受周围环境的各种自然因素的影响，如物理、化学及生物等方面的作用。

物理作用包括干湿变化、温度变化、冻融循环、磨损等，都会使材料遭到一定程度的破坏，影响材料的长期使用。

化学作用包括受酸、碱、盐类等物质的水溶液及有害气体作用，发生化学反应及氧化作用、受紫外线照射等使材料变质或遭损。

生物作用是指昆虫、菌类等对材料的蛀蚀及腐朽作用。

实际上，影响材料耐久的原因是多方面因素作用的结果，即耐久性是一种综合性质。它包括抗渗性、抗冻性、抗风化性、耐蚀性、耐老化性、耐热性、耐磨性等诸方面内容。

然而，不同种类的材料其耐久性的内容各不相同。无机矿质材料（如石材、砖、混凝土等）暴露在大气中受风吹、日晒、雨淋、霜雪等作用产生风化和冻融，主要表现为抗风化性和抗冻性，同时有害气体的侵蚀作用也会对上述破坏起促进作用；金属材料（如钢材）主要受化学腐蚀作用；木材等有机材料常因生物作用而遭损；沥青、高分子材料在阳光、空气、热的作用下逐渐老化等。

处在不同建筑部位及工程所处环境不同，其材料的耐久性也具有不同的内容，如寒冷地区室外工程的材料应考虑其抗冻性；处于有压力水作用下的水工工程所用材料应有抗渗性的要求；地面材料应有良好的耐磨性等。

为了提高材料的耐久性，首先应努力提高材料本身对外界作用的抵抗能力（提高密实度改变孔结构，选择恰当的组成原材料等）；其次可用其他材料对主体材料加以保护（覆面、刷涂料等）；此外还应设法减轻环境条件对材料的破坏作用（对材料处理或采取必要构造措施）。

对材料耐久性能的判断应在使用条件下进行长期的观察和测定。但这需要很长时间。因此通常是根据使用要求进行相应的快速试验如干湿循环、冻融循环、碳化、化学介质浸渍等，并据此对耐久性做出评价。

思 考 题 及 习 题

1. 材料的组成、结构与构造对材料的性质有何影响？

2. 试述密度、体积密度、表观密度及堆积密度的区别。

3. 亲水性与憎水性材料如何区别？在使用上有何不同？

4. 影响材料导热系数的主要因素有哪些？

5. 耐热性与耐燃性有何区别？材料受热后常发生哪些变化？

6. 熟悉材料的吸水性、吸湿性、耐水性、抗渗性、抗冻性、导热性的含义及其表示方法。

7. 简述孔隙率及孔隙特征对材料的体积密度、强度、吸水率、抗渗性、抗冻性、导热性等性质的影响。

8. 理解强度、强度等级、比强度的概念。

9. 脆性材料与韧性材料有何区别？在使用时应注意哪些问题？

10. 何谓吸声材料？这类材料有何特点？

11. 名词解释：孔隙水饱和系数、软化系数、抗渗性、抗冻性、耐热性、难燃烧材料、光泽度、透光率、塑性、耐久性。

12. 建筑材料靠什么起装饰作用？

13. 今有一卵石试样，洗净烘干后质量 1000g，将其浸水饱和后，用布擦干表面称重 1005g，再装入盛满水后重为 1840g 的广口瓶内，然后称得质量为 2475g，问上述条件可求得哪种密度值，其值是多少？

14. 一块标准尺寸的黏土砖（240mm×115mm×53mm）干燥状态质量为 2420g，吸水饱和后为 2640g，将其烘干磨细后称取 50g，用李氏瓶测其体积为 19.2cm³，试求该砖的开口孔隙率及闭口孔隙率。

15. 用容积为 10L，质量为 6.20kg 的标准容积升，用规定的方法装入卵石并刮平，称得质量为 21.30kg，再向容器内注水至平满，使卵石吸水饱和后，称其总质量为 25.90kg，求该卵石的表观密度、堆积密度、空隙率。

16. 有一石材干试样 256g，把它浸水、吸水饱和排开水体积 115cm³，将试样取出后擦干表面，再次放入水中排开水体积为 118cm³，求此石材的体积密度、表观密度、质量吸水率及体积吸水率。

第二章 无机气硬性胶凝材料

建筑工程中将能够把散粒状材料或块体材料粘结为一个整体的材料称为胶凝材料。按化学成分，将胶凝材料分为有机胶凝材料和无机胶凝材料。建筑上使用的各种沥青、各种天然与合成树脂均属于有机胶凝材料。无机胶凝材料按硬化条件分为气硬性胶凝材料和水硬性胶凝材料。气硬性胶凝材料只能在空气中凝结硬化，也只能在空气中保持和发展其强度。气硬性胶凝材料的耐水性差，不宜用于潮湿环境。水硬性胶凝材料则既能在空气中硬化，又能在水中更好地硬化，并保持和发展其强度。水硬性胶凝材料的耐水性好，可用于潮湿环境或水中。常用的气硬性胶凝材料有石灰、石膏、菱苦土、水玻璃等，常用的水硬性胶凝材料有各种水泥。

第一节 石 灰

石灰是一种古老的建筑材料。由于原料来源广泛，生产工艺简单，成本低廉，所以至今仍被广泛用于建筑工程中。目前，工程中常用的石灰产品有：磨细生石灰粉、消石灰粉和石灰膏。

一、石灰的原料与生产

生产石灰的原料主要是含碳酸钙为主的天然岩石，如石灰石、白垩、白云质石灰石等。将这些原料在高温下煅烧，即得块状生石灰，其主要成分为氧化钙。

$$CaCO_3 \xrightarrow{900\sim1100℃} CaO + CO_2 \uparrow$$

碳酸钙分解时失去大量的CO_2，而经煅烧后石灰的体积比原来石灰石的体积一般只缩小$10\%\sim15\%$。因此，正常温度下煅烧得到的石灰具有多孔结构，即内部孔隙率大、晶粒细小、体积密度小、与水作用速度快。生产时，由于火候或温度控制不均，常会含有欠火石灰或过火石灰。欠火石灰中含有未分解的碳酸钙内核，外部为正常煅烧的石灰。欠火石灰降低了石灰的利用率，但不会带来危害。因煅烧温度过高或煅烧时间过长而烧得的过火石灰结构致密、孔隙率小、体积密度大，并且晶粒粗大，表面常被熔融的黏土杂质形成的玻璃物质所包覆。因此过火石灰与水作用的速度极慢，这对石灰的使用极为不利。

二、石灰的熟化与硬化

（一）石灰的熟化

生石灰（氧化钙）与水发生作用生成熟石灰（氢氧化钙）的过程，称为石灰的熟化（或称消解、消化），其反应如下：

$$CaO + H_2O \longrightarrow Ca(OH)_2 + 64.8kJ$$

伴随着熟化过程，放出大量的热，并且体积迅速膨胀$1\sim2.5$倍。

为避免过火石灰在使用以后，因吸收水分而逐步熟化膨胀，使已硬化的砂浆或制品产生隆起、开裂等现象，造成工程质量事故，因此在使用之前应对生石灰进行处理。使其充分熟化（亦称陈伏）。

（二）石灰的硬化

石灰浆体的硬化有干燥硬化和碳化硬化两种方式。

干燥硬化是指石灰浆体在干燥过程中，因失水使得氢氧化钙颗粒间的接触变得紧密、结构紧缩、硬化产生一定的强度，并发生明显地体积收缩。同时，干燥过程中水分蒸发也会使氢氧化钙从过饱和溶液中结晶，但结晶数量较少，产生的强度较低。

碳化硬化是指氢氧化钙在潮湿环境中吸收空气中的二氧化碳化合生成碳酸钙晶体的过程即：

$$Ca(OH)_2 + H_2O + CO_2 \longrightarrow CaCO_3 + 2H_2O$$

虽然碳酸钙具有相当高的强度，但因空气中二氧化碳的浓度很低，因此碳化过程极为缓慢。在建筑工程中，石灰砂浆多用于抹面。由于石灰具有良好的保水性能，使得硬化初期的干燥和碳化过程都较缓慢。几天后干燥硬化将达到一定程度，同时表面也会形成一极薄的碳化层，将使得其后的硬化过程更加缓慢。

可见石灰浆体硬化慢，硬化后石灰浆体强度低、耐水差，且产生明显地体积收缩。

三、石灰的技术要求

按生石灰的加工情况分为建筑生石灰和建筑生石灰粉。按石灰中氧化镁的含量，将生石灰分为钙质石灰（MgO≤5%）和镁质石灰（MgO>5%）；将消石灰分为钙质消石灰（MgO≤5%）和镁质消石灰（MgO>5%）。根据化学成分的含量每类分成各个等级，具体分类见表2-1。

建筑生石灰的分类　JC/T 479—2013　　表 2-1

类　别	名　　称	代　号
钙质石灰	钙质石灰 90 钙质石灰 85 钙质石灰 75	CL90 CL85 CL75
镁质石灰	镁质石灰 85 镁质石灰 80	ML85 ML80

建筑消石灰按扣除游离水和结合水后（CaO+MgO）的百分含量加以分类，见表2-2。

建筑消石灰的分类　JC/T 481—2013　　表 2-2

类别	名称	代号
钙质消石灰	钙质消石灰 90 钙质消石灰 85 钙质消石灰 75	HCL90 HCL85 HCL75
镁质消石灰	镁质消石灰 85 镁质消石灰 80	HML85 HML80

建筑生石灰的技术要求包括其化学成分（氧化钙、氧化镁、二氧化碳和三氧化硫含量）和物理性质（产浆量和细度），两者应符合表2-3和表2-4要求。

建筑生石灰的化学成分（%）JC/T 479—2013　　表 2-3

名称	（氧化钙＋氧化镁）（CaO＋MgO）	氧化镁（MgO）	二氧化碳（CO_2）	三氧化硫（SO_3）
CL 90-Q CL 90-QP	≥90	≤5	≤4	≤2
CL 85-Q CL 85-QP	≥85	≤5	≤7	≤2
CL 75-Q CL 75-QP	≥75	≤5	≤12	≤2
ML 85-Q ML 85-QP	≥85	>5	≤7	≤2
ML 80-Q ML 80-QP	≥80	>5	≤7	≤2

建筑生石灰的物理性质 JC/T 479—2013　　表 2-4

名称	产浆量 $dm^3/10kg$	细度	
		0.2mm 筛余量%	90μm 筛余量%
CL 90-Q	≥26	—	—
CL 90-QP	—	≤2	≤7
CL 85-Q	≥26	—	—
CL 85-QP	—	≤2	≤7
CL 75-Q	≥26	—	—
CL 75-QP	—	≤2	≤7
ML 85-Q	—	—	—
ML 85-QP	—	≤2	≤7
ML 80-Q	—	—	—
ML 80-QP	—	≤7	≤2

注：其他物性，根据用户要求，可按照 JC/T 478.1 进行测试

建筑消石灰的技术要求包括其化学成分（氧化钙、氧化镁、三氧化硫含量）和物理性质（产浆量、细度和安定性），两者应符合表 2-5 和表 2-6 要求。

建筑消石灰的化学成分（%）JC/T 481—2013　　表 2-5

名称	（氧化钙＋氧化镁）（CaO＋MgO）	氧化镁（MgO）	三氧化硫（SO_3）
HCL 90	≥90		
HCL 85	≥85	≤5	≤2
HCL 75	≥75		
MCL 85	≥85	>5	≤2
MCL 80	≥80		

注：表中数值以试样扣除游离水和化学结合水后的干基为基准。

建筑消石灰的物理性质 JC/T 481—2013　　表 2-6

名称	游离水%	细度		安定性
		0.2mm 筛余量%	90μm 筛余量%	
HCL 90				
HCL 85				
HCL 75	≤2	≤2	≤7	合格
MCL 85				
MCL 80				

四、石灰的性质与应用

（一）石灰的性质

石灰与其他胶凝材料相比具有以下特性：

1. 保水性与可塑性好

熟化生成的氢氧化钙颗粒极其细小，比表面积（材料的总表面积与其重量的比值）很大，使得氢氧化钙颗粒表面吸附有一层较厚的水膜，即石灰的保水性好。由于颗粒间的水膜较厚，颗粒间的滑移较易进行，即可塑性好。这一性质常被用来改善水泥砂浆的保水性，配制成水泥石灰混合砂浆。

2. 凝结硬化慢、强度低

石灰的凝结硬化很慢，且硬化后的强度很低。如 1：3 的石灰砂浆，28d 时的抗压强度仅为 0.2～0.5MPa。

3. 耐水性差

潮湿环境中石灰浆体不会产生凝结硬化。硬化后的石灰浆体的主要成分为氢氧化钙，仅有少量的碳酸钙。由于氢氧化钙可微溶于水，所以石灰的耐水性很差。

4. 干燥收缩大

石灰浆体中氢氧化钙颗粒吸附的大量水分，在凝结硬化过程中不断蒸发，使石灰浆体产生很大的收缩而开裂，因此石灰除粉刷外不宜单独使用，常掺入砂子、麻刀、纸筋等使用。

（二）石灰的应用

1. 石灰乳和砂浆

石灰加大量的水所得的稀浆，即为石灰乳。它主要用于要求不高的室内粉刷。

利用石灰膏或消石灰粉可配制成石灰砂浆或水泥石灰混合砂浆，用于抹灰和砌筑（参见第五章）。

利用磨细生石灰粉配制砂浆时，生石灰熟化时放出的热可大大加快砂浆的凝结硬化（提高 30～40 倍），且加水量也较少，硬化后的强度较消石灰配制时高 2 倍。由于过火石灰也被磨成细粉，因而克服了过火石灰在熟化时造成的体积安定性不良的危害，可不经陈伏直接使用。

利用消石灰粉配制砂浆时，应提前对消石灰进行浸泡，使其颗粒充分分散搞高浆体的保水性能。

2. 灰土与三合土

消石灰粉与黏土拌合后称为灰土或石灰土，再加砂或石屑、炉渣等即成三合土。由于黏土中含有的少量的活性氧化硅和活性氧化铝与氢氧化钙反应生成了少量的水硬性产物，使密实程度、强度和耐水性得到改善。因此，灰土和三合土广泛用于建筑物的基础和道路的垫层。

3. 硅酸盐混凝土及其制品

以石灰与硅质材料（如石英砂、粉煤灰、矿渣等）为主要原料，经磨细、配料、拌合、成型、养护（蒸汽养护或压蒸养护）等工序得到的人造石材，其主要产物为水化硅酸钙，所以称为硅酸盐混凝土。常用的硅酸盐混凝土制品有蒸汽养护和压蒸养护的各种粉煤灰砖及砌块、灰砂砖及砌块、加气混凝土等。

生石灰块及生石灰粉须在干燥条件下运输和贮存，且不宜久存。因在存放过程中，生石灰会吸收空气中的水分熟化成消石灰粉，并进一步与空气中的二氧化碳作用生成碳酸钙，从而失去胶结能力。长期存放时应在通风条件下，且应注意防潮、防水。

第二节 建 筑 石 膏

一、石膏的生产与品种

生产石膏的原料主要为含硫酸钙的天然二水石膏（又称生石膏）或含硫酸钙的化工副产品和废渣（如磷石膏、氟石膏、硼石膏等），其化学式为 $CaSO_4 \cdot 2H_2O$。

将天然二水石膏在不同温度下煅烧可得到不同的石膏品种。

（一）建筑石膏

将天然二水石膏在 107～170℃的干燥条件下加热，脱去部分水分即得熟石膏，也称半水石膏，反应如下：

$$CaSO_4 \cdot 2H_2O \xrightarrow{107\sim170℃} CaSO_4 \cdot \frac{1}{2}H_2O + 1\frac{1}{2}H_2O$$

该半水石膏的晶粒较为细小，称为 β 型半水石膏，将此熟石膏磨细得到的白色粉末称为建筑石膏。

（二）模型石膏

模型石膏也为 β 型半水石膏，但杂质少、色白。主要用于陶瓷的制坯工艺，少量用于装饰浮雕。

（三）高强度石膏

将二水石膏置于蒸压釜中，在 127kPa 的水蒸气中（124℃）脱水，得到晶粒比 β 型半水石膏粗大、使用时拌合用水量少的半水石膏，称为 α 型半水石膏。将此熟石膏磨细得到的白色粉末称为高强度石膏。由于高强度石膏的拌合用水量少（石膏用量的 35％～45％），硬化后有较高的密实度，所以强度较高，7 天时可达 15～40MPa。

高强度石膏主要用于室内高级抹灰、装饰制品、石膏板等。

二、建筑石膏的凝结与硬化

（一）建筑石膏的水化

建筑石膏加水拌合后，与水发生水化反应（简称水化）：

$$CaSO_4 \cdot \frac{1}{2}H_2O + 1\frac{1}{2}H_2O \longrightarrow CaSO_4 \cdot 2H_2O$$

建筑石膏加水后，首先溶解于水，然后发生上述反应，生成二水石膏。由于二水石膏的溶解度较半水石膏的溶解度小许多，所以二水石膏从过饱和溶液中不断析出结晶并沉淀。二水石膏的析出促使上述反应不断进行，直至半水石膏全部转变为二水石膏为止。这一过程进行的较快，大约需 7～12min。

（二）建筑石膏的凝结与硬化

随着水化的不断进行，生成的二水石膏胶体微粒不断增多，这些微粒较原来的半水石膏更加细小，比表面积很大，吸附着很多的水分；同时浆体中的自由水分由于水化和蒸发而不断减少，浆体的稠度不断增加，胶体微粒间的接近及相互之间不断增加的范得华力，使浆体逐渐失去可塑性，即浆体逐渐产生凝结。随水化的不断进行，二水石膏胶体微粒凝聚并转变为晶体。晶体颗粒逐渐长大，且晶体颗粒间相互搭接、交错、共生（两个以上晶粒生长在一起），产生强度，即浆体产生了硬化（见图 2-1）。这一过程不断进行，直至浆体完全干燥，强度不再增加。此时浆体已硬化成为人造石材。

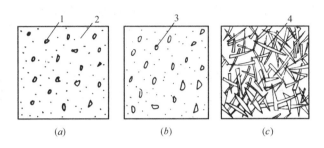

图 2-1　建筑石膏凝结硬化示意图

(a) 胶化；(b) 结晶开始；(c) 结晶长大与交错

1—半水石膏；2—二水石膏胶体微粒；3—二水石膏晶体；4—交错的晶体

浆体的凝结硬化过程是一个连续进行的过程。将浆体开始失去可塑性的状态称为浆体初凝，从加水至初凝的这段时间称为初凝时间；浆体完全失去可塑性，并开始产生强度称为浆体终凝，从加水至终凝的时间称为浆体的终凝时间。

三、建筑石膏的技术要求

1. 建筑石膏的组成、分类与标记

按国家标准《建筑石膏》GB/T 9776—2008 规定：

（1）建筑石膏组成中 β 半水硫酸钙（β-$CaSO_4 \cdot 1/2H_2O$）的含量（质量分数）应不小于 60.0%。

（2）利用工业副产石膏（或称化学石膏）如磷石膏、烟气脱硫石膏也可生产建筑石膏。因此建筑石膏根据原材料种类不同分为三类，主要为天然建筑石膏，脱硫建筑石膏和磷建筑石膏，代号分别为 N，S 和 P。建筑石膏根据 2 小时抗折强度分为 3.0、2.0、1.6 三个等级。产品标记时，按产品名称、代号、等级及标准编号的顺序标记，如：等级为 2.0 的天然建筑石膏标记为：N2.0GB/T 9776—2008。

2. 物理力学性能

建筑石膏的物理力学性能应符合表 2-7 的要求

建筑石膏物理力学性能 GB/T 9776—2008　　　　　　　　表 2-7

等级	细度（0.2mm 方孔筛筛余）/%	凝结时间/min		2h 强度/MPa	
		初凝	终凝	抗折	抗压
3.0				≥3.0	≥6.0
2.0	≤10	≥3	≤30	≥2.0	≥4.0
1.6				≥1.6	≥3.0

注：强度试件尺寸为 40mm×40mm×160mm，石膏与水接触 2h 后测定。

四、建筑石膏的性质与应用

（一）建筑石膏的性质

1. 凝结硬化快

建筑石膏在加水拌合后，浆体在 10min 内便开始失去可塑性，30min 内完全失去可塑性而产生强度。因初凝时间较短，为满足施工的要求，一般均须加入缓凝剂，以延长凝结时间。常掺入建筑石膏用量 0.1%～0.2%的动物胶（经石灰处理）、或掺入 1%的亚硫酸酒精废液，也可使用硼砂或柠檬酸。掺缓凝剂后，石膏制品的强度将有所降低。

石膏的强度发展较快，2h 的抗压强度可达 3～6MPa，7d 时可达最大抗压强度值约为8～12MPa。

2. 体积微膨胀

石膏浆体在凝结硬化初期会产生微膨胀，膨胀率为 0.5%～1.0%。这一特性使石膏制品的表面光滑、尺寸精确、形体饱满、装饰性好，加之石膏制品洁白、细腻，特别适合制作建筑装饰制品。

3. 孔隙率大

建筑石膏在拌合时，为使浆体具有施工要求的可塑性，须加入建筑石膏用量 60%～80%的用水量，而建筑石膏水化的理论需水量为 18.6%，所以大量的自由水在蒸发后，在建筑石膏制品内部形成大量的毛细孔隙。石膏制品的孔隙率达 50%～60%，体积密度为800～1000kg/m³，导热系数小，吸声性较好，属于轻质保温材料。但因石膏制品的孔隙率大，且二水石膏可微溶于水，故石膏的抗渗性、抗冻性和耐水性差。石膏的软化系数只有 0.2～0.3。

4. 具有一定的调温和调湿性能

建筑石膏制品的比热较大，因而具有一定的调节温度的作用。它内部的大量毛细孔隙对空气中的水蒸气具有较强的吸附能力，所以对室内空气的湿度有一定的调节作用。

5. 防火性好、但耐火性较差

建筑石膏制品的导热系数小，传热慢，且二水石膏受热脱水时吸热，产生的水蒸气能阻碍火势的蔓延。但二水石膏脱水后，强度下降，因而不耐火。实际上，二水石膏在 65℃条件下就会发生缓慢脱水，因此石膏制品不宜在 65℃条件下长期使用。

（二）建筑石膏的应用

建筑石膏的用途很广，主要用于室内抹灰、粉刷和生产各种石膏板等。

1. 室内抹灰和粉刷

由于建筑石膏的优良特性，常被用于室内高级抹灰和粉刷。建筑石膏加水、砂及缓凝剂拌合成石膏砂浆，用于室内抹灰。抹灰的表面光滑、细腻、洁白美观。石膏砂浆也作为油漆等的打底层，并可直接涂刷油漆或粘贴墙布、墙纸等。建筑石膏加水及缓凝剂拌合成石膏浆体，可作为室内粉刷涂料。

2. 石膏板

石膏板具有轻质、隔热保温、吸声、防火、尺寸稳定及施工方便等性能，在建筑中得到广泛的应用，是一种很有发展前途的新型建筑材料。常用石膏板有以下几种。

（1）纸面石膏板 以建筑石膏为主要原料，掺入适量的纤维材料、缓凝剂等作为芯材，以纸板作为增强护面材料，经搅拌、成型（辊压）、切割、烘干等工序制得。纸面石膏板（GB/T 9775—2008）分为普通纸面石膏板（代号 P）、耐水纸面石膏板（代号 S）、耐火纸面石膏板（代号 H）、耐水耐火纸面石膏板（SH）。纸面石膏板的长度为 1500～3660mm，宽度为 600～1220mm，厚度为 9.5、12、15、18、21、25mm，其纵向抗折荷载可达 400～850N。纸面石膏板主要用于隔墙、内墙等，其自重仅为砖墙的 1/5。耐水纸面石膏板主要用于厨房、卫生间等潮湿环境。耐火纸面石膏板（耐火极限分为 30、25、20min 等）主要用于耐火要求高的室内隔墙、吊顶等。使用时须采用龙骨（固定石膏板的支架，通常由木材或铝合金、薄钢等制成）。纸面石膏板的生产效率高，但纸板用量大，成本较高。

（2）纤维石膏板　是以纤维材料（多使用玻璃纤维）为增强材料，与建筑石膏、缓凝剂、水等经特殊工艺制成的石膏板。纤维石膏板的强度高于纸面石膏板，规格基本相同，但生产效率低。纤维石膏板除可用于隔墙、内墙外，还可用来代替木材制作家具。

（3）装饰石膏板　以建筑石膏为主要原料，掺入适量纤维增强材料和外加剂，与水一起搅拌成均匀的料浆，经浇注成型、干燥而成的不带护面纸的装饰板材。装饰石膏板按板材防潮性能的不同分为普通板和防潮板（F），按正面形状分为平板（P）、孔板（K）和浮雕板（D），其规格为 500mm×500mm×9mm，600mm×600mm×11mm。产品标记方法为产品名称、板材分类代号、板的边长及标准号，如板材尺寸为 500mm×500mm×9mm的防潮孔板表示为：装饰石膏板 FK500 GB 9777。装饰石膏板造型美观、装饰强，具有良好的吸声、防火功能，主要用于公共建筑的内墙、吊顶等。此外还有嵌装式装饰石膏板。

（4）空心石膏板　以建筑石膏为主，加入适量的轻质多孔材料、纤维材料和水经搅拌、浇注、振捣成型、抽芯、脱模、干燥而成。空心石膏板的长度为 2500～3000mm、宽度为450～600mm、厚度为 60～100mm。主要用于隔墙、内墙等，使用时不须龙骨。

（5）吸声用穿孔石膏板　以装饰石膏板或纸面石膏板为基板，背面粘贴或不贴背覆材料（贴于背面的透气性材料，可提高吸声效果），板面上有 $\phi 6$～$\phi 10mm$ 的圆孔，孔距为 18～24mm，穿孔率为 8.7%～15.7%。安装时背面须留有 50～300mm 的空腔，从而构成穿孔吸声结构，空腔内可填充多孔吸声材料以提高吸声能力。用于吸声性要求高的建筑，如播音室、影剧院、报告厅等。

建筑石膏在贮运中，应防潮防水，且储存期不宜超过三个月。过期或受潮都会使其强度显著降低。

第三节　镁质胶凝材料

镁质胶凝材料，又称菱苦土、镁氧水泥、氯氧镁水泥。是以天然菱镁矿（$MgCO_3$）为主要原料，经 700～850℃煅烧后磨细而得的以氧化镁（MgO）为主要成分的气硬性胶凝材料。其煅烧反应如下：

$$MgCO_3 \xrightarrow{700\sim850℃} MgO + CO_2 \uparrow$$

镁质胶凝材料是白色或浅黄色的粉末，密度为 $3.1\sim3.4g/cm^3$，堆积密度为 800～900kg/m³。其质量应满足《镁质胶凝材料用原料》JC/T 499—2008 的规定。

镁质胶凝材料在使用时，若与水拌合，则迅速水化生成氢氧化镁，并放出较多的热量。由于氢氧化镁在水中溶解度很小，生成的氢氧化镁立即沉淀析出，其内部结构松散，且浆体的凝结硬化也很慢，硬化后的强度也低。因此菱苦土在使用时常用氯化镁水溶液（$MgCl_2 \cdot 6H_2O$，也称卤水）来拌制，其硬化后的主要产物是氧氯化镁（$xMgO \cdot yMgCl_2 \cdot zH_2O$）与氢氧化镁，反应式为：

$$xMgO + yMgCl_2 + zH_2O \longrightarrow xMgO \cdot yMgCl_2 \cdot zH_2O$$

$$MgO + H_2O \longrightarrow Mg(OH)_2$$

氯化镁的适宜用量为55%～60%（以 $MgCl_2 \cdot 6H_2O$ 计）。采用氯化镁水溶液拌制的浆体，其初凝时间为30～60min，1d强度可达最高强度的60%～80%，7d左右可达最高强度（40～70MPa），体积密度为1000～1100kg/m³。

镁质胶凝材料能与植物纤维及矿物纤维很好的结合，因此常将它与刨花、木丝、木屑、亚麻屑或玻璃纤维等复合制成刨花板、木丝板、木屑板、玻璃纤维增强板等，作内墙、隔墙、天花板等用。

镁质胶凝材料与木屑、颜料等配制成的板材铺设于地面，称为菱苦土地板，具有保温、防火、防爆（碰撞时不发生火星）及一定的弹性，使用时表面宜刷油漆。

在镁质胶凝材料中掺入适量的泡沫（由泡沫剂经搅拌制得），可制成泡沫菱苦土，是一种多孔轻质的保温材料。

镁质胶凝材料显著的缺点是吸湿性大、耐水性差，当空气相对湿度大于80%时，制品易吸潮产生变形或翘曲现象，且伴随表面泛霜（即返卤）。为克服上述缺陷，必须精确确定合理配方，添加具有活性的各种填料和有机、无机的改性外加剂，如过烧的红砖；含磷酸、活化磷的工业废渣；含硫化物和活化硫的工业废渣及含铜的活化工业废渣；无机铁盐和铝盐；水溶性的或水乳型的高分子聚合物等。

镁质胶凝材料在运输和储存时应避免受潮，存期不宜过长，以防镁质胶凝材料吸收空气中的水分成为氢氧化镁，再碳化成为碳酸镁，失去化学活性。

第四节　水　玻　璃

一、水玻璃的组成

水玻璃俗称泡花碱，是由不同比例的碱金属氧化物和二氧化硅化合而成的一种可溶于水的硅酸盐。建筑常用的为硅酸钠（$Na_2O \cdot nSiO_2$）的水溶液，又称钠水玻璃。要求高时也使用硅酸钾（$K_2O \cdot nSiO_2$）的水溶液，又称钾水玻璃。水玻璃为青灰色或淡黄色粘稠状液体。二氧化硅（SiO_2）与氧化钠（Na_2O）的摩尔数的比值 n，称为水玻璃的模数，水玻璃的模数越高，越难溶于水，水玻璃的密度和黏度越大、硬化速度越快，硬化后的粘接力与强度、耐热性与耐酸性越高，建筑中常用工业液体硅酸钠，液－3型水玻璃其模数为2.60～2.90，其技术要求应符合GB/T 4209—2008中要求。水玻璃的浓度越高，则水玻璃的密度和黏度越大、硬化速度越快，硬化后的粘接力与强度、耐热性与耐酸性越高。但水玻璃的浓度太高，则黏度太大不利于施工操作，难以保证施工质量。水玻璃的浓度一般用密度来表示。常用水玻璃的密度为1.3～1.5g/cm³。

水玻璃的密度太大或太小时，可用加热浓缩或加水稀释的办法来调整。

二、水玻璃的硬化

水玻璃在空气中吸收二氧化碳，析出二氧化硅凝胶，并逐渐干燥脱水成为氧化硅而硬化：

$$Na_2O \cdot nSiO_2 + CO_2 + mH_2O \longrightarrow nSiO_2 \cdot mH_2O + Na_2CO_3$$

由于空气中二氧化碳的浓度较低，故上述过程很慢。为加速水玻璃的硬化，常加入氟硅酸钠（Na_2SiF_6）作为促硬剂，加速二氧化硅凝胶的析出，其反应如下：

$$Na_2O \cdot nSiO_2 + Na_2SiF_6 + mH_2O \longrightarrow (2n+1)SiO_2 \cdot mH_2O + 6NaF$$

氟硅酸钠的适宜掺量为 12%～15%，掺量少，则硬化慢，且硬化不充分，强度和耐水性均较低。但掺量过多，则凝结过速，造成施工困难，且强度和抗渗性均降低。加入氟硅酸钠后，水玻璃的初凝时间可缩短到 30～60min，终凝时间可缩短到 240～360min，7 天基本上达到最高强度。

三、水玻璃的性质

水玻璃在凝结硬化后，具有以下特性：

（1）粘结力强、强度较高　水玻璃在硬化后，其主要成分为二氧化硅凝胶和氧化硅，因而具有较高的粘结力和强度。用水玻璃配制的混凝土的抗压强度可达 15～40MPa。

（2）耐酸性好　由于水玻璃硬化后的主要成分为二氧化硅，其可以抵抗除氢氟酸、过热磷酸以外的几乎所有的无机和有机酸。用于配制水玻璃耐酸混凝土、耐酸砂浆、耐酸胶泥等。

（3）耐热性好　硬化后形成的二氧化硅网状骨架，在高温下强度下降不大。用于配制水玻璃耐热混凝土、耐热砂浆、耐热胶泥。

（4）耐碱性和耐水性差　水玻璃在加入氟硅酸钠后仍不能完全硬化，仍然有一定量的水玻璃 $Na_2O \cdot nSiO_2$。由于 Si_2O 和 $Na_2O \cdot nSiO_2$ 均可溶于碱，且 $Na_2O \cdot nSiO_2$ 可溶于水，所以水玻璃硬化后不耐碱、不耐水。为提高耐水性，常采用中等浓度的酸对已硬化的水玻璃进行酸洗处理。

四、水玻璃的应用

水玻璃除用作耐热和耐酸材料外，还有以下主要用途：

（1）涂刷材料表面，提高抗风化能力　以密度为 $1.35g/cm^3$ 的水玻璃浸渍或涂刷黏土砖、水泥混凝土、硅酸盐混凝土、石材等多孔材料，可提高材料的密实度、强度、抗渗性、抗冻性及耐水性等。这是因为水玻璃与空气中的二氧化碳反应生成硅酸凝胶，同时水玻璃也与材料中的氢氧化钙反应生成硅酸钙凝胶，两者填充于材料的孔隙，使材料致密。但不能用以涂刷或浸渍石膏制品，因为硅酸钠会与硫酸钙反应生成硫酸钠，在制品孔隙中结晶，体积显著膨胀，从而导致制品破坏。

水玻璃还可用于配制内墙涂料或外墙涂料。

（2）配制速凝防水剂　水玻璃加两、三种或四种矾，即可配制成所谓的二矾、三矾、四矾速凝防水剂。

（3）修补砖墙裂缝　将水玻璃、粒化高炉矿渣粉、砂及氟硅酸钠按适当比例拌合后，直接压入砖墙裂缝，可起到粘接和补强作用。

（4）加固土　将水玻璃和氯化钙溶液交替压注到土中，生成的硅酸凝胶和硅酸钙凝胶可使土固结，从而避免了由于地下水渗透引起的土下沉。

水玻璃应在密闭条件下存放。长时间存放后，水玻璃会产生一定的沉淀，使用时应搅拌均匀。

思 考 题

1. 什么是气硬性胶凝材料？水硬性胶凝材料？两者在哪些性能上有显著的差异？
2. 生石灰和熟石灰的成分是什么？什么是生石灰的熟化？
3. 过火石灰和欠火石灰对石灰的使用有什么影响？
4. 石灰在使用前为什么要进行陈伏？陈伏时间一般需多长？
5. 石灰的主要性质与应用有哪些？
6. 建筑石膏的成分是什么？石膏浆体是如何凝结硬化的？
7. 什么是石膏浆体的凝结、硬化？什么是初凝、终凝？
8. 为什么建筑石膏制品不耐水？
9. 建筑石膏制品的主要性质与应用有哪些？
10. 为什么说建筑石膏是一种很好的室内装饰材料？
11. 镁质胶凝材料的特性与应用有哪些？
12. 镁质胶凝材料制品常出现吸潮、返霜、翘曲等现象，试说明原因。
13. 水玻璃的硬化过程有何特点？
14. 水玻璃的模数、密度对其性能有什么影响？
15. 水玻璃的主要性质与应用有哪些？

第三章 水 泥

凡细磨成粉末状,加入适量水后,可成为塑性浆体,既能在空气中硬化,又能在水中硬化,并能把砂、石等材料牢固地胶结在一起的水硬性胶凝材料,统称为水泥。

水泥是最主要的建筑材料之一,广泛应用于工业民用建筑、道路、水利和国防工程。作为胶凝材料与骨料及增强材料制成混凝土、钢筋混凝土、预应力混凝土构件,也可配制砌筑砂浆、装饰、抹面、防水砂浆用于建筑物砌筑、抹面、装饰等。

水泥品种繁多,按其主要水硬性物质可分为硅酸盐水泥、铝酸盐水泥、硫铝酸盐水泥、铁铝酸盐水泥等系列,其中以硅酸盐系列水泥生产量最大,应用最为广泛。

硅酸盐系列水泥是以硅酸钙为主要成分的水泥熟料、一定量的混合材料和适量石膏,共同磨细制成。按其性能和用途不同,可分为通用水泥、专用水泥和特性水泥三大类。

第一节 硅 酸 盐 类 水 泥

硅酸盐类水泥是以硅酸钙为主要成分的各种水泥的总称。这类水泥品种最多、生产量最大、应用也最广。

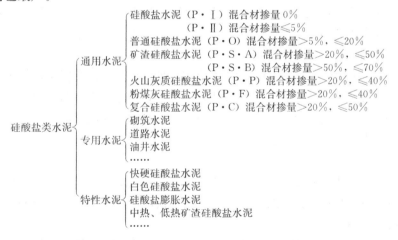

一、硅酸盐水泥的生产和组成

硅酸盐水泥是硅酸盐类水泥品种中最重要的一种。由水泥熟料和适量石膏共同粉磨制成。其工艺流程如图 3-1 所示。

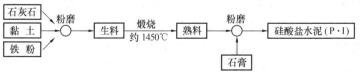

图 3-1　硅酸盐水泥生产工艺流程图

（一）硅酸盐水泥熟料

1. 硅酸盐水泥熟料的生产

硅酸盐水泥熟料的生产是以适当比例的石灰质原料（如石灰岩）、黏土质原料（如黏土、黏土质页岩）和少量校正原料（如铁矿粉）共同磨细制成生料，将生料送入水泥窑中高温煅烧（约1450℃），至部分熔融而烧结成为熟料。水泥熟料的主要矿物成分是：硅酸三钙（$3CaO \cdot SiO_2$，简式 C_3S）、硅酸二钙（$2CaO \cdot SiO_2$，简式 C_2S）、铝酸三钙（$3CaO \cdot Al_2O_3$，简式 C_3A）、铁铝酸四钙（$4CaO \cdot Al_2O_3 \cdot Fe_2O_3$，简式 C_4AF）。

2. 硅酸盐水泥熟料的矿物组成及特性

硅酸盐水泥熟料矿物的特性见表3-1。

硅酸盐水泥熟料矿物的特性   表 3-1

矿物成分	含量（%）	密度（g/cm³）	水化反应速率	水化放热量	强度
$3CaO \cdot SiO_2$（C_3S）	37～60	3.25	快	大	高
$2CaO \cdot SiO_2$（C_2S）	15～37	3.28	慢	小	早期低,后期高
$3CaO \cdot Al_2O_3$（C_3A）	7～15	3.04	最快	最大	低
$4CaO \cdot Al_2O_3 \cdot Fe_2O_3$（$C_4AF$）	10～18	3.77	快	中	中

硅酸盐水泥熟料是由上述各矿物组成，由于各矿物特性不同，因此可通过调整配料比例和生产工艺，改变熟料矿物的含量比例，制得性能不同的水泥。如提高 C_3S 含量，可制成高强水泥；提高 C_3S 和 C_3A 含量，可制得快硬水泥；降低 C_3A 和 C_3S 含量，提高 C_2S 含量，可制得中、低热水泥；提高 C_4AF 含量，降低 C_3A 含量，可制得道路水泥。上述通过较大幅度调整矿物成分比例所制得的水泥属硅酸盐类特性水泥或专用水泥品种。

（二）石膏缓凝剂

由于水泥熟料的凝结速度极快，加入石膏可以使水泥凝结速度减缓，使之便于施工操作。因此为调节水泥的凝结时间，在水泥生产过程中，将适量石膏与熟料共同研磨。作为缓凝剂的石膏可采用天然二水石膏、半水石膏、硬石膏或工业副产品石膏（磷石膏、盐石膏）。石膏掺加量一般为水泥质量的3%～5%。

（三）水泥混合材料

在硅酸盐类水泥中除硅酸盐水泥（P·I），不掺任何混合材料外，其他几种都掺入一定量的混合材料。混合材料按其性能和作用分为活性混合材料和非活性混合材料两大类。

1. 活性混合材料

具有火山灰性或潜在水硬性的矿物材料称为活性混合材料。火山灰性是指磨成细粉与消石灰和水拌合后，在湿空气中能够凝结硬化，并在水中继续硬化的性能；潜在水硬性是指磨成细粉与石膏粉和水拌合后，在湿空气中能够凝结硬化，并在水中继续硬化的性能。

活性混合材料一般含有活性氧化硅、活性氧化铝等。常用的活性混合材料多为工业废渣或天然矿物材料，如粒化高炉矿渣、火山灰质材料、粉煤灰等。

（1）粒化高炉矿渣 高炉冶炼生铁时，浮在铁水表面的熔融物经急冷处理成疏松颗粒状材料称为粒化高炉矿渣。如采用水淬急冷处理时，所得粒化高炉矿渣常称为水淬矿渣。粒化高炉矿渣主要成分是 Al_2O_3、CaO、SiO_2，一般可达90%以上。由于经急冷处理，粒化高炉矿渣呈玻璃体，储有大量化学潜能。玻璃体结构中的活性 SiO_2 和活性 Al_2O_3，在 $Ca(OH)_2$ 的作用下，能与水生成新的水化产物水化硅酸钙、水化铝酸钙而产生胶凝作用。作为水泥的活性混合材料就是利用这种胶凝作用，使炼铁厂的废渣变成有用之才。用做活性混合材料的粒化高炉矿渣应符合国家标准《用于水泥中的粒化高炉矿渣》GB/T 203—2008 有关规定。

（2）火山灰质混合材料　火山灰质混合材料的品种很多，天然矿物材料有：火山灰、凝灰岩、浮石、沸石、硅藻土等；工业废渣和人工制造的有：自燃煤矸石、煅烧煤矸石、煤渣、烧页岩、烧黏土、硅灰等。此类材料的活性成分也是活性 SiO_2 和活性 Al_2O_3。

国家标准《用于水泥中的火山灰质混合材料》GB/T 2847—2005 规定，掺 30%火山灰质混合材料的水泥胶砂 28 天抗压强度与硅酸盐水泥胶砂 28 天抗压强度之比不得小于 62%，作为判断火山灰质混合材料火山灰性的主要依据。

（3）粉煤灰　由煤粉燃烧炉烟道气体中收集的粉末称粉煤灰。粉煤灰的主要成分是 Al_2O_3、SiO_2 和少量 CaO，具有火山灰性。粉煤灰中含碳量越低，细小球形玻璃体越多，$45\mu m$ 以下细小颗粒越多则活性越高。粉煤灰化学成分与火山灰相近，与天然火山灰相比具有结构致密、比表面积小的特点。作为水泥活性混合材料的粉煤灰应符合《用于水泥和混凝土中的粉煤灰》GB/T 1596—2005 有关规定。

2. 非活性混合材料

掺入水泥中主要起填充作用而又不损害水泥性能的矿物材料称非活性混合材料，又称为惰性混合材料、填充性混合材料。常用的有：石灰石、砂岩、黏土、慢冷矿渣以及不符合质量要求的活性混合材料。

二、硅酸盐水泥的水化和凝结硬化

水泥加水拌合后成为可塑性水泥浆，水泥颗粒表面的矿物开始在水中溶解并与水发生水化反应，随着水化反应的进行，水泥浆体逐渐变稠失去可塑性，这一过程称为水泥的凝结。随着水泥水化的进一步进行，凝结了的水泥浆开始产生强度并逐渐发展成为坚硬的水泥石，这一过程称为硬化。水泥浆的凝结、硬化是水泥水化的外在反映，它是一个连续的、复杂的物理化学变化过程。

（一）熟料矿物的水化反应

硅酸盐水泥熟料粉末与水接触，熟料矿物随即开始与水的反应，生成水化产物并放出热量。其反应式如下：

$$2(3CaO \cdot SiO_2) + 6H_2O = 3CaO \cdot 2SiO_2 \cdot 3H_2O + 3Ca(OH)_2$$

　　　　硅酸三钙　　　　　　　　　水化硅酸钙　　　　　　氢氧化钙

$$2(2CaO \cdot SiO_2) + 4H_2O = 3CaO \cdot 2SiO_2 \cdot 3H_2O + Ca(OH)_2$$

　　　　硅酸二钙

$$3CaO \cdot Al_2O_3 + 6H_2O = 3CaO \cdot Al_2O_3 \cdot 6H_2O$$

　　　　铝酸三钙　　　　　　　　水化铝酸三钙

$$4CaO \cdot Al_2O_3 \cdot Fe_2O_3 + 7H_2O = 3CaO \cdot Al_2O_3 \cdot 6H_2O + CaO \cdot Fe_2O_3 \cdot H_2O$$

　　　　铁铝酸四钙　　　　　　　　　　　　　　　　　　水化铁酸一钙

上述四种主要矿物的水化反应中，硅酸三钙水化反应速度快、水化放热量大，所生成的水化硅酸钙几乎不溶于水，呈胶体微粒析出，逐渐成为凝胶具有较高的强度。生成的 $Ca(OH)_2$ 初始阶段溶于水，很快达到饱和并结晶析出，以后的水化反应是在 $Ca(OH)_2$ 的饱和溶液中进行的。硅酸二钙与水的反应与硅酸三钙相似，只是反应速率较低，水化放热量小，生成物中 $Ca(OH)_2$ 较少。铝酸三钙与水反应速度极快，水化放热量很大，所生成水化铝酸三钙溶于水，其中一部分会与石膏发生反应，生成不溶于水的水化硫铝酸钙晶体，其余部分会吸收溶液中的 $Ca(OH)_2$，最终成为水化铝酸四钙晶体，强度很低。铁铝酸四钙与水反应，水化速度较高，水化热和强度较低，除生成水化铝酸钙外，还生成水化铁酸一钙，它也将在溶液中吸收 $Ca(OH)_2$ 而提高碱度。水化铁酸钙溶解度很小，呈胶体微粒析出，最后形成凝胶。

综上所述，忽略一些次要、少量成分，则硅酸盐水泥熟料矿物与水反应后，生成的主要水化产物为：水化硅酸钙和水化铁酸钙凝胶、氢氧化钙、水化铝酸钙和水化硫铝酸钙晶体。在完全水化的水泥石中，凝胶体约占 70%，氢氧化钙约占 20%。

（二）石膏的缓凝作用

石膏在水泥水化过程初期参与水化反应，与最初生成的水化铝酸钙反应，反应式如下：

$$3CaO \cdot Al_2O_3 \cdot 6H_2O + 3(CaSO_4 \cdot 2H_2O) + 20H_2O \longrightarrow 3CaO \cdot Al_2O_3 \cdot 3CaSO_4 \cdot 32H_2O$$

上述反应生成的水化硫铝酸钙 $3CaO \cdot Al_2O_3 \cdot 3CaSO_4 \cdot 32H_2O$ 不溶于水，呈针状晶体沉积在水泥颗粒表面，抑制了水化速度极快的铝酸三钙与水的反应，使水泥凝结速度减慢，起可靠的缓凝作用。水化硫铝酸钙晶体也称为钙矾石晶体，水泥完全硬化后，钙矾石晶体约占 7%，它不仅在水泥水化初期起缓凝作用，而且会提高水泥的早期强度。

（三）硅酸盐水泥的凝结硬化

水泥的水化凝结硬化是个非常复杂的过程。1882 年（法）雷·查德里提出了结晶理论，认为水泥水化过程是由于水泥在水中的溶解和水化物在溶液中的结晶沉淀。这一理论也称为液相反应理论。1892 年（德）米哈艾利斯提出了胶体理论，认为水泥的水化反应是由于水直接进入熟料矿物内形成新的水化物，引起晶格重排，这一理论又称为固相反应理论。100 多年来，水泥凝结硬化理论不断发展完善，但至今仍有许多问题有待进一步研究。下面仅将当前的一般看法作简要介绍。

硅酸盐水泥的凝结硬化过程一般按水化反应速率和水泥浆体结构特征分为：初始反应期、潜伏期、凝结期和硬化期四个阶段，见表 3-2。

水泥凝结硬化时的几个划分阶段　　　　　　　　　　　　　　表 3-2

凝结硬化阶段	一般的放热反应速度	一般的持续时间	主要的物理化学变化
初始反应期	168J/g·h	5～10min	初始溶解和水化
潜伏期	4.2J/g·h	1h	凝胶体膜层围绕水泥颗粒成长
凝结期	在 6h 内逐渐增加到 21J/g·h	6h	膜层破裂，水泥颗粒进一步水化
硬化期	在 24h 内逐渐降低到 4.2J/g·h	6h 至若干年	凝胶体填充毛细孔

（1）初始反应期　水泥与水接触立即发生水化反应，C_3S 水化生成的 $Ca(OH)_2$ 溶于水中，溶液 pH 值迅速增大至 13，当溶液达到过饱和后，$Ca(OH)_2$ 开始结晶析出。同时

36

暴露在颗粒表面的 C_3A 溶于水，并与溶于水的石膏反应，生成钙矾石结晶析出，附着在水泥颗粒表面。这一阶段大约经过 10min，约有 1% 的水泥发生水化。

（2）潜伏期　在初始反应期之后，约有 1～2h 的时间，由于水泥颗粒表面形成水化硅酸钙溶胶和钙矾石晶体构成的膜层，阻止了与水的接触使水化反应速度很慢，这一阶段水化放热量小，水化产物增加不多，水泥浆体仍保持塑性。

（3）凝结期　在潜伏期中，由于水缓慢穿透水泥颗粒表面的包裹膜，与矿物成分发生水化反应，而水化生成物穿透膜层的速度小于水分渗入膜层的速度，形成渗透压，导致水泥颗粒表面膜层破裂，使暴露出来的矿物进一步水化。结束了潜伏期。水泥水化产物体积约为水泥体积的 2.2 倍，生成的大量的水化产物填充在水泥颗粒之间的空间，水的消耗与水化产物的填充使水泥浆体逐渐变稠失去可塑性而凝结。

（4）硬化期　在凝结期以后，进入硬化期，水泥水化反应继续进行使结构更加密实，但放热速度逐渐下降，水泥水化反应越来越困难，一般认为以后的水化反应是以固相反应的形式进行的。在适当的温度、湿度条件下，水泥的硬化过程可持续若干年。水泥浆体硬化后形成坚硬的水泥石，水泥石是由凝胶体、晶体、未水化完的水泥颗粒以及固体颗粒间的毛细孔所组成的不匀质结构体。

水泥硬化过程中，最初 3 天强度增长幅度大，3 天到 7 天强度增长率有所下降，7 天到 28 天强度增长率进一步下降，28 天强度已达到较高水平，28 天以后强度虽然还会继续发展，但强度增长率却越来越小。水泥的凝结硬化过程示意如图 3-2 所示。

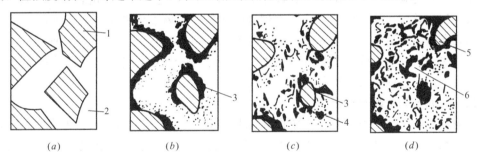

图 3-2　水泥凝结硬化过程示意

(a) 分散在水中未水化的水泥颗粒；*(b)* 在水泥颗粒表面形成水化物膜层；
(c) 膜层长大并互相连接（凝结）；*(d)* 水化物进一步发展，填充毛细孔（硬化）
1—水泥颗粒；2—水分；3—凝胶；4—晶体；5—水泥颗粒的未水化内核；6—毛细孔

（四）掺混合材料的硅酸盐水泥的凝结硬化

1. 活性混合材料在水泥水化中的作用

活性混合材料与水混合后，本身不会硬化，不起胶凝作用。即使个别品种能硬化，其硬化速度也极缓慢、强度很低。但在 $Ca(OH)_2$ 溶液中活性混合材料会发生水化反应，在 $Ca(OH)_2$ 饱和溶液中水化速度会较快进行。

活性混合材料如粒化高炉矿渣、火山灰质、粉煤灰，主要含有活性 SiO_2 和活性 Al_2O_3。在遇到 $Ca(OH)_2$ 和 H_2O 的情况下，其水化反应如下：

$$SiO_2 + xCa(OH)_2 + mH_2O \longrightarrow xCaO \cdot SiO_2 \cdot (m+x)H_2O$$

$$Al_2O_3 + yCa(OH)_2 + nH_2O \longrightarrow yCaO \cdot Al_2O_3 \cdot (n+y)H_2O$$

上述反应生成的水化产物能在空气中凝结硬化，并能在水中继续硬化，产生较高强度。

当液相中有石膏存在时，石膏还会与水化铝酸钙反应生成水化硫铝酸钙。

氢氧化钙、石膏分别作为碱性激发剂、硫酸盐激发剂使活性混合材料的火山灰性、潜在水硬性得以发挥。

掺混合材料的硅酸盐类水泥的水化，首先是熟料矿物的水化，熟料矿物水化生成的$Ca(OH)_2$再与活性混合材料发生反应，生成水化硅酸钙和水化铝酸钙；当有石膏存在时，还会进一步反应生成水化硫铝酸钙。通常将活性混合材料参与的水化反应称为二次反应。

2. 活性混合材料对水泥性质的影响

(1) 掺入大量活性混合材料的水泥，由于熟料数量的相对减少，水泥中水化快的矿物C_3S、C_3A相应减少，二次反应又有待于一次反应的生成物的出现，而且二次反应本身速度较慢。所以此类水泥凝结硬化过程延缓，强度的增长速率较低，早期强度较低。不过因为二次反应将强度不高的$Ca(OH)_2$、水化铝酸钙最终转化成了较多水化硅酸钙和水化硫铝酸钙，所以此类水泥后期强度会赶上甚至超过同强度等级的硅酸盐水泥。

(2) 由于此类水泥中C_3S、C_3A相对减少，二次反应水化放热较低，所以掺大量混合材料的水泥水化放热量较小。

(3) 二次反应消耗了水化产物中的大部分$Ca(OH)_2$，此类水泥硬化后碱度较低。碱度低的水泥耐酸类腐蚀的性能较好，耐水侵蚀性也较好。碱度低的水泥对钢筋的保护作用差，钢筋在碱性环境中（埋于强碱性水泥混凝土中）可保持几十年不生锈，而在弱碱性水泥中会较快生锈，所以掺大量活性混合材料的水泥一般不宜用于较强腐蚀条件下的重要的钢筋混凝土结构和预应力钢筋混凝土。

三、水泥石的腐蚀与防止

水泥石在通常使用条件下有较好的耐久性。当水泥石长时间处于侵蚀性介质中时，如流动的淡水、酸和酸性水、硫酸盐和镁盐溶液、强碱等，会逐渐受到侵蚀，变得疏松，强度下降甚至破坏。

(一) 主要的侵蚀类型

1. 软水侵蚀（溶出性侵蚀）

硅酸盐水泥（P·Ⅰ、P·Ⅱ）属于典型的水硬性胶凝材料。对于一般江、河、湖水和地下水等"硬水"，具有足够的抵抗能力。尤其是在不流动的水中，水泥石不会受到明显侵蚀。

但是，当水泥石受到冷凝水、雪水、冰川水等比较纯净的"软水"，尤其是流动的"软水"作用时，水泥石中的$Ca(OH)_2$（溶解度：25℃时约为1.2g CaO/L）首先溶解，并被流水带走。$Ca(OH)_2$的溶失，又会引起水化硅酸盐、水化铝酸盐的分解，最后变成无胶结能力的低碱性硅酸凝胶、氢氧化铝。这种侵蚀首先源于$Ca(OH)_2$的溶解失去，称为溶出性侵蚀。

硅酸盐水泥（P·Ⅰ、P·Ⅱ）水化形成的水泥石中$Ca(OH)_2$含量高达20%，所以受溶出性侵蚀尤为严重。而掺混合材料的水泥，由于硬化后水泥石中$Ca(OH)_2$含量较少，耐软水侵蚀性有一定程度的提高。

2. 酸类侵蚀（溶解性侵蚀）

硅酸盐水泥水化生成物显碱性，其中含有较多的 $Ca(OH)_2$，当遇到酸类或酸性水时则会发生中和反应，生成比 $Ca(OH)_2$ 溶解度大的盐类，导致水泥石受损破坏。

（1）碳酸的侵蚀　在工业污水、地下水中常溶解有较多的二氧化碳，这种碳酸水对水泥石的侵蚀作用如下：

$$Ca(OH)_2 + CO_2 + H_2O = CaCO_3 + 2H_2O$$

最初生成的 $CaCO_3$ 溶解度不大，但继续处于浓度较高的碳酸水中，则碳酸钙与碳酸水进一步反应。

$$CaCO_3 + CO_2 + H_2O \rightleftharpoons Ca(HCO_3)_2$$

此反应为可逆反应，当水中溶有较多的 CO_2 时，则上述反应向右进行。所生成的重碳酸钙溶解度大。水泥石中的 $Ca(OH)_2$ 与碳酸水反应生成重碳酸钙溶失，$Ca(OH)_2$ 浓度的降低又会导致其他水化产物的分解，腐蚀作用加剧。

（2）一般酸的腐蚀　工业废水、地下水、沼泽水中常含有多种无机酸、有机酸。工业窑炉的烟气中常含有 SO_2，遇水后生成亚硫酸。各种酸类都会对水泥石造成不同程度的损害。其损害作用是酸类与水泥石中的 $Ca(OH)_2$ 发生化学反应，生成物或者易溶于水，或者体积膨胀在水泥石中造成内应力而导致破坏。无机酸中的盐酸、硝酸、硫酸、氢氟酸和有机酸中的醋酸、蚁酸、乳酸的腐蚀作用尤为严重。以盐酸、硫酸与水中的 $Ca(OH)_2$ 的作用为例，其反应式如下：

$$Ca(OH)_2 + 2HCl = CaCl_2 + H_2O$$

$$Ca(OH)_2 + H_2SO_4 = CaSO_4 \cdot 2H_2O$$

反应生成的 $CaCl_2$ 易溶于水，生成的二水石膏（$CaSO_4 \cdot 2H_2O$）结晶膨胀，还会进一步引起硫酸盐的腐蚀作用。

3. 盐类的侵蚀

（1）硫酸盐侵蚀（膨胀性侵蚀）　在海水、湖水、盐沼水、地下水和某些工业污水中，常含有钾、钠、氨的硫酸盐，它们与水泥石中的 $Ca(OH)_2$ 起置换反应生成硫酸钙。硫酸钙再与水泥石中固态水化铝酸钙作用生成高硫型水化硫铝酸钙。其反应式如下：

$$3Ca \cdot Al_2O_3 \cdot 6H_2O + 3(CaSO_4 \cdot 2H_2O) + 19H_2O = 3CaO \cdot Al_2O_3 \cdot 3CaSO_4 \cdot 31H_2O$$

生成的高硫型水化硫铝酸钙含大量结晶水，体积膨胀 1.5 倍以上，在水泥石中产生内应力，造成极大的膨胀性破坏作用。高硫型水化硫铝酸钙晶体呈针状，对水泥石危害严重，所以称其为"水泥杆菌"。

（2）镁盐侵蚀（双重侵蚀）　在海水、盐沼水、地下水中，常含有大量的镁盐，如硫酸镁、氯化镁。它们会与水泥石中的 $Ca(OH)_2$ 起复分解反应，其反应式如下：

$$Ca(OH)_2 + MgSO_4 + 2H_2O = CaSO_4 \cdot 2H_2O + Mg(OH)_2$$

$$Ca(OH)_2 + MgCl_2 = CaCl_2 + Mg(OH)_2$$

反应生成的二水石膏会进一步引起硫酸盐膨胀性破坏，氯化钙易溶于水，而氢氧化镁疏松无胶凝作用。因此镁盐的侵蚀又称双重侵蚀。

4. 强碱的侵蚀

硅酸盐水泥水化产物显碱性，一般碱类溶液浓度不大时不会造成明显损害。但铝酸盐（C_3A）含量较高的硅酸盐水泥遇到强碱（如 $NaOH$）会发生如下反应：生成的铝酸钠易溶于水。

$$3CaO \cdot Al_2O_3 + 6NaOH \longrightarrow 3Na_2O \cdot Al_2O_3 + 3Ca(OH)_2$$

当水泥石被氢氧化钠浸透后又在空气中干燥，则溶于水的铝酸钠会与空气中的 CO_2 反应生成碳酸钠，由于水分失去，碳酸钠在水泥石毛细管中结晶膨胀，引起水泥石疏松、开裂。

除上述四种侵蚀类型外，对水泥石有腐蚀作用的还有糖、酒精、脂肪、氨盐和含环烷酸的石油产品等。

水泥石的腐蚀往往是多种腐蚀介质同时存在的一个极其复杂的物理化学作用过程。引起水泥石腐蚀的外部因素是侵蚀介质。而内在因素一是水泥石中含有易引起腐蚀的组分，即 $Ca(OH)_2$ 和水化铝酸钙（$3CaO \cdot Al_2O_3 \cdot 6H_2O$）；二是水泥石不密实。水泥水化反应理论需水量仅为水泥质量的 23%，而实际应用时拌合用水量多为 40%～70%，多余水分会形成毛细管和孔隙存在于水泥石中，侵蚀介质不仅在水泥石表面起作用，而且易于进入水泥石内部引起严重破坏。

由于硅酸盐水泥（P·Ⅰ、P·Ⅱ）水化生成物中，$Ca(OH)_2$ 和水化铝酸钙含量较多，所以其耐侵蚀性较其他品种水泥差。掺混合材料的水泥水化反应生成物中 $Ca(OH)_2$ 明显减少，其耐侵蚀性比硅酸盐水泥（P·Ⅰ、P·Ⅱ）显著改善。

（二）防止水泥石腐蚀的措施

针对水泥石腐蚀的原理，防止水泥石腐蚀的措施如下：

1. 根据工程所处环境特点，合理选择水泥品种

如：在软水或浓度很小的一般酸侵蚀条件下的工程，宜选用水化生成物中 $Ca(OH)_2$ 含量较少的水泥（即掺大量混合材料的水泥）；在有硫酸盐侵蚀的工程，宜选用铝酸钙（C_3A）含量低于 5% 的抗硫酸盐水泥。通用水泥中硅酸盐水泥（P·Ⅰ、P·Ⅱ）是耐侵蚀性最差的一种，将有侵蚀情况时，如无可靠防护措施应尽量避免使用。

2. 提高水泥石密实度

水泥石中的毛细管、孔隙是引起水泥石腐蚀加剧的内在原因之一。因此，采取适当措施，如强制搅拌、振动成型、真空吸水、掺加外加剂等，在满足施工操作的前提下，尽量减小水灰比，提高水泥石密实度，都将使水泥石的耐侵蚀性得到改善。

3. 表面加做保护层

当侵蚀作用比较强烈时，需在水泥制品表面加做保护层。保护层的材料常采用耐酸石料（石英岩、辉绿岩）、耐酸陶瓷、玻璃、塑料、沥青等。

四、硅酸盐水泥的技术要求

（一）细度

水泥细度表示水泥颗粒的粗细程度。水泥颗粒越细，水化反应速度越快，水化放热快，凝结硬化速度快，早期强度越高。但水泥颗粒过细，粉磨过程能耗高、成本高，而且

过细的水泥硬化过程收缩率大，易引起开裂。

国家标准规定：硅酸盐水泥和普通硅酸盐水泥的细度以比表面积法表示，比表面积越大，表示粉末越细。其他几种通用水泥的细度用筛析法表示，筛析法以筛余粗颗粒的百分比表示粗细程度，表明水泥中较粗的惰性颗粒所占的比例。

（二）凝结时间

水泥从和水开始到失去流动性，即从可塑状态发展到固体状态所需的时间称水泥的凝结时间。水泥的凝结时间有初凝时间与终凝时间之分。自加水拌合起，至水泥浆开始凝结所需的时间称初凝时间。自加水拌合至水泥浆完全凝结（完全失去塑性）开始产生强度的时间称终凝时间。

初凝时间不能过短，是为了保证施工过程能从容地在水泥浆初凝之前完成。终凝时间不可过长，因为水泥终凝后才开始产生强度，而水泥制品遮盖浇水养护以及下面工序的进行，需待其具有一定强度后方可进行。

凝结时间的测定必须具备两个规定条件：一是在规定的恒温恒湿环境中；二是受测水泥浆必须是标准稠度的水泥浆。各批水泥的矿物成分、粉磨细度不尽相同，拌成标准稠度的水泥浆时用水量也各不相同。标准稠度用水量是指水泥净浆达到规定稠度（标准稠度）时所需的拌合水量，以占水泥质量的百分率表示。水泥标准稠度用水量一般在24%～33%。

（三）安定性

水泥安定性是指水泥在凝结硬化过程中体积变化的均匀性。当水泥浆体硬化过程发生不均匀变化时，会导致膨胀开裂、翘曲称安定性不良。安定性不合格的水泥，不得用于建筑工程。

能够引起水泥安定性不良的因素有三个。其一，是在生产熟料矿物时残留较多的游离氧化钙（f-CaO），这种高温煅烧过的 CaO（即过烧石灰），在水泥凝结硬化后，会缓慢与水生成 Ca(OH)$_2$ 体积膨胀，使水泥石开裂；其二是原料中过多的 MgO，经高温煅烧后成游离氧化镁（f-MgO），它与水的反应更加缓慢，会在水泥硬化几个月后膨胀引起开裂；其三是水泥中含有过多 SO$_3$ 时，也会在水泥硬化很长时间以后发生硫酸盐类侵蚀而引起膨胀开裂。后两种有害成分引起的水泥安定性不良，常称为长期安定性不良。

由于 f-MgO、SO$_3$ 会引起长期安定性不良，国标规定通用水泥 f-MgO 含量不得超过5%（若水泥经压蒸法快速检验合格，f-MgO 含量可放宽到 6%），SO$_3$ 含量不超过3.5%。通过定量化学分析，控制 f-MgO、SO$_3$ 含量，保证长期安定性合格。为此，可采用控制原材料成分及生产工艺过程有效地控制水泥中 f-MgO 和 SO$_3$ 含量，因此水泥的安定性问题大多是由 f-CaO 所引起。

对过量 f-CaO 引起的安定性不良，国家标准规定用沸煮法检验。沸煮法检验又分为两种：一种是试饼法，将标准稠度的水泥净浆制成规定尺寸形状的试饼，凝结后经沸水煮3h，不开裂不翘曲为合格。另一种方法为雷氏法，将标准稠度的水泥净浆装入雷氏夹，凝结并沸煮后，雷氏夹张开幅度不超过规定为合格。雷氏法为标准方法，当两种方法测定结果发生争议时以雷氏法为准。

（四）强度与强度等级

水泥的强度取决于水泥熟料的矿物组成、混合材料的品种、数量以及水泥的细度。由于水泥很少单独使用，所以水泥的强度是以水泥、标准砂、水按规定比例拌合成水泥胶砂拌合物，再按规定方法制成软练水泥胶砂试件，测其不同龄期的强度。国标规定硅酸盐类水泥的强度等级是以水泥软练胶砂试件 3d、28d 龄期的抗折强度和抗压强度数据评定。又根据 3 天强度分为普通型和早强型（R）。

（五）水化热

水泥与水的水化反应是放热反应，所释放的热称为水化热。水化热的多少和释放速率取决于水泥熟料的矿物组成、混合材料的品种和数量、水泥细度和养护条件等。大部分水化热在水泥水化初期放出。

硅酸盐水泥是六种通用水泥中水化热最大、放热速率最快的一种。普通水泥水化热数量和放热速率其次，掺大量混合材料的水泥则水化热较少。

国家标准中，并未把水泥水化热列入性能要求中，但由于水泥水化热在某些施工条件下对工程有一定的影响，水泥的水化热多，可加速水泥的凝结硬化及强度的增长，有利于冬期施工，可在一定程度上防止冻害。但不利于大体积混凝土工程，因为大量水化热聚集于内部，造成内部与表面有较大温差，内部受热膨胀，表面冷却收缩，使大体积混凝土在温度应力下严重受损。因此在选用水泥时应充分考虑水化热对工程的影响。

（六）水泥的密度和堆积密度

硅酸盐水泥（P·Ⅰ、P·Ⅱ）密度一般为 3.0～3.2g/cm³，普通水泥、复合水泥略低，矿渣水泥、火山灰水泥、粉煤灰水泥一般在 2.8～3.0g/cm³。水泥的密度主要与熟料的质量、混合材料的掺量有关。

水泥的堆积密度除与水泥组成、细度有关外，主要取决于堆积的紧密程度。根据堆积的疏密程度不同，堆积密度约为 1000～1600kg/m³，通常采用 1300kg/m³。

（七）合格性判断与产品质量等级

国家标准中规定，凡化学指标（不溶物、烧失量、MgO、SO₃、Cl⁻¹），凝结时间、安定性、各龄期强度中的任一项不符合标准规定时，均判为不合格品。

我国的水泥产品质量分为优等品、一等品和合格品三个级别。

五、通用水泥

（一）硅酸盐水泥、普通硅酸盐水泥

1. 品种、组分、代号

由硅酸盐水泥熟料、0～5％石灰石或粒化高炉矿渣、适量石膏磨细制成的水硬性胶凝材料称为硅酸盐水泥（即国外统称的波特兰水泥）。硅酸盐水泥分两种类型，不掺混合材料的称Ⅰ型硅酸盐水泥，代号 P·Ⅰ；粉磨时掺加不超过水泥重 5％的石灰石或粒化高炉矿渣混合材料的称Ⅱ型硅酸盐水泥，代号 P·Ⅱ。

由硅酸盐水泥熟料、＞5％～≤20％混合材料、适量石膏磨细制成的水硬性胶凝材料为普通硅酸盐水泥（简称普通水泥），代号 P·O。

2. 技术要求

《通用硅酸盐水泥》GB 175—2007 中对硅酸盐水泥及普通水泥提出了细度、凝结时间、安定性、强度的要求及不溶物、氧化镁、三氧化硫、烧失量和碱含量的限制。

（1）细度　硅酸盐水泥和普通水泥比表面积不小于 300m²/kg。

（2）凝结时间　硅酸盐水泥初凝时间不小于 45min，终凝时间不大于 390min。普通水泥初凝不小于 45min，终凝不大于 600min。

（3）安定性 用沸煮法检验必须合格。为了保证水泥长期安定性，还规定了水泥中氧化镁含量不得超过5.0%。如果水泥经压蒸安定性试验合格，则水泥中氧化镁含量允许放宽到6.0%；水泥中三氧化硫含量不得超过3.5%。

（4）强度 水泥强度等级按3d、28d龄期的抗压强度和抗折强度来划分，各强度等级水泥的各龄期强度不得低于表3-3数值。

硅酸盐水泥、普通水泥各强度等级、各龄期强度最低值 GB 175—2007　　**表3-3**

品　种	强度等级	抗压强度（MPa）		抗折强度（MPa）	
		3d	28d	3d	28d
硅酸盐水泥	42.5	17.0	42.5	3.5	6.5
	42.5R	22.0	42.5	4.0	6.5
	52.5	23.0	52.5	4.0	7.0
	52.5R	27.0	52.5	5.0	7.0
	62.5	28.0	62.5	5.0	8.0
	62.5R	32.0	62.5	5.0	8.0
普通水泥	42.5	17.0	42.5	3.5	6.5
	42.5R	22.0	42.5	4.0	6.5
	52.5	23.0	52.5	4.0	7.0
	52.5R	27.0	52.5	5.0	7.0

注：R表示早强型水泥。

3. 特性、应用

硅酸盐水泥和普通水泥性能相近，与其他通用水泥相比具有如下特性：

（1）强度高 硅酸盐水泥凝结硬化快，强度高，尤其是早期强度增长率大，特别适合早期强度要求高的工程、高强混凝土结构和预应力混凝土工程。

（2）水化热高 硅酸盐水泥中 C_3S 和 C_3A 含量高，早期放热量大，放热速度快，早期强度高，用于冬期施工常可避免冻害。但高放热量对大体积混凝土工程不利，如无可靠的降温措施，不宜用于大体积混凝土工程。

（3）抗冻性好 硅酸盐水泥拌合物不易发生泌水，硬化后的水泥石密实度较大，所以抗冻性优于其他通用水泥。适用于严寒地区受反复冻融作用的混凝土工程。

（4）碱度高、抗碳化能力强 硅酸盐水泥硬化后的水泥石显强碱性，埋于其中的钢筋在碱性环境中表面生成一层灰色钝化膜，可保持几十年不生锈。由于空气中的 CO_2 与水泥石中的 $Ca(OH)_2$ 会发生碳化反应生成 $CaCO_3$ 使水泥石逐渐由碱性变为中性，当中性化深度达到钢筋附近时，钢筋失去碱性保护而锈蚀，表面疏松膨胀，会造成钢筋混凝土构件报废。因此，钢筋混凝土构件的寿命往往取决于水泥的抗碳化性能。硅酸盐水泥碱性强密实度高，抗碳化能力强，所以特别适用于重要的钢筋混凝土结构和预应力混凝土工程。

（5）耐蚀性差 硅酸盐水泥石中有大量的 $Ca(OH)_2$ 和水化铝酸钙，容易引起软水、酸类和盐类的侵蚀。所以不宜用于受流动水、压力水、酸类和硫酸盐侵蚀的工程。

（6）耐热性差 硅酸盐水泥石在250℃温度时水化物开始脱水，水泥石强度下降。当受热700℃以上将遭破坏。所以硅酸盐水泥不宜单独用于耐热混凝土工程。

（7）湿热养护效果差　硅酸盐水泥在常规养护条件下硬化快、强度高。但硬化初期经过蒸汽养护后，再经自然养护至 28 天测得的抗压强度往往低于未经蒸养的 28 天抗压强度。

普通水泥中掺入不超过 20% 的混合材料，主要是为了调节强度、增加产量，其特性、应用范围与同强度等级硅酸盐水泥相近。与硅酸盐水泥的差别为早期强度稍低、水化热稍低、抗冻性稍差、碱度较低、耐蚀性和耐热性稍好。

（二）矿渣、火山灰、粉煤灰硅酸盐水泥和复合硅酸盐水泥

1. 品种、组分、代号

由硅酸盐水泥熟料、粒化高炉矿渣、适量石膏共同磨细制成的水硬性胶凝材料称为矿渣硅酸盐水泥（简称矿渣水泥）。矿渣水泥又按粒化高炉矿渣掺加量分为两种型号，高炉矿渣加入量 >20%，≤50% 的为 A 型矿渣水泥，代号（P·S·A）。高炉矿渣加入量 >50%，≤70% 的为 B 型矿渣水泥，代号（P·S·B）。

由硅酸盐水泥熟料、火山灰质混合材料、适量石膏磨细制成的水硬性胶凝材料称为火山灰质硅酸盐水泥（简称火山灰水泥），代号 P·P。水泥中火山灰质混合材料掺加量为 >20%，≤40%。

由硅酸盐水泥熟料、粉煤灰、适量石膏磨细制成的水硬性胶凝材料称为粉煤灰硅酸盐水泥（简称粉煤灰水泥），代号 P·F。水泥中粉煤灰掺加量为 >20%，≤40%。

由硅酸盐水泥熟料、两种或两种以上规定的混合材料、适量石膏磨细制成的水泥，称为复合硅酸盐水泥（简称复合水泥），代号 P·C。水泥中混合材料掺入量为 >20%，≤50%。

2. 技术要求

国标《通用硅酸盐水泥》GB 175—2007 中对上述四种水泥的主要技术要求规定如下：

（1）细度　80μm 方孔筛筛余不大于 10.0% 或 45μm 方孔筛筛余不大于 30%。

（2）凝结时间　初凝时间不小于 45min，终凝时间不大于 600min。

（3）安定性　用沸煮法检验必须合格。为了保证长期安定性，标准中还规定了氧化镁和三氧化硫的含量限制。水泥中氧化镁含量 ≤6.0%，如果氧化镁含量大于 6.0%，则应用压蒸法检验安定性合格。矿渣水泥三氧化硫含量 ≤4%，其他三种水泥中三氧化硫含量 ≤3.5%。

（4）强度　水泥强度等级按规定龄期的抗压强度和抗折强度划分。各强度等级水泥的各龄期强度不得低于表 3-4 数值。

矿渣、火山灰、粉煤灰、复合水泥各强度等级、各龄期强度最低值 GB/T 175—2007

表 3-4

强度等级	抗压强度（MPa）		抗折强度（MPa）	
	3d	28d	3d	28d
32.5	10.0	32.5	2.5	5.5
32.5R	15.0	32.5	3.5	5.5
42.5	15.0	42.5	3.5	6.5
42.5R	19.0	42.5	4.0	6.5
52.5	21.0	52.5	4.0	7.0
52.5R	23.0	52.5	4.5	7.0

3. 矿渣水泥、火山灰水泥、粉煤灰水泥、复合水泥的特性与应用

由于四种水泥均掺入大量混合材料使得这些水泥有许多共同特性，又因掺入的混合材料品种不同，各品种水泥性质又有一定差异。其共同特性是：

（1）早期强度低，后期强度高　掺大量混合材料的水泥凝结硬化慢，早期强度低，但硬化后期可以赶上甚至超过同强度等级的硅酸盐水泥。因早期强度较低，不宜用于早期强度要求高的工程。

（2）水化热低　由于水泥中熟料含量较少，水化放热高的 C_3S、C_3A 矿物含量较少，且二次反应速度慢，所以水化热低。这些水泥不宜用于冬季施工。但水化热低，不致引起混凝土内外温差过大，所以此类水泥适用于大体积混凝土工程。

（3）耐蚀性较好　这些水泥硬化后，在水泥石中 $Ca(OH)_2$、C_3AH_6 含量较少，使得抵抗软水、酸类、盐类侵蚀能力明显提高。用于有一般侵蚀性要求的工程比硅酸盐水泥耐久性好。

（4）蒸汽养护效果好　在蒸汽养护高温高湿环境中，活性混合材料参与的二次反应会加速进行，强度提高幅度较大，效果好。此类水泥适用于蒸汽养护。

（5）抗碳化能力差　这类水泥硬化后的水泥石碱度低、抗碳化能力差，对防止钢筋锈蚀不利。不宜用于重要钢筋混凝土结构和预应力混凝土。

（6）抗冻性、耐磨性差　与硅酸盐水泥相比抗冻性、耐磨性差，不适用于受反复冻融作用的工程和有耐磨性要求的工程。

除四种水泥共同的特性外，矿渣水泥、火山灰水泥、粉煤灰水泥和复合水泥又有各自特性。

矿渣水泥耐热性较好，矿渣出自炼铁高炉常作为水泥耐热掺料使用，矿渣水泥能耐400℃高温，一般认为矿渣掺量大的耐热性更好。矿渣为玻璃体结构亲水性差，因此矿渣水泥的泌水性及干缩性较大。

火山灰水泥抗渗性较好，抗大气性差。因为火山灰水泥密度较小，水化需水量较多，拌合物不易泌水，硬化后不致产生泌水孔洞和较大的毛细管，而且水化物中水化硅酸钙凝胶含量较多，水泥石较为密实，所以抗渗性优于其他几种通用水泥。适用于有一般抗渗要求的工程。由于低碱度，水泥石中又含较多水化硅酸钙凝胶，处于干燥空气中，则因空气中 CO_2 作用于表面的水化硅酸钙凝胶生成 $CaCO_3$ 和 SiO_2 粉状物，称"起粉"。因此，火山灰水泥不适用于干燥条件中的混凝土工程。

火山灰水泥和矿渣水泥硬化过程干缩率大所以要求有可靠的保潮养护措施，而且应有较长的养护期，以避免出现干缩开裂。

粉煤灰水泥中的混合材料粉煤灰本身属于火山灰质材料，所以粉煤灰水泥性质与火山灰水泥基本相同。但粉煤灰颗粒大多为球形颗粒，比表面积小，吸附水少。因此粉煤灰水泥拌合物需水量较小，硬化过程干缩率小，抗裂性好。

粉煤灰水泥与矿渣水泥、火山灰水泥相比早期强度更低，水化热低、抗碳化能力更差。

复合水泥中掺入两种或两种以上混合材料。复掺混合材料，可以明显改善水泥性能，如单掺矿渣，水泥浆容易泌水；单掺火山灰质，往往水泥浆黏度大；两者复掺则水泥浆工作性好，有利于施工。若掺入惰性石灰石，则可起微集料作用。

复合水泥早期强度高于矿渣水泥、火山灰质水泥和粉煤灰水泥，与普通水泥相同甚至略高。其他性质与矿渣水泥、火山灰水泥相近或略好。使用范围一般同掺大量混合材料的其他水泥。

六、专用水泥

为满足工程要求而生产的专门用于某种工程的水泥属专用水泥。专用水泥以适用的工程命名，如砌筑水泥、道路水泥、油井水泥等。

（一）砌筑水泥

以活性混合材料或具有水硬性的工业废料为主，加入适量硅酸盐水泥熟料和石膏经磨细制成的水硬性胶凝材料，称为砌筑水泥，代号 M。

国标《砌筑水泥》GB/T 3138—2003 的技术要求主要有：

（1）细度　0.080mm（80μm）方孔筛筛余不得超过 10%。

（2）凝结时间　初凝不得早于 45min，终凝不得迟于 12h。

（3）安定性　用沸煮法检验必须合格。水泥中 SO_3 含量不得超过 4.0%。

（4）强度　等级分为 12.5、22.5 两种。

（5）保水率不低于 80%。

砌筑水泥强度等级较低，能满足砌筑砂浆强度要求。利用大量的工业废渣作为混合材料，降低水泥成本。砌筑水泥的生产、应用，一改过去用高强度等级水泥配制低强度等级砌筑砂浆、抹面砂浆的不合理不经济现象。砌筑水泥适用于砖、石、砌块砌体的砌筑砂浆和内墙抹面砂浆。不得用于钢筋混凝土。

（二）道路水泥

以适当成分的生料烧至部分熔融，所得以硅酸钙为主要成分和较多量铁铝酸盐的硅酸盐水泥熟料称为道路硅酸盐水泥熟料。

由道路硅酸盐水泥熟料，0～10%活性混合材料和适量石膏磨细制成的水硬性胶凝材料，称为道路硅酸盐水泥（简称道路水泥，代号 P·R）。

国标《道路硅酸盐水泥》GB 13693—2005 规定的技术要求如下。

（1）氧化镁　道路水泥中氧化镁含量不得超过 5.0%。

（2）三氧化硫　道路水泥中三氧化硫含量不得超过 3.5%。

（3）烧失量　道路水泥中烧失量不得大于 3.0%。

（4）游离氧化钙　道路水泥熟料中的游离氧化钙，旋窑生产不得大于 1.0%；立窑生产不得大于 1.8%。

（5）碱含量　如用户提出要求时，由供需双方商定。

（6）铝酸三钙　道路水泥熟料中铝酸三钙的含量不得大于 5.0%。

（7）铁铝酸四钙　道路水泥熟料中铁铝酸四钙的含量不得小于 16.0%。

（8）细度　比表面积为 300～450m²/kg。

（9）凝结时间　初凝不得早于 1.5h，终凝不得迟于 10h。

（10）安定性　用沸煮法检验必须合格。

（11）干缩率　28 天干缩率不得大于 0.10%。

（12）耐磨性　28 天磨损量不得大于 3.0kg/m²。

（13）强度　各强度等级、各龄期强度不低于表 3-5 规定。

道路硅酸盐水泥各强度等级、各龄期强度最低值 GB 13693—2005   表 3-5

强度等级	抗折强度（MPa）		抗压强度（MPa）	
	3d	28d	3d	28d
32.5	3.5	6.5	16.0	32.5
42.5	4.0	7.0	21.0	42.5
52.5	5.0	7.5	26.0	52.5

道路水泥熟料中降低铝酸三钙（C_3A）含量，以减少水泥的干缩率；提高铁铝酸四钙含量，使水泥耐磨性、抗折强度提高。

道路水泥的特性是干缩率小、抗冻性好、耐磨性好、抗折强度高、抗冲击性好。适用于道路路面和对耐磨性、抗干缩性要求较高的混凝土工工程。

七、特性水泥

与通用硅酸盐水泥相比较有突出特性的水泥通称特性水泥。特性水泥品种繁多，仅对硅酸盐类特性水泥中的快硬硅酸盐水泥、白色硅酸盐水泥简单介绍如下。

（一）快硬硅酸盐水泥

凡以硅酸盐水泥熟料和适量石膏磨细制成，以 3d 抗压强度表示标号的水硬性胶凝材料称为快硬硅酸盐水泥（简称快硬水泥）。

快硬水泥的制造方法和硅酸盐水泥基本相同，不同之处是：通过生料配比和熟料煅烧工艺控制，提高熟料中硅酸三钙和铝酸三钙含量（C_3S+C_3A：60%～65%）；适当增加石膏掺加量（可达 8%）；提高水泥粉磨细度（比表面积达 $450m^2/kg$）。

国标《快硬硅酸盐水泥》GB 199—90 规定的技术要求中，关于氧化镁、三氧化硫、细度、凝结时间、安定性与矿渣硅酸盐水泥相同。特点在于早期强度要求很高，以 3d 强度表示标号。快硬水泥各标号、各龄期强度不得低于表 3-6 规定。

快硬水泥各龄期强度最低值 GB 199—90   表 3-6

水泥标号	抗压强度（MPa）			抗折强度（MPa）		
	1d	3d	28d	1d	3d	28d
325	15.0	32.5	52.5	3.5	5.0	7.2
375	17.0	37.5	57.5	4.0	6.0	7.6
425	19.0	42.5	62.5	4.5	6.4	8.6

快硬水泥水化热高、早期强度高、不透水性和抗冻性好。适用于早强、高强混凝土，特别适合紧急抢修工程和低温施工工程。

由于快硬水泥水化活性高，容易吸潮风化与失效，一般贮存期不应超过一个月。

（二）白色硅酸盐水泥

以氧化铁含量低的石灰石、白泥、硅石为主要原材料，经烧结得到以硅酸钙为主要成分、氧化铁含量低的熟料，加入适量石膏，共同磨细制成的白色水硬性胶凝材料称为白色硅酸盐水泥（简称白水泥）。

硅酸盐水泥呈暗灰色，主要原因是其含 Fe_2O_3 较多（Fe_2O_3 为 3%~4%）。当 Fe_2O_3 含量在 0.5% 以下，则水泥接近白色。白色硅酸盐水泥的生产须采用纯净的石灰石、纯石英砂、高岭土作原料，采用无灰分的可燃气体或液体燃料，磨机采用铸石衬板，研磨体用石球。生产过程严格控制 Fe_2O_3 并尽可能减少 MnO、TiO_2 等着色氧化物。因此白水泥生产成本较高。

白色水泥的技术性质与产品等级：

（1）细度、凝结时间、安定性及强度

按国家标准《白色硅酸盐水泥》GB/T 2015—2005 规定，白色水泥细度要求 0.080mm 方孔筛筛余量不超过 10%；凝结时间初凝时间不早于 45min，终凝时间不迟于 10h；体积安定性用沸煮法检验必须合格，同时熟料中氧化镁含量不得超过 5.0%，水泥中三氧化硫含量不得超过 3.5%；按 3d、28d 的抗折强度与抗压强度分为 32.5、42.5、52.5 三个强度等级；产品白度值应不低于 87。

（2）废品与不合格品

凡三氧化硫，初凝时间、安定性中任一项不符合标准规定或强度低于最低等级的指标时为废品。

凡细度、终凝时间、强度和白度任一项不符合标准规定的，或水泥包装标志中品种、生产者名称、出厂编号不全的，为不合格品。

白水泥粉磨时加入碱性矿物颜料可制成彩色水泥。白色水泥与彩色水泥主要用于建筑物内外表面的装饰工程和人造大理石、水磨石制品。

八、水泥的风化与贮运

（一）水泥的风化

水泥是具有较大比表面积而且吸湿性极强的粉体材料。水泥与空气接触，则会吸收空气中的水分和二氧化碳而发生部分的水化和碳化反应，在运输贮存过程发生上述反应称为风化。其反应如下：

$$2(3CaO \cdot SiO_2) + 6H_2O \longrightarrow 3CaO \cdot SiO_2 \cdot 3H_2O + 3Ca(OH)_2$$

$$Ca(OH)_2 + CO_2 + H_2O \longrightarrow CaCO_3 + 2H_2O$$

水泥矿物 C_3S 吸收水分生成水化硅酸钙和氢氧化钙，氢氧化钙又吸收二氧化碳和水生成碳酸钙和更多的水，这样连锁反应会使水泥风化加快。

当水泥的包装质量较差、贮运条件不良，贮存期较长时，则会受潮风化而结块失效。

（二）水泥的贮存

通用水泥有效期自出厂之日起为三个月，即使贮存条件良好，一般存放三个月的水泥强度也会降低约 10%~15%，存放六个月强度约降低 20%~30%。通常新出厂水泥 28 天抗压强度为标准规定值的 1.10~1.15 倍，称为水泥强度富余系数。强度富余系数是为了保证正常贮存情况下，三个月有效期内水泥强度符合标准规定。存期超过三个月为过期水泥，应重新检测决定如何使用。

水泥运输、贮存应注意防雨、防潮。贮存应按不同品种、标号（强度等级）、批次、到货日期分别堆放，标志清楚。注意先到先用，避免积压过期。

不同品种、标号（强度等级）、批次的水泥，由于矿物成分不同、凝结硬化速度不同、干缩率不同，严禁混杂使用。

为此，散装水泥应分库存放。袋装水泥存放时，库房应防漏、通风；室内外高差应不低于 150mm，库内地面垫板要离地 300mm，四周离墙 300mm；堆放高度不宜超过 10 袋；应按到场先后依次堆放，且应方便拿取，尽量做到先存先用，以防长期存放。

第二节　铝酸盐水泥

铝酸盐类水泥是以铝酸钙为主要成分的各种水泥的总称。此类水泥与硅酸盐类水泥相比有独特性质。铝酸盐类水泥的品种有：铝酸盐水泥、特快硬矾土水泥、铝酸盐自应力水泥、低钙铝酸盐耐火水泥等。铝酸盐水泥是铝酸盐类水泥中最重要、最基本的一个品种。

一、铝酸盐水泥的矿物组成、水化与硬化

铝酸盐水泥（又称矾土水泥）是以铝矾土和石灰石为原料，经煅烧制得以铝酸钙为主要成分的熟料，经磨细制成的水硬性胶凝材料。

铝酸盐水泥的主要矿物成分是铝酸一钙（$CaO \cdot Al_2O_3$，简式 CA）和二铝酸一钙（$CaO \cdot 2Al_2O_3$，简式 CA_2），还有少量硅酸二钙（C_2S）及其他铝酸盐。

铝酸盐水泥的水化和硬化，主要是铝酸一钙的水化和结晶作用。在不同温度下铝酸一钙水化生成物也不同。其反应：

温度 20℃以下时：

$$CaO \cdot Al_2O_3 + 10H_2O \longrightarrow CaO \cdot Al_2O_3 \cdot 10H_2O$$
$$\text{CA} \qquad\qquad\qquad\qquad \text{CAH}_{10}$$

温度 20～30℃时：

$$2(CaO \cdot Al_2O_3) + 11H_2O \longrightarrow 2CaO \cdot Al_2O_3 \cdot 8H_2O + Al_2O_3 \cdot 3H_2O$$
$$\text{C}_2\text{AH}_8 \qquad\qquad\qquad \text{铝胶}$$

温度高于 30℃时

$$3(CaO \cdot Al_2O_3) + 12H_2O \longrightarrow 3CaO \cdot Al_2O_3 \cdot 6H_2O + 2(Al_2O_3 \cdot 3H_2O)$$
$$\text{C}_3\text{AH}_6 \qquad\qquad\qquad \text{铝胶}$$

在较低温度下，水化物主要是 CAH_{10} 和 C_2AH_8，呈细长针状和板状结晶连生体，形成骨架。析出的氢氧化铝凝胶填充于骨架空隙中，形成密实的水泥石。所以铝酸盐水泥水化后密实度大、强度高。

在温度大于 30℃时，水化生成物为 C_3AH_6 强度则大为降低。

需要指出的是，CAH_{10} 和 C_2AH_8 都是不稳定的，会逐步转化为 C_3AH_6。这种转变会因温度升高而加速。晶体转变的结果，使水泥石析出游离水，增大了孔隙率；同时由强度高的晶体转化成强度低的 C_3AH_6。可见，铝酸盐水泥正常使用时，虽然硬化快、早期强度很高，但后期强度会大幅度下降，在湿热环境尤其严重。

二、铝酸盐水泥的技术性质

铝酸盐水泥常为黄色或褐色，也有呈灰色的。其密度与堆积密度与硅酸盐水泥相近。

铝酸盐水泥按 Al_2O_3 含量百分数分为四类：

CA-50　$50\% \leqslant Al_2O_3 < 60\%$

CA-60　$60\% \leqslant Al_2O_3 < 68\%$

CA-70　$68\% \leqslant Al_2O_3 < 77\%$

CA-80　$77\% \leqslant Al_2O_3$

国家标准《铝酸盐水泥》（GB 201—2000）规定：

1. 细度

比表面积不小于 $300m^2/kg$ 或 0.045mm 筛余不得超过 20%。

2. 凝结时间（胶砂）

CA-50、CA-70、CA-80 初凝时间不得早于 30min，终凝时间不得迟于 6h；CA-60 初凝时间不得早于 60min，终凝时间不得迟于 18h。

3. 强度

各类型水泥各龄期强度不得低于表 3-7 中数值。

铝酸盐水泥各龄期胶砂强度值　　　　　　　　表 3-7

水泥类型	抗压强度（MPa）				抗折强度（MPa）			
	6h	1d	3d	28d	6h	1d	3d	28d
CA-50	20	40	50	—	3.0	5.5	6.5	—
CA-60		20	45	85		2.5	5.0	10.0
CA-70		30	40			5.0	6.0	
CA-80		25	30			4.0	5.0	

注：当用户需要时，生产厂应提供结果。

三、铝酸盐水泥的特性与应用

（1）长期强度有降低的趋势，强度降低可能是由于晶体转化造成，因此，铝酸盐水泥不宜用于长期承重的结构及处在高温高湿环境的工程中。在一般的混凝土结构工程中应禁止使用。

（2）早期强度增长快，1d 强度可达最高强度的 80% 以上，故宜用于紧急抢修工程及要求早期强度高的特殊工程。

（3）水化热大，且放热速度快，一天内即可放出水化热总量的 70%～80%，因此铝酸盐水泥适用于冬期施工的混凝土工程，不宜用于大体积混凝土工程。

（4）最适宜的硬化温度为 15℃左右，一般不得超过 25℃。因此铝酸盐水泥不适用于高温季节施工，也不适合采用蒸汽养护。

（5）耐热性较高，如采用耐火粗细骨料（铬铁矿等）可制成使用温度达 1300～1400℃的耐热混凝土。

（6）抗硫酸盐侵蚀性强、耐酸性好，但抗碱性极差，不得用于接触碱性溶液的工程。

（7）铝酸盐水泥与硅酸盐水泥或石灰相混不但产生闪凝，而且由于生成高碱性的水化铝酸钙，使混凝土开裂，甚至破坏。因此，施工时除不得与石灰和硅酸盐水泥混合外，也不得与尚未硬化的硅酸盐水泥接触使用。

综上所述高铝水泥的特点可归纳为：硬化快、早强、高放热、耐水耐酸不耐碱不能与石灰质混用、致密抗渗、耐热性好，不宜高温季节使用。掌握铝酸盐水泥的特性才能扬长避短正确使用。

第三节　硫铝酸盐水泥

硫铝酸盐水泥是以无水硫铝酸钙为熟料主要成分的一种新型水泥。主要品种有：快硬硫铝酸盐水泥、无收缩硫铝酸盐水泥、自应力硫铝酸盐水泥等。此类水泥以其早期强度高、干缩率小、抗渗性好、耐蚀性好，而且生产成本低等特点，在混凝土工程中得到广泛应用。

本节对硫铝酸盐类水泥中的快硬硫铝酸盐水泥做简要介绍。

一、快硬硫铝酸盐水泥的组成与水化反应

凡以适当成分的生料，经煅烧所得以无水硫铝酸钙和硅酸二钙为主要成分的熟料，加入适量石膏磨细制成的早期强度高的水硬性胶凝材料，称为快硬硫铝酸盐水泥，代号 R·SAC。

快硬硫铝酸盐水泥中的主要矿物成分有无水硫铝酸钙（$4CaO \cdot 3Al_2O_3 \cdot CaSO_4$）、硅酸二钙（$2CaO \cdot SiO_2$）、石膏（$CaSO_4 \cdot 2H_2O$）。

快硬硫铝酸盐水泥合水后，能迅速地与水发生复杂的水化反应。主要水化产物有水化硫铝酸钙晶体（$3CaO \cdot Al_2O_3 \cdot 3CaSO_4 \cdot 32H_2O$、$3CaO \cdot Al_2O_3 \cdot 3CaSO_4 \cdot 12H_2O$）、水化硅酸钙凝胶和铝胶。

硬化后的水泥石，强度迅速增长，形成的水泥石以水化硫铝酸钙晶体为骨架，在骨架间隙中填充凝胶体，而且硬化过程有微膨胀，因此水泥石密度大，强度高。

二、快硬硫铝酸盐水泥的技术性质

行业标准《快硬硫铝酸盐水泥》JC 714—1996 规定的技术要求如下：

（1）游离氧化钙　水泥中不允许出现游离氧化钙。

（2）比表面积　比表面积不得低于 $350m^2/kg$。

（3）凝结时间　初凝不得早于 25min，终凝不得迟于 3h。

（4）强度　各龄期强度均不得低于表 3-8 数值。

各龄期强度值　JC 714—1996

表 3-8

标　号	抗压强度（MPa）			抗折强度（MPa）		
	1d	3d	28d	1d	3d	28d
425	34.5	42.5	48.0	6.5	7.0	7.5
525	44.0	52.5	58.0	7.0	7.5	8.0
625	52.5	62.5	68.0	7.5	8.0	8.5
725	59.0	72.5	78.0	8.0	8.5	9.0

三、快硬硫铝酸盐水泥的特性和应用

（一）凝结硬化快、早期强度高

快硬硫铝酸盐水泥凝结硬化快，早期强度高，以 3 天强度表示标号。该水泥 12h 已有

相当高的强度，3 天强度与硅酸盐水泥 28 天相当。特别适用于抢修、堵漏、喷锚加固工程。

（二）水化放热快

快硬硫铝酸盐水泥水化速度快，水化放热快，又因早期强度增长迅速，不易发生冻害，所以适用于冬季施工，但不宜用于大体积混凝土工程。

（三）微膨胀、密实度大

快硬硫铝酸盐水泥水化生成大量钒矾石晶体，产生体积膨胀，而且水化需要大量结晶水，所以硬化后水泥石致密不透水。适用于有抗渗、抗裂要求的接头、接缝的混凝土工程。

（四）耐蚀性好

快硬硫铝酸盐水泥硬化后的水泥石中不含 $Ca(OH)_2$、水化铝酸钙（$3CaO \cdot Al_2O_3 \cdot 6H_2O$），又因水泥石密实度高，所以耐软水、酸类、盐类腐蚀的能力好。适用于有耐蚀性要求的混凝土工程。

（五）低碱度

快硬硫铝酸盐水泥水泥石碱度低，对钢筋保护能力差，不适用于重要钢筋混凝土结构。由于碱度低，特别适用于玻璃纤维增强的混凝土制品。

（六）耐热性差

由于快硬硫铝酸盐水化产物中含大量结晶水，遇高温失去结晶水结构疏松、强度下降。所以不宜用于有耐热要求的混凝土工程。

思 考 题

1. 何谓硅酸盐水泥熟料？其主要矿物成分有哪些？各矿物有何特性？

2. 硅酸盐水泥熟料矿物水化产物是什么？加入石膏后起什么作用？

3. 何谓水泥混合材料？常用的活性混合材料有哪几种？

4. 掺活性混合材料的水泥水化反应有何特点？对水泥的性质有何影响？

5. 硅酸盐水泥凝结硬化后水泥石由哪些部分构成？

6. 硅酸盐水泥有哪些技术性质？各有何实际意义？硅酸盐水泥经检验，什么叫不合格品？

7. 何谓水泥体积安定性？引起安定性不良的原因有哪些？如何检测？

8. 硅酸盐水泥侵蚀的类型有哪几种？为什么硅酸盐水泥（P·I）的水泥石易受侵蚀？

9. 试述通用水泥的六个品种的名称、组成、特性及应用。

10. 何谓砌筑水泥、道路水泥？各有何特性？

11. 何谓快硬硅酸盐水泥、白色硅酸盐水泥？各有何特性？

12. 铝酸盐水泥有何特性？适用于哪些工程？应用时应注意什么？

13. 快硬硫铝酸盐水泥有何特性？

第四章 混 凝 土

凡由胶凝材料与骨料等按适当比例制成拌合物，经硬化后所得到的人造石材均称为混凝土。

混凝土种类繁多，可以不同方法进行分类：

按所用胶凝材料种类不同分为水泥混凝土、石膏混凝土、水玻璃混凝土、硅酸盐混凝土、沥青混凝土及聚合物混凝土等。

按用途不同分为结构混凝土、道路混凝土、水工混凝土、耐热混凝土、耐酸混凝土、防射线混凝土等。

在混凝土中应用最广、用量最大的是水泥混凝土，水泥混凝土常按体积密度分为：

1. 重混凝土

体积密度大于 $2800kg/m^3$，由特别密实和特别重的骨料（如重晶石、铁矿石等）制成。它具有防射线的性能。

2. 普通混凝土

体积密度为 $2000\sim2800kg/m^3$，用天然砂、石为骨料制成。是建筑结构、道路、水工工程等常用材料。

3. 轻混凝土

体积密度不大于 $1950kg/m^3$，它包括轻骨料混凝土、多孔混凝土及大孔混凝土等，常用作保温隔热或结构兼保温材料。

此外，按混凝土的特性或施工方法等还可分为高强混凝土、抗渗混凝土、泵送混凝土及喷射混凝土等。按生产地点分为现场搅拌混凝土和预拌混凝土。

第一节 普通混凝土概述

一、普通混凝土的组成与结构

普通混凝土（以下简称混凝土）是以水泥、骨料和水为主要原材料，也可加入外加剂和矿物掺合料等材料，经拌合、成型、养护等工艺制作的、硬化后具有强度的工程材料。

在混凝土中，水泥与水组成水泥浆用来包裹砂、石骨料表面，并填充骨料的空隙。在拌合物中（即混凝土硬化之前）水泥浆在砂石颗粒间起润滑作用，使拌合物具有良好的可塑性便于施工。而占混凝土总体积约 80% 以上的砂、石骨料，只填充于水泥浆中，并不与水泥发生化学作用，是一种惰性成分。当混凝土硬化后，水泥石将骨料牢固地粘结在一起形成具有一定强度的人造石材，其中的砂、石则起骨架作用使混凝土具有较高的强度。在混凝土中除存在毛细孔以外还常残留有少量的空气泡。硬化后混凝土的结构见图 4-1。

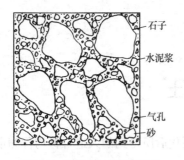

图 4-1　混凝土结构示意图

石子
水泥浆
气孔
砂

二、混凝土的特点

混凝土在工程中能够得到广泛的应用是因为它与其他材料相比具有一系列优点：

（1）原料丰富、价格低廉　混凝土中约 80% 以上用量的砂石骨料资源丰富；可以就地取材，取之方便、价格便宜。

（2）使用灵活、施工方便　混凝土拌合物有良好的可塑性，可根据工程需要浇注成各种形状尺寸的构件及构筑物。

（3）可调整性能　调整各组成材料的品种及数量，可获得不同性能（稠度、强度及耐久性）的混凝土来满足工程上的不同要求。

（4）强度高　混凝土具有较高的抗压强度，且可与钢筋有良好的配合组成钢筋混凝土，弥补混凝土抗拉、抗折强度低的缺点，使混凝土能够用于各种工程部位。

（5）耐久性好　性能良好的混凝土具有很高的抗冻性、抗渗性、耐腐蚀性等使得混凝土长期使用仍能保持原有性能。

混凝土的主要缺点是自重大、抗拉强度低、呈脆性、易开裂，并且在施工中影响质量因素较多，质量波动较大。

此外，混凝土呈碱性，不耐酸；耐火性较差，长时间受火焰作用会降低强度。

三、工程上对混凝土的基本要求及其质量控制环节

工程中所使用的混凝土，一般必须满足以下四项基本要求：

（1）混凝土拌合物必须具有适合于施工条件的工作性能，使之便于施工。

（2）混凝土硬化后的强度必须满足结构设计的强度等级要求。

（3）混凝土应具有适应于工程所处环境条件的耐久性能，以保证混凝土的使用寿命。

（4）在满足上述三项技术要求的前提下，要最大限度地节约水泥，以降低成本。

为了使混凝土满足工程上的基本要求，必须对混凝土的质量加以控制。工程上对混凝土的质量控制包括初步控制和生产控制两个环节，以便使生产的混凝土达到合格标准。（详见本章第六节）。

第二节　普通混凝土的组成材料

一、水泥

配制混凝土用的水泥应符合国家现行标准的有关规定。在配制时，应合理地选择水泥的品种和强度等级。

（一）水泥品种的选择

水泥品种的选择应根据工程特点、所处环境以及设计、施工的要求，选用适当的品种。常用水泥品种选择可参见表 4-1。

（二）水泥强度等级的选择

水泥强度等级的选用应与混凝土的强度等级相适应。一般，水泥的实际强度约为混凝

常用水泥品种选用参考表

表 4-1

混凝土工程特点及所处环境条件		优先使用	可以使用	不宜使用
普通混凝土	在普通气候环境中的混凝土	普通水泥	矿渣水泥 火山灰水泥 粉煤灰水泥	
	在干燥环境中的混凝土	普通水泥	矿渣水泥	火山灰水泥
	在高湿环境中或长期处于水下的混凝土	矿渣水泥 火山灰水泥 粉煤灰水泥	普通水泥	
	厚大体积的混凝土	矿渣水泥 火山灰水泥 粉煤灰水泥	普通水泥	硅酸盐水泥
有特殊要求的混凝土	要求快硬高强（≥C 30）的混凝土	硅酸盐水泥 快硬硅酸盐水泥		
	严寒地区的露天混凝土及处于水位升降范围内的混凝土	普通水泥（≥32.5 级） 硅酸盐水泥或 抗硫酸盐硅酸盐水泥	矿渣水泥 （≥32.5 级）	火山灰水泥
	有抗渗要求的混凝土	普通水泥 火山灰水泥	硅酸盐水泥 粉煤灰水泥	矿渣水泥
	有耐磨要求的混凝土	普通水泥（≥32.5 级）	矿渣水泥（≥32.5 级）	火山灰水泥
	受侵蚀性环境水或气体作用的混凝土	根据介质的种类、浓度具体情况，按专门规定选用		

土配制强度的 1.5～2.0 倍较为合适。因为水泥强度等级过低，会使水泥用量过大而不经济；若水泥强度等级过高，则水泥用量必然偏少，对混凝土的工作性及耐久性均带来不利影响。

正确地选择水泥品种和强度等级是保证混凝土各项性能及经济性的重要措施，应予重视。

二、骨料（亦称集料）

骨料 $\begin{cases}\text{细骨料（砂）} \\ \text{（粒径小于等于 4.75mm）} \begin{cases}\text{天然砂：河砂、湖砂、海砂、山砂} \\ \text{人工砂：破碎各种硬质岩石的细粒}\end{cases} \\ \text{粗骨料（石子）} \\ \text{（粒径大于 4.75mm）} \begin{cases}\text{卵石：河卵石（又称砾石、河流石）、海卵石、山卵石} \\ \text{碎石：由各种硬质岩石经破碎而成}\end{cases}\end{cases}$

混凝土用砂、石应符合《普通混凝土用砂、石质量及检验方法标准》JGJ 52—2006 标准中的要求。

（一）对骨料的一般要求

骨料约占混凝土总体积的 80% 左右，其质量直接影响混凝土的各种性能及经济性，

55

因此骨料的质量必须加以控制。砂石按其技术要求分为用于强度等级大于或等于 C60 的混凝土、用于强度等级 C30～C55 的混凝土和用于强度等级小于或等于 C25 的混凝土三类。

1. 泥和黏土块含量

骨料中的泥和黏土不仅能增大拌合物的需水量，而且还会阻碍水泥石与骨料间的粘结降低混凝土的强度及耐久性（抗渗、抗冻等），因此应对骨料中的泥和黏土块含量加以控制，见表 4-2。若采用人工砂，还应对其石粉含量有一定的要求。

砂、石子有害杂质含量及石子针、片状颗粒含量的规定　JGJ 52—2006　　表 4-2

骨料种类		砂			石		
项目		≥C60	C55～C30	≤C25	≥C60	C55～C30	≤C25
含泥量（按质量计,%）	≤	2.0	3.0	5.0	0.5	1.0	2.0
泥块含量（按质量计,%）	≤	0.5	1.0	2.0	0.2	0.5	0.7
云母含量（按质量计,%）	≤	2.0	2.0	2.0	—	—	—
轻物质含量（按质量计,%）	≤	1.0	1.0	1.0	—	—	—
海砂中贝壳含量（按质量计,%）	≤	3	5	8			
硫化物及硫酸盐含量（折算成 SO_3 按质量计,%）	≤	1.0					
有机物含量（用比色法试验）		合格					
砂中氯离子含量（按干砂质量计,%）		钢筋混凝土：≤0.06%　预应力混凝土：≤0.02%					
石子中针、片状颗粒含量（按质量计,%）≤		—	—	—	8	15	25

2. 有害杂质含量

骨料中的有害杂质主要包括云母、硫化物与硫酸盐、氯盐及有机物等。砂中常含有云母，它的层状结构会降低混凝土的强度；硫化物与硫酸盐与某些水化产物反应生成钙矾石，引起体积膨胀破坏混凝土的结构；有机物腐烂后析出的有机酸可腐蚀水泥石；海砂中含有氯盐，氯盐的存在会促进混凝土钢筋的锈蚀等。骨料中有害杂质含量限制见表 4-2。但对于有抗冻、抗渗或其他特殊要求的小于或等于 C25 混凝土用砂，其泥量不应大于 3.0%；其泥块含量不应大于 1.0%；海砂中贝壳含量不应大于 5%。对于有抗冻、抗渗要求的混凝土用砂，其云母含量不应大于 1.0%。对于有抗冻、抗渗或其他特殊要求的混凝土用石子，其含泥量不应大于 1.0%；对于有抗冻、抗渗或其他特殊要求的强度等级小于 C30 的混凝土用石子，其泥块含量不应大于 0.5%。此外骨料中还不宜混有草根、树枝树叶、塑料品、煤块、炉渣等杂物。

3. 坚固性

骨料的坚固性是指在自然风化和其他外界物理化学因素作用下，抵抗破裂的能力。采用硫酸钠溶液法进行试验，样品在其饱和溶液中经 5 次循环浸渍后，其质量损失应符合表 4-3 中规定。

砂、石的坚固性指标　JGJ 52—2006		表 4-3
混凝土所处的环境条件及其性能要求	砂	石
在严寒及寒冷地区室外使用并经常处于潮湿或干湿交替状态下的混凝土 对于有抗疲劳、耐磨、抗冲击要求的混凝土有腐蚀介质作用或经常处于水位变化区的地下结构混凝土（质量损失，%）　≤	8	8
其他条件下使用的混凝土（质量损失，%）　≤	10	12

4. 碱活性骨料

当骨料中含活性二氧化硅或活性碳酸盐时，可能与混凝土中的碱发生碱—骨料反应，导致混凝土破坏。因此，需进行碱活性检验合格后方可使用。

（二）细骨料的粗细程度与颗粒级配

选择骨料时，应以满足设计及施工要求的前提下能最大限度地减少水泥用量，降低混凝土成本为原则。在混凝土拌合物中，水泥浆应能包裹所有骨料的颗粒表面，并填满骨料间的空隙以使混凝土达到最大限制的密实程度。因此，理想的骨料应具有较小的总表面积和较小的空隙率，这样才能使水泥用量最小。

1. 粗细程度

砂的粗细程度是指不同粒径的砂粒混合物的平均粗细程度。通常用细度模数 μ_f 表示。在质量相同时，粗砂总表面积较小，而砂越细其总表面积越大。因此，砂的粗细程度反映了砂总表面积的大小。

2. 颗粒级配

颗粒级配是指粒径大小不同的颗粒互相搭配的情况。较好的级配是在粗颗粒的间隙中由中颗粒填充，中颗粒的间隙再由细颗粒填充，这样一级一级的填充，使砂形成最密集的堆积，空隙率达到最小程度，如图 4-2。可见，砂的级配如何，反映了砂的空隙率的大小。

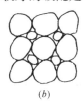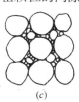

(a)　　　*(b)*　　　*(c)*

图 4-2　骨料颗粒级配

综上所述，选择细骨料时应同时考虑砂的粗细程度和颗粒级配，才能既满足设计与施工的要求，又能节约水泥。

3. 粗细程度和颗粒级配的确定

砂的粗细程度和颗粒级配用筛分析法确定，并用细度模数表示砂的粗细，用级配区判别砂的颗粒级配。

测定时，称取预先通过筛孔为 9.50mm 筛的干砂 500g，用一套孔径为 4.75、2.36、1.18mm、600、300、150μm 的标准筛由粗到细依次过筛，然后称取各筛筛余试样的质量（筛余量）。各号筛上的筛余量与试样总量之比称为分析筛余百分率，每号筛上的筛余百分率加上该号筛以上各筛的筛余百分率之和称为累计筛余百分率，记作 β_1、β_2、β_3、β_4、β_5、β_6。

砂的细度模数 μ_f 可用下式计算

$$\mu_f = \frac{(\beta_2 + \beta_3 + \beta_4 + \beta_5 + \beta_6) - 5\beta_1}{100 - \beta_1}$$

细度模数愈大，表示砂愈粗。砂按细度模数 μ_f 分为粗、中、细、特细四种规格，其细度模数分别为：

粗砂：　　$\mu_f = 3.7 \sim 3.1$

中砂：　　$\mu_f = 3.0 \sim 2.3$

细砂：　　$\mu_f = 2.2 \sim 1.6$

特细砂：　$\mu_f = 1.5 \sim 0.7$

根据 JGJ 52—2006 中规定，除特细砂外，砂的颗粒级配可按公称直径 $630\mu m$ 筛孔的累计筛余百分率将砂分为三个级配区见表 4-4。级配良好的砂，其颗粒级配应处于任何一个级配区内。若有超出时，规定除公称粒径为 5.00mm 和 $630\mu m$ 的累计筛余外，其余公称粒径的累计筛余率允许略有超出分界线，但其超出总量不应大于 5%，否则视为级配不合格。

为了更直观地反映砂的级配情况，可将表 4-4 的规定绘出级配区曲线图，见图 4-3。将试验所得的各号筛的累计筛余率在级配区曲线图中绘成筛分曲线，即可确认砂的级配情况。若筛分曲线全部落在某一级配区域内，则该砂为级配良好。

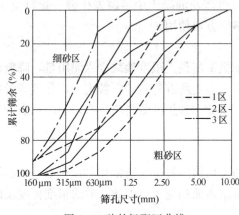

图 4-3　砂的级配区曲线

砂的颗粒级配区　JGJ 52—2006　　　　　　　表 4-4

累计筛余（%）　级配区　　公称粒径	Ⅰ区	Ⅱ区	Ⅲ区
5.00mm	10～0	10～0	10～0
2.50mm	35～5	25～0	15～0
1.25mm	65～35	50～10	25～0
630μm	85～71	70～41	40～16
315μm	95～80	92～70	85～55
160μm	100～90	100～90	100～90

一般，处于Ⅰ区的砂较粗，使用时应适当增加砂用量，并保持足够的水泥用量，多用于配制富混凝土或低流动性混凝土；Ⅲ区砂偏细，可提高拌合物的粘聚性和保水性，但干缩大，使用时应适当减少砂用量；Ⅱ区砂粗细适中，拌制混凝土时宜优先选用。

当砂的级配不符合表 4-4 中要求时，应采取相应措施，经试验证明能确保工程质量时方可使用。

【例 4-1】　某一砂样经筛分析试验，各筛上的筛余量列于表 4-5，试评定该砂的粗细程度及颗粒级配情况。

筛孔尺寸	质 量 (g)	分计筛余百分率（%）	累计筛余百分率（%）
4.75mm	30	6	6
2.36mm	60	12	18
1.18mm	70	14	32
600μm	140	28	60
300μm	120	24	84
150μm	70	14	98
150μm 以下	10	2	100

【解】 计算出累计筛余百分率列于表4-5。

细度模数

$$\mu_f = \frac{(\beta_2 + \beta_3 + \beta_4 + \beta_5 + \beta_6) - 5\beta_1}{100 - \beta_1}$$

$$= \frac{(18 + 32 + 60 + 84 + 98) - 5 \times 6}{100 - 6}$$

$$= 2.79$$

查表4-4，该砂样在600μm筛上的累计筛余百分率$\beta_4 = 60$落在Ⅱ区，其他各筛上的累计筛余百分率均在Ⅱ区规定范围，在图4-4中（即Ⅱ级配区曲线图）绘出该砂的筛分曲线，均落在Ⅱ区范围内。

结果评定：该砂细度模数$\mu_f = 2.79$，属于中砂；筛分曲线落在Ⅱ区内，说明此砂颗粒级配良好，可用于配制混凝土。

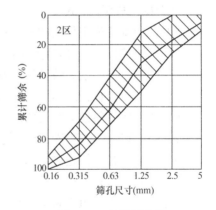

图 4-4 2级配区曲线

（三）粗骨料

粗骨料是组成混凝土骨架的主要组分，其质量对混凝土工作性、强度及耐久性等有直接影响。因此，粗骨料除应满足骨料的一般要求外，还应对其颗粒形状、表面状态、强度、粒径及颗粒级配等有一定的要求。

1. 颗粒形状与表面状态

卵石多为球形，表面光滑，与水泥石粘结较差；而碎石多棱角且表面粗糙，与水泥石粘结好。因此，在相同水泥用量和水用量时，用卵石拌制的混凝土拌合物流动性较好，但强度偏低；而用碎石拌制的混凝土强度较高，但拌合物流动性较差。使用时应根据实际情况、工程要求及就地取材的原则进行选取。

在粗骨料中常含有一些针状颗粒即长度大于平均粒径（指该粒级上、下限粒径的平均值）2.4倍的颗粒和片状颗粒即厚度小于平均粒径0.4倍的颗粒。这些颗粒本身容易折断，而且会增大骨料的总表面积和空隙率，影响混凝土拌合物的工作性，降低混凝土的质量，因此应控制其在粗骨料中的含量，见表4-2。

2. 强度

碎石的强度可用岩石的抗压强度和压碎值指标表示。岩石的抗压强度应比所配制的混凝土强度至少高 20%。当混凝土强度等级大于或等于 C60 时，应进行岩石抗压强度检验。工程中可采用压碎值指标进行质量控制。

卵石的强度可用压碎值指标表示。

石子的压碎值指标见表 4-6。

石子的压碎值指标　JGJ 52—2006　表 4-6

石 子 种 类		混凝土强度等级	压碎值指标（%）
碎石	沉积岩	C60～C40	≤10
		≤C35	≤16
	变质岩或深成的火成岩	C60～C40	≤12
		≤C35	≤20
	喷出的火成岩	C60～C40	≤13
		≤C35	≤30
卵 石		C60～C40	≤12
		≤C35	≤16

3. 最大粒径与颗粒级配

粗骨料的粗细程度用最大粒径表示。把公称粒级的上限称为该粒级的最大粒径。例如 5～40mm 粒级的粗骨料，其最大粒径为 40mm。粗骨料最大粒径增大时，骨料的总表面积减小，可见采用较大最大粒径的骨料可以节约水泥。因此，当配制中、低强度等级混凝土时，粗骨料的最大粒径应尽可能选用得大些。

在工程中，粗骨料最大粒径的确定还要受到结构截面尺寸、钢筋净距及施工条件的限制。《混凝土结构工程施工质量验收规范》（GB 50204—2011）中规定，混凝土用的粗骨料，其最大颗粒粒径不得超过结构截面最小尺寸的 1/4，且不得超过钢筋最小净距的 3/4。对混凝土实心板，骨料的最大粒径不宜超过板厚的 1/3，且不得超过 40mm。

对于泵送混凝土，粗骨料最大粒径应满足《混凝土泵送施工技术规程》（JGJ/T 10—1995）的规定（详见本章第七节预拌混凝土）。

粗骨料的颗粒级配与细骨料级配的原理相同。采用级配良好的粗骨料对节约水泥和提高混凝土的强度是极为有利的。石子级配的判定也是通过筛分析方法，其标准筛的孔径为 2.36、4.75、9.50、16.0、19.0、26.5、31.5、37.5、53.0、63.0、75.0、90.0mm 等十二个筛档。分计筛余百分率及累计筛余百分率的计算方法与细骨料的计算方法相同。石子颗粒级配应符合表 4-8 规定。

【例 4-2】　某一碎石试样经筛分试验，各筛上的筛余量列于下表。试评定该石子的粗细程度及颗粒级配情况。

石子筛分试验结果　表 4-7

筛孔尺寸（mm）	各筛筛余量（g）	分计筛余（%）	累计筛余（%）
37.5	0	0	0
31.5	1260	4	4

筛孔尺寸（mm）	各筛筛余量（g）	分计筛余（%）	累计筛余（%）
19.0	8190	26	30
9.5	17640	56	86
4.75	2520	8	94
2.36	1890	6	100

【解】

计算各筛上的分计筛余及累计筛余，并列于表4-7内。

查表4-8可知，将各筛的累计筛余与表4-8相对照，在37.5mm筛上的累计筛余为0；在31.5mm筛上的累计筛余为4，居0～5之间；故该石子的最大粒径应为31.5mm，即该石子的公称粒级为5～31.5级。

碎石或卵石的颗粒级配范围　JGJ 52—2006　　　　　　表4-8

累计筛余（%）\ 公称粒径(mm)		2.36	4.75	9.50	16.0	19.0	26.5	31.5	37.5	53.0	63.0	75.0	90
连续粒级	5～10	95～100	80～100	0～15	0	—	—	—	—	—	—	—	—
	5～16	95～100	85～100	30～60	0～10	0	—	—	—	—	—	—	—
	5～20	95～100	90～100	40～80	—	0～10	0	—	—	—	—	—	—
	5～25	95～100	90～100	—	30～70	—	0～5	0	—	—	—	—	—
	5～31.5	95～100	90～100	70～90	—	15～45	—	0～5	0	—	—	—	—
	5～40	—	95～100	70～90	—	30～65	—	—	0～5	0	—	—	—
单粒粒级	10～20	—	95～100	85～100	—	0～15	0	—	—	—	—	—	—
	16～31.5	—	95～100	—	85～100	—	—	0～10	0	—	—	—	—
	20～40	—	—	95～100	—	80～100	—	—	0～10	0	—	—	—
	31.5～63	—	—	—	95～100	—	—	75～100	45～75	—	0～10	0	—
	40～80	—	—	—	95～100	—	—	—	70～100	—	30～60	0～10	0

由于其他各筛上的累计筛余均符合5～31.5级的相应规定，可见该石子的颗粒级配良好。

结果评定：该石子的公称粒级为5～31.5级，颗粒级配良好。

粗骨料的级配按供应情况有连续粒级和单粒级两种。连续粒级中由小到大每一级颗粒都占有一定的比例，又称为连续级配。天然卵石的颗粒级配就属于连续级配，连续级配大小颗粒搭配合理，使得配制的混凝土拌合物的工作性好，不易发生离析现象，混凝土用石应采用连续级配。单粒级适用于组合成具有要求级配的连续粒级，或与连续粒级混合使用，用以改善级配或配成较大粒度的连续粒级。

三、拌合用水及养护用水

混凝土拌合用水及养护用水应符合《混凝土用水标准》JGJ 63—2006的规定，凡符合国家标准的生活饮用水，均可拌制各种混凝土。海水可拌制素混凝土，但不得用于拌制钢筋混凝土和预应力混凝土。不宜用海水拌制有饰面要求的素混凝土。

四、矿物掺合料

在混凝土搅拌过程中，为了改善混凝土的性能，节约水泥而加入一些矿物质粉料，称为混凝土矿物掺合料。它是以硅、铝、钙等的一种或多种氧化物为主要成分，具有规定细度，掺入混凝土中能改善混凝土性能的粉体材料。由于这些矿物掺合料都具有一定的细度和活性，因此在混凝土中掺入矿物掺合料能有效地改善混凝土拌合物的和易性，可大大地改善拌合物的黏聚性和保水性能。这些矿物掺合料在混凝土硬化过程中，能发挥其活性，参与水化反应生成有利于强度的水化产物。能使得混凝土的结构更加坚固，更加密实。不但有利于混凝土强度的发展，同时也会更好地提高混凝土的耐久性能。

用于混凝土的矿物掺合料常有粉煤灰、磨细粉煤灰、高钙粉煤灰；粒化高炉矿渣粉、磨细矿渣；磨细天然沸石粉；硅灰等。采用时应符合相应技术标准的要求。

五、外加剂

混凝土外加剂是在混凝土搅拌之前或拌制过程中加入的，用以改善新拌合或硬化混凝土性能的材料。

由于掺入很小量的外加剂即可明显的改善混凝土的某种性能如和易性、凝结时间、强度及耐久性或节省水泥，因此外加剂深受工程界人士的欢迎（详见本章第六节）。

第三节　普通混凝土拌合物

各组成材料按一定比例配合，经搅拌均匀后的混合物称为拌合物（亦称混合物或新拌混凝土）。为了便于施工操作，拌合物应具有良好的和易性。

一、和易性的含义

和易性又称工作性，是指混凝土拌合物易于施工操作（搅拌、运输、浇筑、捣实），并能获得质量均匀、成型密实的混凝土的性能。包括流动性、黏聚性和保水性三个方面的含义，是一项综合的技术性质。

流动性是指拌合物在自重或施工机械振动作用下，能产生流动并均匀密实地填满模具的性质。流动性的大小反映了拌合物的稀稠，故又称为稠度。稠度大小直接影响施工时浇筑捣实的难易以及混凝土的质量。

黏聚性是指拌合物的各组成材料间具有一定的黏聚力，在施工过程中不致产生分层和离析现象，仍能保持整体均匀的性质。它反映了拌合物保持均匀的能力。

保水性是指拌合物保持水分，不致产生泌水的性能。拌合物发生泌水现象会使混凝土内部形成贯通的孔隙，不但影响混凝土的密实性，降低强度，而且还会影响混凝土的抗渗、抗冻等耐久性能。

混凝土拌合物的流动性、黏聚性和保水性各有各自的内容，它们既互相联系，又存在矛盾，在实际工程中应确保拌合物的黏聚性和保水性的前提下，使流动性满足施工的要求。

二、和易性的测定

由于和易性是一项综合的技术性质，因此很难找到一种能全面反映拌合物和易性的测定方法。通常是以测定流动性（即稠度）为主，而对黏聚性和保水性主要通过观察进行评定。

《混凝土质量控制标准》GB 50164—2011规定，混凝土拌合物的稠度可采用坍落度、维勃稠度或扩展度表示。

（一）坍落度与扩展度法

坍落度法适用于坍落度不小于 10mm 的混凝土拌合物稠度测定。

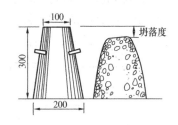

图 4-5　坍落度测定示意图
单位：mm

方法是将拌合物按规定的试验方法装入坍落度筒内，提起坍落度筒后拌合物因自重而向下坍落，下落的尺寸即为该混凝土拌合物的坍落度值。以毫米为单位，用 S 表示，见图 4-5。在测定坍落度的同时，应观察拌合物的黏聚性和保水性情况，以便全面地评定混凝土拌合物的和易性。

扩展度法适用于泵送高强混凝土和自密实混凝土。

"混凝土拌合物根据其坍落度大小划分为 5 级，见表 4-9；根据其拌合物的扩展度划分为 6 级，见表 4-10。坍落度值小于 10mm 的干硬性混凝土拌合物应采用维勃稠度法测定。"

混凝土拌合物的坍落度等级　　表 4-9

等级	类别	坍落度（mm）
S1	塑性	10～40
S2		50～90
S3	流动性	100～150
S4	大流动性	160～210
S5		≥220

混凝土拌合物的扩展度等级　　表 4-10

等级	扩展度（mm）
F1	≤340
F2	350～410
F3	420～480
F4	490～550
F5	560～620
F6	≥630

（二）维勃稠度法

维勃稠度法适用于骨料最大粒径不大于 40mm，维勃稠度在 5～30s 之间的混凝土拌合物稠度的测定。这种方法是先按规定方法在圆柱形容器内做坍落度试验，提起坍落度筒后在拌合物试体顶面上放一透明圆盘，开启振动台，同时启动秒表并观察拌合物下落情况。当透明圆盘下面全部布满水泥浆时关闭振动台，停秒表，此时拌合物已被振实。秒表的读数"s"即为该拌合物的维勃稠度值，以"秒"为单位，用 V 表示，见图 4-6。

混凝土拌合物根据其维勃稠度大小，可分五级，见表 4-11。

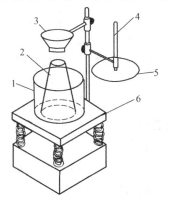

图 4-6　维勃稠度仪

1—圆柱形容器；2—坍落度筒；
3—漏斗；4—测杆；5—透明圆盘；
6—振动台

干硬性混凝土拌合物的维勃稠度等级　　表 4-11

等级	维勃稠度（s）
V0	≥31
V1	30～21
V2	20～11
V3	10～6
V4	5～3

三、影响和易性的主要因素

混凝土拌合物的和易性取决于各组成材料的品种、规格以及组成材料之间数量的比例关系（水灰比、砂率、浆骨比），如图 4-7 所示。

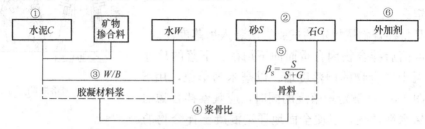

图 4-7　混凝土工作性影响因素分析图

（一）水泥品种与矿物掺合料品种

不同品种的水泥，需水量不同，因此在相同配合比时，拌合物的稠度也有所不同。需水量大者，其拌合物的坍落度较小。一般采用火山灰水泥、矿渣水泥时，拌合物的坍落度较用普通水泥时小些。矿物掺合料品种不同，其需水量也不同。

（二）骨料的种类、粗细程度及颗粒级配

河砂和卵石表面光滑无棱角，多呈球状，拌制的混凝土拌合物比碎石拌制的拌合物流动性好。采用最大粒径较大的级配良好的砂石，因其总表面积和空隙率小，包裹骨料表面和填充空隙用的水泥浆用量小，因此拌合物的流动性也好。

（三）水胶比

水胶比的大小决定了胶凝材料浆的稠度。水胶比愈小，胶凝材料浆就愈稠，当胶凝材料浆与骨料用量比一定时，拌制成的拌合物的流动性便愈小。当水胶比过小时，胶凝材料浆较干稠，拌制的拌合物的流动性过低会使施工困难，不易保证混凝土质量。若水胶比过大，会造成拌合物粘聚性和保水性不良，产生流浆、离析现象。因此，水胶比不宜过小或过大，一般应根据混凝土的强度和耐久性要求合理地选用。

（四）浆骨比

胶凝材料浆与骨料的数量比称为浆骨比。在骨料量一定的情况下，浆骨比的大小可用水泥浆的数量表示，浆骨比愈大，表示胶凝材料浆用量愈多。在混凝土拌合物中，水泥浆赋予拌合物以流动性，是影响拌合物稠度的主要因素。在胶凝材料浆稠度（即水胶比）一定时，增加胶凝材料浆数量，拌合物流动性随之增大。但胶凝材料浆过多，不仅不经济，而且会使拌合物粘聚性变差，出现流浆现象。

无论是提高水胶比，或是增大浆骨比最终都表现为拌合物中用水量的增加。可见，用水量是对混凝土拌合物稠度起决定性作用的因素。试验证明，在骨料一定的情况下，为获得要求的流动性，所需拌合用水量基本上是一定的，即使胶凝材料用量有所变动（每立方米混凝土用量增减在 50～100kg）也无何影响。这一关系称为恒定用水量法则。

必须指出，在施工中为了保证混凝土的强度和耐久性，不准用单纯改变用水量的办法来调整拌合物的稠度。应在保证水胶比不变的条件下以改变浆骨比（即改变胶凝材料浆数量）的方法来使拌合物达到施工要求的稠度。

（五）砂率

砂率是指拌合物中砂的质量占砂石总质量的百分率。砂的粒径比石子小得多，具有很大的比表面积，而且砂在拌合物中填充粗骨料的空隙。因而，砂率的改变会使骨料的总表面积和空隙率有显著的变化，可见砂率对拌合物的和易性有显著的影响。

砂率过大，骨料的总表面积及空隙率都会增大，在胶凝材料浆量一定的条件下，骨料表面的胶凝材料浆层厚度减小，胶凝材料浆的润滑作用减弱，使拌合物的流动性变差。若砂率过小，砂填充石子空隙后，不能保证粗骨料间有足够的砂浆层，也会降低拌合物的流动性，而且会影响拌合物的粘聚性和保水性，使拌合物粗涩，松散，粗骨料易发生离析现象。当砂率适宜时，砂不但填满石子的空隙，而且还能保证粗骨料间有一定厚度的砂浆层以便减小粗骨料的滑动阻力，使拌合物有较好的流动性。这个适宜的砂率值称为合理砂率。采用合理砂率时，在用水量及胶凝材料用量一定的情况下，能使拌合物获得最大的流动性，且能保证良好的粘聚性和保水性。或者，在保证拌合物获得所要求的流动性及良好的粘聚性和保水性时，胶凝材料用量为最小，如图 4-8 所示。

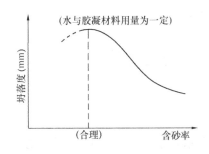 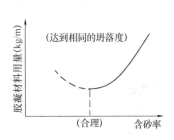

图 4-8　含砂率与坍落度和含砂率与胶凝材料量的关系

（六）外加剂

在拌制混凝土时，掺用外加剂（减水剂、引气剂）能使混凝土拌合物在不增加水泥和水用量的条件下，显著地提高流动性，且具有较好的粘聚性和保水性。

此外，由于混凝土拌合后水泥立即开始水化，使水化产物不断增多，游离水逐渐减少，因此拌合物的流动性将随时间的增长不断降低。而且，坍落度降低的速度随温度的提高而显著加快。

综上所述，在施工中因原材料（胶凝材料、砂、石）已限定，砂率往往已采用合理砂率值，因此在保证混凝土质量的前提下，只能采取增大浆骨比（即增大用水量的同时，相应增加水泥用量）或掺入外加剂的措施来改善拌合物的和易性。

四、坍落度的选择

正确地选择混凝土拌合物的坍落度值是保证混凝土的施工质量及节约水泥的有效措施。正确的选择原则应是在允许的施工条件下，能保证混凝土拌合物振捣密实时，尽可能采用较小的坍落度，以节约水泥并能保证混凝土的质量。坍落度的选择应根据施工条件、构件截面尺寸、钢筋疏密程度、捣实方法等确定。一般，构件截面尺寸较小、钢筋较密时，施工困难难以捣实；或采用人工捅捣时坍落度应选择大些。通常混凝土浇筑时的坍落度可按表 4-12 选用。

随着建筑业的发展，混凝土的施工已由原来的现场搅拌，变为工厂预拌，并采用混凝土泵输送的现代施工方法。当采用泵送混凝土时，拌合物应具有较高的流动性，其坍落度不得低于 100mm。

建筑工地为了方便施工、输送顺利，常选用坍落度在 180mm 或更大些的混凝土。

混凝土浇筑时的坍落度（mm）　　　　　　　　表 4-12

结 构 种 类	坍落度	结 构 种 类	坍落度
基础或地面等的垫层、无配筋的大体积结构（挡土墙、基础等）或配筋稀疏的结构	10～30	配筋密列的结构（如薄壁、斗仓、筒仓、细柱等）	50～70
板、梁和大型及中型截面的柱子等	30～50	配筋特密的结构	70～90

注：1. 本表系采用机械振捣混凝土时的坍落度，当采用人工捣实混凝土时其值可适当增大。

2. 当需要配制大坍落度混凝土时，应掺用外加剂。

3. 曲面或斜面结构混凝土的坍落度应根据实际需要另行选定。

4. 轻骨料混凝土的坍落度，宜比表中数值减少 10～12mm。

5. 本表原载《混凝土结构工程施工及验收规范》（GB 50204—92）。

第四节　普通混凝土的主要性能

一、物理性能

（一）密实度

密实度是混凝土的重要的物理性能。它表示在混凝土体积内，固体物质的填充程度，即

$$D = \frac{V}{V_0}$$

式中　D——混凝土的密实度。

实际上，绝对密实的混凝土是不存在的，即 $D<1$。这说明在混凝土中不同程度的含有孔隙，这些孔隙的产生有以下几种原因：

（1）水泥完全水化需要的结合水大约只为水泥重的 23% 左右，但在配制混凝土时为了使拌合物有良好的和易性，需加入较多的水（约为水泥重的 40%～70%），这些多余的水分在水泥硬化后或残留于混凝土中，或蒸发，使得混凝土内部形成各种不同尺寸的孔隙。

（2）由于水泥水化生成物的平均密度比反应前物质的平均密度大些，因此水泥水化后的体积比反应前体积小，这将使混凝土产生收缩，这种收缩称为化学收缩。混凝土中水泥石的收缩受骨料的约束，产生局部拉应力，会使骨料界面上以及水泥石内部形成微细裂缝。

（3）水泥石的干缩也会导致水泥浆与骨料界面上应力集中形成微裂缝。

（4）由于泌水形成的泌水通道，粗骨料下缘积水形成的水囊，在硬化后形成孔隙。

（5）施工中残留在混凝土中的气泡。

普通混凝土的密实度一般在 0.8～0.9 之间。

普通混凝土的密实度与混凝土的主要技术性能如强度、抗冻性、抗渗性、导热性等有

密切的关系。

（二）干湿变形

混凝土的干燥和吸湿引起其中含水量的变化，同时也引起混凝土体积的变化即湿胀干缩。

湿胀是由于吸水后使水泥凝胶体粒子吸附水膜增厚，胶体粒子间的距离增大的结果。湿胀变形量一般很小，对混凝土性能无多大影响。

干缩的产生，一方面是由于毛细孔内水的蒸发使孔中负压增大，产生收缩力使毛细孔缩小，混凝土产生收缩。另一方面是由于毛细孔失水后，凝胶体颗粒的吸附水开始蒸发缩小了颗粒间的距离，甚至产生新的化学结合而收缩。因此，干燥的混凝土再次吸水变湿时，干缩变形一部分可恢复，也有一部分变形（约 $30\% \sim 60\%$）是不能恢复的。混凝土干缩变形的大小用干缩率表示，它反映混凝土的相对干缩性，其值可达 $(3 \sim 5) \times 10^{-4}$。在一般工程设计中，通常采用混凝土的干缩为 $(1.5 \sim 2) \times 10^{-4}$，即每米收缩 $0.15 \sim 0.2mm$。

混凝土的干缩主要是由于混凝土中水泥石的干缩所引起，因此影响干缩的主要因素是：

1. 水泥品种及细度

水泥品种不同，混凝土的干缩率也不同，采用火山灰水泥干缩率最大，采用矿渣水泥比采用普通水泥的收缩大；采用高强度等级水泥，由于颗粒较细，需水量大，混凝土的收缩也较大。

2. 水泥用量与水灰比

水泥用量越大，水泥浆量也越大；水灰比越大，水泥浆越稀，硬化后形成的毛细孔较多，其干缩值也越大。

3. 骨料的种类与数量

砂石骨料在混凝土中起骨架作用，它们不仅本身变形极小，而且对水泥浆的收缩有一定的抵抗作用，因此采用弹性模量较大的骨料并达到一定数量对减小混凝土的干缩是有利的。

4. 养护条件

延长潮湿条件的养护时间，可推迟干缩的发生与发展，但对最终干缩值影响不大。若采用湿热养护处理，可减小混凝土的干缩。

混凝土的干缩对混凝土有较大的危害，由于干缩往往首先从表面开始，可使混凝土表面产生较大的拉应力，引起表面开裂，影响混凝土的耐久性。工程上为了减小化学收缩和干缩对结构的危害，对长度方向较大的结构，施工时应设置后浇带。一般，在两个月后混凝土的收缩可完成 70% 左右。这样可减少由于混凝土收缩带来的危害。

（三）温度变形

混凝土与其他材料一样，也具有热胀冷缩的性质。这种热胀冷缩的变形称为温度变形。混凝土的温度变形性质的大小用温度膨胀系数表示。它与混凝土所用的骨料种类及配合比有关。混凝土的温度膨胀系数约为 1×10^{-5}，即温度升降 $1℃$，每米胀缩 $0.01mm$。

对纵向长度较大的混凝土及钢筋混凝土结构，过大的温度变形会引起结构的断裂或破坏。为了避免由于温度变形所产生的危害，在《混凝土结构设计规范》中规定，对不同的结构类型在规定的间距内设置伸缩缝。

二、力学性能

力学性能是硬化后混凝土的重要性能，它包括强度和变形性两方面内容。

（一）混凝土的强度

混凝土的强度包括抗压、抗拉、抗弯、抗剪以及握裹强度等；其中以抗压强度最大，故工程上混凝土主要承受压力。而且，混凝土的抗压强度与其他强度间有一定的相关性，可以根据抗压强度的大小来估计其他强度值，因此混凝土的抗压强度是最重要的一项性能指标。

1. 抗压强度

（1）立方体抗压强度及强度等级　按《普通混凝土力学性能试验方法标准》GB/T 50081—2002 规定，将混凝土拌合物制成边长为 150mm 的立方体标准试件，应在 20℃±5℃ 的环境中静置一昼夜至二昼夜，拆模后，置于温度为 20℃±2℃，相对湿度为 95％ 以上的标准养护室中养护，或在温度为 20℃±2℃ 的不流动的 $Ca(OH)_2$ 饱和溶液中养护 28d，测得其抗压强度，所测得的抗压强度值称为立方体抗压强度，以 f_{cu} 表示。

根据《混凝土强度检验评定标准》GB/T 50107—2010 规定，混凝土的强度等级按立方体抗压强度标准值划分。混凝土的强度等级采用符号 C 与立方体抗压强度标准值 $f_{cu,k}$（以 N/mm^2 计）表示。立方体抗压强度标准值系指按标准方法制作和养护的边长为 150mm 的立方体试件在 28d 龄期，用标准试验方法测得的抗压强度总体分布中的一个值，强度低于该值的百分率不超过 5％。

国家标准《混凝土质量控制标准》GB 50164—2011 规定：混凝土的强度等级分为 C10、C15、C20、C25、C30、C35、C40、C45、C50、C55、C60、C65、C70、C75、C80、C85、C90、C95 及 C100 十九个等级。（其中不低于 C60 的混凝土称为高强混凝土）例如 C25 表示立方体抗压强度标准值为 25MPa，即混凝土立方体抗压强度大于 25MPa 的概率为 95％ 以上。

工程设计时，根据建筑物的部位及承载情况不同，选取不同强度等级的混凝土，通常是：

C7.5～C20 用于垫层、基础、地面及受力不大的结构。

C20～C35 用于梁、板、柱、楼梯、屋架等普通钢筋混凝土结构。

C35 以上用于大跨度结构、预应力混凝土结构、吊车梁及特种结构。

（2）轴心抗压强度　混凝土的立方体抗压强度只是评定强度等级的一个标志，它不能直接用来作为结构设计的依据。为了符合实际情况，在结构设计中混凝土受压构件的计算采用混凝土的轴心抗压强度（亦称棱柱强度）。按 GB/T 50081—2002 规定，混凝土轴心抗压强度试验采用 150mm×150mm×300mm 的棱柱体为标准试件。试验表明，混凝土的轴心抗压强度 f_{cp} 与立方体抗压强度 f_{cu} 之比约为 0.7～0.8。

2. 抗拉强度

混凝土是一种脆性材料，受拉时只产生很小的变形就开裂；断裂前没有残余变形；抗拉强度比抗压强度小得多，一般只有抗压强度的 1/10～1/20，且随混凝土强度等级的提高比值有所降低。因此，混凝土工作时一般不依靠其抗拉强度。但是，混凝土的抗拉强度对抵抗裂缝的产生有着重要意义，在结构设计中抗拉强度是确定混凝土抗裂度的重要指标。

GB/T 50081—2002 规定，我国采用劈裂抗拉试验法，间接地求出混凝土的抗拉强度。劈裂法试验装置示意图如图 4-9。劈裂抗拉强度按下式计算

$$f_{ts} = \frac{2F}{\pi A} = 0.637\frac{F}{A}$$

式中　f_{ts}——混凝土劈裂抗拉强度，MPa；

　　　F——破坏荷载，N；

　　　A——试件劈裂面面积，mm^2。

混凝土轴心抗拉强度可由劈裂抗拉强度值乘以换算系数取得，该系数可由试验确定。

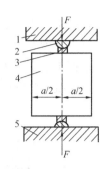

图 4-9　混凝土劈裂
抗拉试验装置图
1—压力机上压板；2—
垫条；3—垫层；4—试件；
5—压力机下压板

3. 影响混凝土强度的因素

（1）主要影响因素　混凝土的受力破坏，主要出现在水泥石与骨料的界面上以及水泥石中。因此，混凝土的强度主要取决于水泥石与骨料的粘结强度和水泥石的强度。因此，水泥的强度、水胶比及骨料的情况是影响混凝土强度的主要因素，此外还与外加剂、养护条件、龄期、施工条件等有关。

1）水泥的强度　在所用原材料及配合比例关系相同的情况下，所用的水泥强度愈高，水泥石的强度及与骨料的粘结强度也愈高，因此制成的混凝土的强度也愈高。试验证明，混凝土的强度与水泥的强度成正比例关系。

2）水胶比　即用水量与胶凝材料用量之比[①]。在配制混凝土时，为了使拌合物具有良好的和易性，往往要加入较多的水（约为水泥重的 $40\%\sim70\%$），而水泥完全水化需要的化学结合水大约只有水泥重的 23% 左右，多余的水在水泥硬化后或残留在混凝土中，或蒸发，使得混凝土内部形成各种不同尺寸的孔隙。这些孔隙大大地减少混凝土在受力时抵抗荷载作用的有效断面，而且还会在孔隙周围产生应力集中，削弱了混凝土抵抗外力的能力。因此在水泥的强度及其他条件相同的情况下，混凝土的强度主要取决于水胶比，这一规律常称为水胶比定则。水胶比愈小，水泥石的强度及与骨料的粘结强度愈大，混凝土的强度愈高。但水胶比过小，拌合物过于干稠，也不易保证混凝土的质量。试验证明，在相同材料的情况下，混凝土强度随水胶比的增大而降低，其规律呈曲线关系，而混凝土的强度与胶水比呈直线关系，如图 4-10。

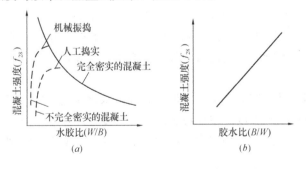

图 4-10　混凝土强度与水胶比及胶水比的关系
（a）强度与水胶比的关系；（b）强度与胶水比的关系

3）骨料的种类、质量与数量　水泥石与骨料的粘结强度除取决于水泥石的强度以外，还与骨料（尤其是粗骨料）的种类及表面状况有关。碎石表面粗糙，水泥石与其粘结较为牢固，而卵石表面光滑，则粘结较差，因此在水泥强度与水胶比相同的条件下，碎石混凝土的强度往往高于卵石混凝土的强度。此外，当粗骨料级配良好，用

---

① 这里的胶凝材料是指混凝土中水泥和活性矿物掺合料之和——编者注。

量及含砂率适当，能组成密集的骨架使水泥浆数量相对减小，骨料的骨架作用充分，也会使混凝土强度有所提高。

根据工程实践可建立混凝土强度与胶凝材料强度、水胶比及骨料等因素之间的关系式，即混凝土强度经验公式

$$f_{28} = \alpha_a f_b \left(\frac{B}{W} - \alpha_b \right)$$

式中　f_{28}——混凝土 28 天龄期的抗压强度，MPa；

f_b——胶凝材料的实际强度，MPa；

$\dfrac{B}{W}$——胶水比，水胶比的倒数；

α_a、α_b——经验系数，与骨料种类等有关。

当混凝土强度等级小于 C60 时，混凝土强度与水胶比、胶凝材料、骨料等关系式：

$$W/B = \frac{\alpha_a f_b}{f_{cu,0} + \alpha_a \alpha_b f_b} \quad 即，f_{cu,0} = \alpha_a f_b \left(\frac{B}{W} - \alpha_b \right)$$

式中　B/W——混凝土胶水比；

α_a、α_b——回归系数，与骨料种类有关；

$f_{cu,0}$——混凝土强度；

f_b——胶凝材料 28d 胶砂抗压强度（MPa），可实测，且试验方法应按现行国家标准《水泥胶砂强度检验方法（SIO 法）》GB/T 17671 执行。

（2）其他影响因素　为了使混凝土硬化后能达到预定的强度，还必须在施工中搅拌均匀、捣固密实、良好的养护并使之达到规定的龄期。

1）施工条件（搅拌与振捣）　施工条件是确保混凝土结构均匀密实，硬化正常，达到设计要求强度的基本条件。在施工过程中必须把拌合物搅拌均匀，浇筑后必须捣固密实，且经良好的养护才能使混凝土硬化后达到预定的强度。

采用机械搅拌比人工搅拌的拌合物更均匀，采用机械捣固比人工捣固的混凝土更密实，而且机械捣固可适用于更低水胶比的拌合物，获得更高的强度，如图 4-10。

改进施工工艺能提高混凝土强度，如采用分次投料搅拌工艺；采用高速搅拌机拌合；采用高频或多频振捣器振捣；采用二次振捣工艺等都会有效地提高混凝土的强度。

2）养护条件　混凝土成型后应在一定的养护条件（温度和湿度）下进行养护，才能使混凝土硬化后达到预定的强度及其他性能。因为混凝土强度的产生与发展是通过水泥的水化来实现的。

周围环境的温度对水泥水化作用的进行有显著影响；温度升高，水化速度加快，混凝土强度的发展也快；反之，在低温下混凝土强度发展相应迟缓。当温度在冰点以下时，不但水泥停止水化，而且还会在混凝土中结冰造成强度大幅度地降低。因此混凝土应特别防止早期受冻。

周围环境的湿度是保证胶凝材料能正常水化，混凝土结构能顺利形成的一个重要条件。在适当的湿度条件下，胶凝材料能正常水化，使混凝土强度充分发展。若湿度不足，混凝土表面会发生失水干燥现象，迫使内部水分向表面迁移，造成混凝土结构疏松、干裂，不但降低强度，而且还影响混凝土的耐久性能。

为了使混凝土正常硬化，必须在成型后的一定时间内保持周围环境有一定的温度和湿

度。混凝土在自然条件下，温度随气温变化，湿度条件采用人工方法实现的养护方法称为自然养护。《混凝土结构工程施工质量验收规范》（GB 50204—2002）中规定，在混凝土浇筑完毕后的12h 以内应对混凝土加以覆盖和浇水，其浇水养护时间，对硅酸盐水泥、普通硅酸盐水泥或矿渣硅酸盐水泥拌制的混凝土不得少于 7d，对掺用缓凝型外加剂或有抗渗性要求的混凝土不得少于 14d。浇水次数应能保持混凝土处于润湿状态。

为了加速混凝土强度的发展，提高混凝土的早期强度还可以采用湿热处理的方法，即蒸汽养护和压蒸养护的方法来实现。

3）龄期　龄期是指混凝土在正常养护条件下所经历的时间。在正常养护条件下，混凝土的强度将随龄期的增长而不断发展，最初 7～14d 内强度发展较快，以后便逐渐缓慢，28d 达到预定的强度。28d 后，强度仍在发展，其增长过程可延续数十年之久。

普通水泥配制的混凝土，在标准养护条件下，混凝土强度的发展大致与龄期的对数成正比关系，因此可根据某一龄期的强度推算另一龄期的强度。

$$\frac{f_n}{\lg n} = \frac{f_a}{\lg a}$$

式中　f_n、f_a——分别为 n、a 天龄期混凝土的抗压强度，MPa。其中 n、a 均不小于 3 天。

4）外加剂　在混凝土中加入外加剂可改变混凝土的强度发展规律，若掺入减水剂可减少拌合用水量，提高混凝土的强度；掺入早强剂可加速早期强度的发展，但对后期强度无改变。

（3）试验条件对混凝土强度测定值的影响

试验条件不同，会影响混凝土强度的试验值。试验条件指试件的尺寸、形状、表面状态、含水程度及加荷速度等。

1）试件尺寸　实践证明试件的尺寸越小，测得的强度值越高，这是由于大试件内存在的孔隙、裂缝和局部软弱等缺陷的几率大，这些缺陷的存在会降低强度的缘故。

2）试件形状　棱柱体（高度 h 比横截面的边长 a 大的试件）试件要比立方体形状的试件测得的强度值小。这是因为试件受压面与试验机压板之间存在着摩阻力，因压板刚度极大，因此在试件受力时压板的横向应变小于混凝土的横向应变，这将使压板对试件的横向应变起到约束作用，这种约束作用称为"环箍效应"，如图 4-11。这种效应随与压板距离的加大而逐渐消失，其影响范围约为试件边长

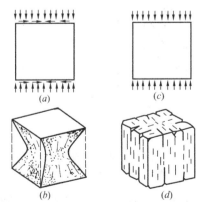

图 4-11　混凝土试件受压破坏状态

的 $\sqrt{3}/2$ 倍。这种作用使破坏后的试件成图 4-11（b）的形状。可见试件的 h/a 越大，中间区段受环箍效应的影响越小，甚至消失。因此，棱柱体的抗压强度将比立方体时要小。

3）表面状态　当混凝土试件受压面上有油脂类润滑物质时，由于压板与试件间摩阻力小使环箍效应影响大大减小，试件将出现垂直裂纹而破坏如图 4-11（d），此时测得的强度值较低。

4）含水程度　混凝土试件含水程度较大时，要比干燥状态时的强度低些。其原因见第一章第二节中耐水性。

5）加荷速度　试验时，压试件的加荷速度对强度值的影响也很大。因为破坏是试件的变形达到一定程度时才发生的，当加荷速度较快时，材料变形的增长落后于荷载的增加，故破坏时的强度值偏高。

综上所述，即使混凝土的原材料、施工工艺及养护条件等都相同，但试验条件不同，所测得的强度试验结果也会不同。因此，要得到正确的混凝土抗压强度值，还必须严格遵守国家有关试验标准的规定。

4. 提高混凝土强度的措施

根据影响混凝土强度的因素，可知提高混凝土的强度和促进混凝土强度发展的措施可有以下几点：

（1）采用高强度等级的水泥。

（2）采用水胶比较小、用水量较少的干硬性混凝土。

（3）采用质量合格、级配良好的碎石及合理的含砂率。

（4）采用机械搅拌、机械振捣；改进施工工艺。

（5）采用湿热养护处理可提高水泥石与骨料的粘结强度，从而提高混凝土的强度。这种措施对采用掺混合材料的水泥拌制的混凝土更为有利。

（6）在混凝土中掺入减水剂或早强剂，可提高混凝土的强度或早期强度。

（二）混凝土的变形性

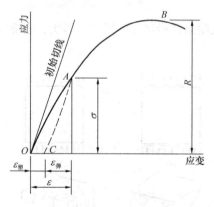

图 4-12　混凝土在压力
作用下的应力—应变曲线

硬化后的混凝土是由砂石骨料、水泥石（水化产物的凝胶体、晶体及未水化的水泥颗粒）、各种孔隙及孔中的水分组成，是一种非匀质的材料。在受力时既出现可恢复的弹性变形，也出现不能恢复的塑性变形，属于弹塑性体。弹塑性体的应力应变之间的关系为一曲线，如图 4-12。全部应变是由弹性应变与塑性应变组成。

1. 弹塑性变形

混凝土在荷载作用下，应力与应变的关系为一曲线，如图 4-12。其变形模量随应力的增加而减小。因此，工程上采用割线弹性模量作为混凝土的弹性模量，它是应力—应变曲线上任一点与原点连线的斜率，它表示所选择点的实际变形，很容易测得。

根据《普通混凝土力学性能试验方法标准》（GB/T 50081—2002）中规定，采用 $150mm \times 150mm \times 300mm$ 的棱柱体作为标准试件，取测定点的应力为试件轴心抗压强度的 40%（即 $\sigma = 0.4f_{cp}$），经三次以上反复加荷与卸荷后，测得应力与应变的比值，即为该混凝土的弹性模量。

混凝土的弹性模量主要取决于骨料和水泥石的弹性模量。由于水泥石的弹性模量低于骨料的弹性模量，因此混凝土的弹性模量略低于骨料的弹性模量，介于两者之间，其大小还与两者的体积比例有关。骨料的弹性模量越大，骨料含量越多，水泥石的水灰比较小，

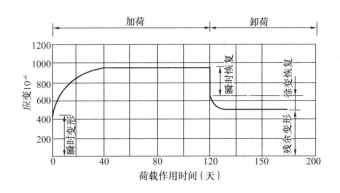

图 4-13 徐变与徐变恢复

养护较好，龄期较长，混凝土的弹性模量就较大。蒸汽养护的混凝土其弹性模量比标准条件下养护的略低。当混凝土的强度等级为 C10～C60 时，其弹性模量约为（1.75～3.60）$\times 10^4$MPa。

2. 徐变

混凝土在长期荷载作用下，除产生瞬间的弹性变形和塑性变形外，还会产生随时间而增长的非弹性变形。这种在长期荷载作用下，随时间而增长的变形称为徐变，如图 4-13 所示。

当卸荷后，混凝土将产生稍小于原瞬时应变的恢复称为瞬时恢复。其后还有一个随时间而减小的应变恢复称为徐变恢复。最后残留下来不能恢复的应变称为残余变形。

一般认为，混凝土的徐变是由于水泥石中凝胶体在长期荷载作用下的粘性流动所引起的。在水泥水化过程中，水化物凝胶体不断产生并填充毛细孔，使毛细孔体积逐渐减小。加荷初期，由于毛细孔较多，凝胶体在荷载作用下移动较易，故初期徐变增大较快。以后由于内部凝胶体的移动和水化的进展，毛细孔逐渐减小，同时水化产物结晶程度也不断提高，因而粘性流动的发生变难，徐变的发生愈来愈慢，一般可延续数年。混凝土的徐变应变一般可达（3～15）$\times 10^{-4}$，即（0.3～1.5）mm/m。

由上可知，徐变的产生主要取决于水泥石的数量与龄期，因此水泥用量愈大，水灰比愈大，养护愈不充分，龄期愈短的混凝土，其徐变愈大。

徐变的发生可使钢筋混凝土构件截面中的应力重分布，从而消除或减小了内部的应力集中现象；对大体积混凝土能消除一部分温度应力。但在预应力混凝土结构中，混凝土的徐变将使钢筋的预加应力受到损失。

三、耐久性

（一）混凝土耐久性的概念

混凝土的耐久性是指混凝土在使用条件下抵抗周围环境各种因素长期作用的能力。根据混凝土所处的环境条件不同，其耐久性的含义也有所不同，通常结构用混凝土的耐久性可包含抗冻、抗渗、耐腐蚀、抗碳化、碱骨料反应及早期抗裂性等方面内容。

1. 抗冻性

混凝土的抗冻性是指混凝土在使用环境中，能经受多次冻融循环作用而不破坏，同时也不严重降低强度的性能。

混凝土抗冻性以抗冻等级表示，它是以 28d 龄期的混凝土标准试件，在饱水后承受反复冻融循环，以抗压强度损失不超过 25％，且质量损失不超过 5％时的最大循环次数来确定。在建筑工程中把结构混凝土抗冻等级等于或大于 F50 的混凝土称为抗冻混凝土。混凝土的抗冻等级有 F50、F100、F150、F200、F250、F300、F350、F400 和大于 F400 等九个等级，例如 F100 表示该混凝土能承受冻融循环的最大次数不小于 100 次。

混凝土的抗冻性主要取决于混凝土的构造特征和含水程度。较密实的或具有闭口孔隙的混凝土是比较抗冻的。选用适当的水泥品种（硅酸盐水泥、普通水泥）、采用高强度等级的水泥以及掺入外加剂（引气剂）等措施，可提高混凝土的抗冻性能。在寒冷地区，特别是潮湿环境下受冻的混凝土工程，其抗冻性是评定该混凝土耐久性的重要指标。

2. 抗渗性（不透水性）

混凝土抗渗性是指混凝土抵抗压力水渗透的能力。它直接影响混凝土的抗冻性和抗侵蚀性。

混凝土的抗渗性用抗渗等级表示，它是以 28d 龄期的标准试件，按规定方法进行试验，所能承受的最大静水压力来确定。混凝土的抗渗等级有 P4、P6、P8、P10、P12 及大于 P12 等六个等级，表示能抵抗 0.4、0.6、0.8、1.0、1.2MPa 的静水压力而不渗透。抗渗等级等于或大于 P6 的混凝土称为抗渗混凝土。

混凝土渗水的原因是由于内部孔隙形成连通渗水通道的缘故。这些渗水通道源于水泥石中的孔隙；水泥浆泌水形成的泌水通道；各种收缩形成的微裂纹以及骨料下部积水形成的水囊等。因此，水泥品种、水胶比的大小是影响抗渗性的主要因素。为了制得抗渗性好的混凝土应选择适当的水泥品种及数量；采用较小的水灰比；良好的骨料级配及砂率；采用减水剂、引气剂；加强养护及精心施工。

3. 抗侵蚀性

环境介质对混凝土的侵蚀主要是对水泥石的侵蚀，常包括混凝土的抗硫酸盐侵蚀性能和抗氯离子渗透性能两方面的内容。

国家标准《混凝土质量控制标准》GB 50164—2011 规定，在混凝土处于硫酸盐侵蚀环境时，会对混凝土的抗硫酸盐侵蚀性能提出要求，混凝土的抗硫酸盐侵蚀性能划分为 KS30、KS60、KS90、KS120、KS150 及大于 KS150 六个级别；一般说，抗硫酸盐等级为 KS120 的混凝土具有较好的抗硫酸盐侵蚀性能。

对海洋工程等氯离子侵蚀环境，混凝土应具有抗氯离子渗透性能。国家标准规定，混凝土抗氯离子渗透性能的等级划分为 RCM-Ⅰ、RCM-Ⅱ、RCM-Ⅲ、RCM-Ⅳ 及 RCM-Ⅴ 五级。

4. 碳化

混凝土的碳化是指空气中的 CO_2 在潮湿（有水存在）的条件下与水泥石中的 $Ca(OH)_2$ 发生的碳化作用，生成 $CaCO_3$ 和 H_2O 的过程。这个过程是由表及里向混凝土内部缓慢扩散的。碳化后可使水泥石的组成及结构发生变化，使混凝土的碱度降低；引起混凝土的收缩；对混凝土的强度也有一定的影响。

混凝土碱度降低，会使混凝土对钢筋的保护作用降低，使钢筋易于锈蚀，对钢筋混凝土结构的耐久性有很大影响。

混凝土的碳化收缩是与干缩相伴发生的，干缩产生的压应力下，$Ca(OH)_2$ 易于溶解并转移至无压力区域后碳化沉淀，从而加大的混凝土的收缩。

碳化收缩可使混凝土的抗压强度增大，但表面碳化收缩使表面层产生拉应力，可能产生表面微细裂缝而降低混凝土的抗拉强度和抗折强度。

总体来说，碳化对钢筋混凝土结构的耐久是不利的，因此应设法提高混凝土的抗碳化能力。一般说，可采取下列措施：

（1）选择适当的水泥品种，如普通水泥。

（2）采用较小的水泥用量及水灰比。

（3）加强养护、精心施工使混凝土结构密实。

（4）掺入外加剂，改善混凝土内部的孔结构。

混凝土抗碳化性能划分为 T-Ⅰ、T-Ⅱ、T-Ⅲ、T-Ⅳ 及 T-Ⅴ 五级。

5. 碱骨料反应

若混凝土中含有碱金属离子（钠、钾离子）或由外界环境渗入混凝土中的碱金属离子可与骨料（砂、石）中的活性矿物在一定的条件下发生化学反应，并生成体积膨胀的产物引起混凝土破坏。这种反应称为碱骨料反应。

碱骨料反应是影响混凝土耐久性的重要原因之一。因为碱骨料反应造成的混凝土工程损坏是在工程竣工后很长一段时间发生。因此往往不被人们所重视。

碱骨料反应常有两大类，即碱—硅酸盐反应和碱—碳酸盐反应。这两类反应都是骨料中的活性成分（活性 SiO_2 或石灰质白云石）与混凝土中的碱发生化学反应，生成体积膨胀的物质而导致混凝土的破坏。

碱骨料反应必须是固体骨料与含碱的溶液之间进行反应。因此，碱骨料反应必须同时具备三个条件：

（1）碱活性骨料；

（2）存在碱金属离子；

（3）水。

可见，为了防止混凝土发生碱骨料反应应采取以下几方面措施：

（1）使用非活性骨料；

（2）控制混凝土中的碱含量，包括水泥、水、掺合料、外加剂等来自各方面的碱的总含量；

（3）在混凝土拌合物中掺入粉煤灰等活性混合材料，使其在硬化过程中消耗一部分碱金属离子，对混凝土的碱骨料反应起到一定的抑制作用。

由于发生碱骨料反应的关键原因是使用了活性骨料，因此在可能使用活性骨料的地区，防止碱骨料反应的发生是非常重要的。而在不使用活性骨料的地区，可不必考虑碱骨料反应问题。

6. 早期抗裂性

在混凝土中，尤其是预拌混凝土中为了改善混凝土的性能和降低成本，常掺入相当数量的矿物掺合料。这些活性矿物掺合料，虽然具有活性可参与水化反应，但其速度很慢，拌合物中的水分不能及时消耗。因此，混凝土浇筑后会有一部分水流失或蒸发，尤其是在炎热、干燥或风天施工时，水分蒸发较快，则将导致混凝土初凝后就开始发生开裂现象。在其后的硬化过程中，这些裂缝仍会留存下来。裂缝的存在将会影响混凝土的各项耐久性能。

在施工中若采用①精心捣实；②初凝前施加抹压；③早期覆盖；④加强养护；⑤掺膨胀性外加剂等措施，则会将裂缝控制在最小的程度。

混凝土的早期抗裂性能可分为 L-Ⅰ、L-Ⅱ、L-Ⅲ、L-Ⅳ、L-Ⅴ五级。

（二）混凝土的耐久性基本要求

混凝土所处的环境条件不同，其耐久性的主要含义也有所不同。因此应根据具体情况，采取相应的措施来保证混凝土的使用寿命。混凝土结构所处的环境类别可按表 4-13 划分。

混凝土所处的环境类别　GB 50010—2010　　　表 4-13

环境类别	环 境 条 件
一	室内干燥环境；无侵蚀性静水浸没环境
二 a	室内潮湿环境；非严寒和非寒冷地区的露天环境；非严寒和非寒冷地区与无侵蚀性的水或土壤直接接触的环境；严寒和寒冷地区的冰冻线以下与无侵蚀性的水或土壤直接接触的环境
二 b	干湿交替环境；水位频繁变动环境；严寒和寒冷地区的露天环境；严寒和寒冷地区的冰冻线以上与无侵蚀性的水或土壤直接接触的环境
三 a	严寒和寒冷地区冬季水位变动区环境；受除冰盐影响环境；海风环境
三 b	盐渍土环境；受除冰盐作用环境；海岸环境
四	海水环境
五	受人为或自然的侵蚀性物质影响的环境

对设计使用年限为 50 年的混凝土结构，其混凝土材料宜符合表 4-14 规定。

结构混凝土材料的耐久性基本要求　GB 50010—2010　　　表 4-14

环境等级	最大水胶比	最低强度等级	最大氯离子含量（%）	最大碱含量（kg/m³）
一	0.60	C20	0.30	不限制
二 a	0.55	C25	0.20	3.0
二 b	0.50（0.55）	C30（C25）	0.15	
三 a	0.45（0.50）	C35（C30）	0.15	
三 b	0.40	C40	0.10	

注：1. 氯离子含量是指其占胶凝材料总量的百分比；

2. 预应力构件混凝土中最大氯离子含量为 0.06%；其最低混凝土强度等级宜按表中的规定提高两个等级；

3. 素混凝土构件的水胶比及最低强度等级的要求可适当放松；

4. 有可靠工程经验时，二类环境中的最低混凝土强度等级可降低一个等级；

5. 处于严寒和寒冷地区二 b、三 a 类环境中的混凝土应使用引气剂，并可采用括号中的有关参数；

6. 当使用非碱活性骨料时，对混凝土中的碱含量不作限制。

（三）提高混凝土耐久性的措施

混凝土所处的环境条件不同，其耐久性的主要含义也有所不同，因此应根据具体情况，采取相应的措施来提高混凝土的耐久性。虽然混凝土在不同的环境条件下的破坏过程各不相同，但对于提高其耐久性的措施来说，却有很多共同之处。即选择适当的原材料；提高混凝土的密实度；改善混凝土内部的孔结构。

1. 选择适当的原材料

（1）合理选择水泥品种，使其适应于混凝土的使用环境。

（2）选用质量良好的，技术条件合格的砂石骨料也是保证混凝土耐久性的重要条件。

2. 提高混凝土的密实度是提高混凝土耐久性的关键

（1）控制水胶比、保证足够的水泥用量及采用较高的混凝土强度是保证混凝土密实度的重要措施。因此，《普通混凝土配合比设计规程》JGJ 55—2011 规定了混凝土的最大水胶比和混凝土的最小胶凝材料用量。见表4-14、表4-15。

混凝土的最小胶凝材料用量　JGJ 55—2011　　　　　　　表 4-15

最大水胶比	最小胶凝材料用量（kg/m³）		
	素混凝土	钢筋混凝土	预应力混凝土
0.60	250	280	300
0.55	280	300	300
0.50	320		
≤0.45	330		

（2）选取较好级配的粗骨料及合理砂率，使骨料有最密集的堆积，以保证混凝土的密实性。

（3）掺入减水剂，可明显地减少拌合水量，从而提高混凝土的密实性。

（4）在混凝土施工中，均匀搅拌、合理浇筑、振捣密实、加强养护保证混凝土的施工质量，增强其耐久性。

3. 改善混凝土内部的孔隙结构

在混凝土中掺入引气剂可改善混凝土内部的孔结构，使内部形成闭口孔可显著地提高混凝土的抗冻性、抗渗性及抗侵蚀性等耐久性能。

第五节　普通混凝土配合比设计

混凝土配合比设计是混凝土工艺中最重要的项目之一。其目的是在满足工程对混凝土的基本要求的情况下，找出混凝土组成材料间最合理的比例，以便生产出优质而经济的混凝土。即：满足和易性、强度、耐久性等技术要求的情况下尽量节约水泥、降低造价。

一、混凝土的配制强度

为了使混凝土的强度具有要求的保证率，则必须使混凝土配制时的强度高于所要求的强度等级值。根据《普通混凝土配合比设计规程》JGJ 55—2011 规定，

（一）当混凝土设计强度等级小于 C60 时，配制强度按下式确定：

$$f_{cu,0} \geqslant f_{cu,k} + 1.645\sigma$$

式中　$f_{cu,0}$——混凝土配制强度（MPa）；

　　　$f_{cu,k}$——混凝土立方体抗压强度标准值，这里取混凝土的设计强度值（MPa）；

　　　σ——混凝土强度标准差（MPa）。

混凝土强度标准差可按下列两种方法确定：

1. 当具有近一个月~3 个月的同一品种、同一强度等级混凝土的强度资料，且试件组数不小于 30 时，其强度标准差 σ 应按下式计算：

$$\sigma = \sqrt{\dfrac{\sum\limits_{i=1}^{n} f_{cu,i}^2 - n \cdot m_{f_{cu}}^2}{n-1}}$$

式中　$f_{cu,i}$——第 i 组的试件强度（MPa）；

　　　$m_{f_{cu}}$——n 组试件抗压强度的平均值（MPa）；

　　　n——试件组数。

（1）对强度等级不大于 C30 的混凝土，若计算结果小于 3.0MPa 时，应取 3.0MPa。

（2）对强度等级大于 C30 且小于 C60 的混凝土，若计算结果小于 4.0MPa 时，应取 4.0MPa。

2. 当没有近期的同一品种、同一强度等级混凝土的强度资料时，其强度标准差可按表 4-16 取值。

标准差 σ 值（MPa）JGJ 55—2011　　　　　　　　　　　　　　　　表 4-16

混凝土强度标准值	≤C20	C25~C45	C50~C55
Σ	4.0	5.0	6.0

（二）当混凝土设计强度不小于 C60 时，配制强度按下式确定：

$$f_{cu,0} \geqslant 1.15 f_{cu,k}$$

二、混凝土配合比设计中的基本参数及其确定方法

混凝土配合比设计的主要工作就是确定胶凝材料、水、砂与石子这四项基本组成材料用量之间的三个比例关系，进而求得四项材料的用量。这三个比例关系是：水与胶凝材料之间的比例关系，称水胶比（W/B）；砂与石子之间的比例关系，称砂率（$\beta_S = \dfrac{m_s}{m_s + m_g}$）；胶凝材料浆与骨料之间的比例关系，常用 1m³ 混凝土拌合物的用水量表示（W）。这三个比例关系与混凝土的性能及经济性有着密切关系，故称其为混凝土配合比设计中的三个重要参数，见图 4-14。

混凝土配合比设计就是要正确地确定这三个参数，以满足混凝土的关系性能要求，并达到经济上节约的目的。

（一）水胶比的确定

水胶比的大小直接影响混凝土的强度和耐久性，因此确定水胶比的原则是：必须同时满足混凝土的强度与耐久性的要求，并尽可能选用较大的水胶比，以便使混凝土更经济。具体方法是：

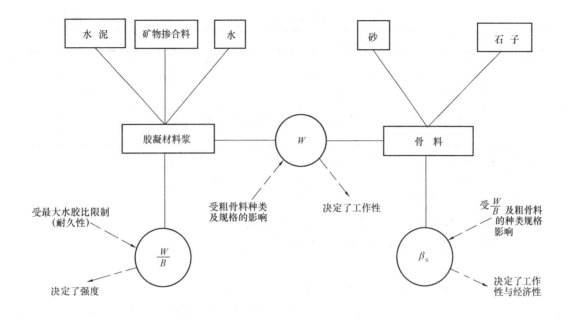

图 4-14　混凝土配合比设计中的三个重要参数

1. 满足强度要求

首先根据配制强度按混凝土强度经验公式求得相应的水胶比。

2. 满足耐久性要求

为了保证混凝土的耐久性，国标《混凝土结构设计规范》GB 50010—2010 中根据混凝土工程所处环境条件，规定了满足耐久性基本要求的最大水胶比的限制，见表 4-13。根据配制强度按混凝土强度经验公式求得的水胶比应满足表中规定，否则应按表中规定值选取。

（二）单位用水量的确定

用水量多少，是控制混凝土拌合物稠度的重要参数，因此确定单位用水量的原则是：以拌合物达到要求的稠度为准。同时，用水量还受骨料的种类与规格的影响。其方法是：

1. 当混凝土水胶比在 0.40～0.80 范围时，可根据拌合物的稠度要求及所用骨料的种类和规格等条件利用根据恒定用水量法则所编制的混凝土用水量表（表 4-17、表 4-18）查得单位用水量。

干硬性混凝土的用水量（kg/m³）JGJ 55—2011 表 4-17

拌合物稠度		卵石最大公称粒径（mm）			碎石最大公称粒径（mm）		
项目	指标	10.0	20.0	40.0	16.0	20.0	40.0
维勃稠度 （S）	16～20	175	160	145	180	170	155
	11～15	180	165	150	185	175	160
	5～10	185	170	155	190	180	165

拌合物稠度		卵石最大公称粒径（mm）				碎石最大公称粒径（mm）			
项目	指标	10.0	20.0	31.5	40.0	16.0	20.0	31.5	40.0
坍落度 （mm）	10～30	190	170	160	150	200	185	175	165
	35～50	200	180	170	160	210	195	185	175
	55～70	210	190	180	170	220	205	195	185
	75～90	215	195	185	175	230	215	205	195

注：1. 本表用水量系采用中砂时的取值。采用细砂时，每立方米混凝土用水量可增加 5～10kg；采用粗砂时，可减少 5～10kg；

　2. 掺用矿物掺合料和外加剂时，用水量应相应调整。

2. 混凝土水胶比小于 0.40 时，可通过试验确定。

3. 掺外加剂时，每立方米流动性或大流动性混凝土的用水量（m_{wo}）可按下式计算：

$$m_{wo} = m'_{wo}(1-\beta)$$

式中　m_{wo}——计算配合比每立方米混凝土的用水量（kg/m³）；

　　　m'_{wo}——不掺外加剂时能满足设计要求稠度的每立方米混凝土用水量（kg/m³）；是以表 4-19 中 90mm 坍落度的用水量为基础，按每增大 20mm 坍落度相应增加 5kg/m³ 用水量来计算，当坍落度增大到 180mm 以上时，随坍落度相应增加的用水量可减少。

　　　β——外加剂的减水率（%），应经混凝土试验确定。

（三）砂率的确定

砂率反映了砂与石的配合关系，由于砂的颗粒小，具有较大的比表面积，因此砂率的改变不仅影响拌合物的流动性，而且对粘聚性和保水性也有很大的影响。所以，在配合比设计中确定砂率的原则是：必须选定合理砂率，才能获得需要的流动性且节约水泥。

由于影响砂率的因素较多，因此不可能用计算的方法直接求得准确的合理砂率值。通常确定合理砂率的方法是：根据粗骨料的种类、规格及混凝土的水胶比参考表 4-19 中的砂率范围选定几个砂率，在水泥用量及用水量相同的条件下，拌制几组不同砂率的拌合物，分别测定它们的坍落度值（粘聚性和保水性应良好），然后作出如图 4-8 的坍落度与砂率关系曲线，从中即可选出合理砂率值。

混凝土的砂率（%）JGJ 55—2001　　　表 4-19

水胶比 （W/B）	卵石最大粒径（mm）			碎石最大粒径（mm）		
	10.0	20.0	40.0	16.0	20.0	40.0
0.40	26～32	25～31	24～30	30～35	29～34	27～32
0.50	30～35	29～34	28～33	33～38	32～37	30～35
0.60	33～38	32～37	31～36	36～41	35～40	33～38
0.70	36～41	35～40	34～39	39～44	38～43	36～41

注：1. 本表数值系中砂的选用砂率，对细砂或粗砂，可相应地减小或增大砂率；

　　2. 本表适用于坍落度为 10～60mm 的混凝土，坍落度大于 60mm 的混凝土，应在上表的基础上，按坍落度每增大 20mm，砂率增大 1% 的幅度予以调整；

　　3. 只用一个单粒级粗骨料配制混凝土时，砂率应适当增大。

在未经试验的情况下选定砂率时，也可以直接从表 4-18 中给出的砂率范围，按下面情况适当选取：

（1）当石子最大粒径较大、级配较好、表面较光滑时，由于粗骨料的空隙率较小，滑动阻力也较小，因此可采用较小的砂率。

（2）砂的细度模数较小时，由于砂中细颗粒较多，拌合物的粘聚性和保水性容易得到保证，而且砂在粗骨料中间的拨开距离较小，故可采用较小的砂率。

（3）水胶比较小，胶凝材料浆稠度较大，由于拌合物的粘聚性和保水性容易得到保证，故可采用较小的砂率。

（4）施工要求的流动性较大，因拌合物易出现离析现象，为了保证拌合物的粘聚性，应采用较大的砂率。

（5）当掺用引气剂或塑化剂等外加剂时，可适当减少砂率。

三、混凝土配合比设计的方法与步骤

混凝土配合比设计是通过"计算-试验法"实现的。即先根据各种原始资料进行初步计算得出"初步计算配合比"，然后经试配调整得出和易性满足要求的"试拌配合比"，最后再经强度复核定出满足设计要求与施工要求，且较为经济合理的"试验室配合比"即最终的混凝土配合比（见图4-15）。

在进行配合比设计之前，应掌握的有关资料包括：

（1）设计要求的混凝土强度等级、性能及耐久性的要求；

（2）可选用的水泥品种、强度等级（或实测强度）及有关数据；

（3）可选用的粗细骨料的品种、质量、粗细程度、颗粒级配以及其他有关数据；

（4）可选用矿物掺合料及外加剂的品种、功能、效果及最佳允许掺量等有关数据。

（5）施工条件、施工方法、养护方法及施工控制水平等。

各种资料与数据齐备后，即可进行配合比设计，其基本方法与步骤如下：

（一）初步计算配合比的计算

1. 计算混凝土的配制强度

当混凝土设计强度等级小于C60时，配制强度按下式确定：

$$f_{cu,0} = f_{cu,k} + 1.645\sigma$$

当混凝土设计强度不小于C60时，配制强度按下式确定：

$$f_{cu,0} = 1.15 f_{cu,k}$$

2. 根据混凝土的配制强度和耐久性要求，求取水胶比

（1）求水胶比

$$\frac{W}{B} = \frac{\alpha_a f_b}{f_{cu,o} + \alpha_a \alpha_b f_b}$$

式中 $\dfrac{W}{B}$——混凝土水胶比，B 表示水泥与矿物掺合料的总量，kg/m^3；

α_a、α_b——回归系数，根据工程所使用的原材料，通过试验建立水胶比与混凝土强度关系式来确定，当不具备试验统计资料时，回归系数可取：碎石：$\alpha_a = 0.53$，$\alpha_b = 0.20$，卵石：$\alpha_a = 0.49$，$\alpha_b = 0.13$。

f_b——胶凝材料28d胶砂抗压强度（MPa），可通过实测得出，当无实测值时可按下式计算：

$$f_b = \gamma_f \gamma_s f_{ce}$$

式中 γ_f、γ_s——粉煤灰的影响系数和粒化高炉矿渣粉影响系数，见表4-20。

f_{ce}——水泥28d胶砂抗压强度（MPa），可通过实测得出；当水泥28d胶砂抗压强度无实测值时可根据水泥强度等级值 $f_{ce,g}$ 按下式计算：

$$f_{ce} = \gamma_c f_{ce,g}$$

式中 γ_c 系水泥强度等级值的富余系数，可按实际统计资料确定；当缺乏实际统计资料时，可按水泥的强度等级值选取。当水泥的强度等级值为32.5、42.5、52.5时，分别取1.12、1.16、1.10。

粉煤灰的影响系数和粒化高炉矿渣粉影响系数　JGJ 55—2011　　表 4-20

掺量（%） 种类	粉煤灰的影响系数 γ_F	粒化高炉矿渣粉影响系数 γ_s
0	1.00	1.00
10	0.85～0.95	1.00
20	0.75～0.85	0.95～1.00
30	0.65～0.75	0.90～1.00
40	0.55～0.65	0.80～0.90
50	—	0.70～0.85

注：1. 采用Ⅰ级、Ⅱ级粉煤灰宜取上限值；

　　2. 采用S75级粒化高炉矿渣粉宜取下限值，采用S95级粒化高炉矿渣粉宜取上限值；采用S105级粒化高炉矿渣粉可取上限值加0.05；

　　3. 当超出表中的掺量时，两系数均应经试验确定。

（2）复核耐久性　计算求得的水胶比值应符合表4-14中要求，否则应按表中数值取用。

3. 确定每立方米混凝土的用水量 m_{wo}

根据施工要求的稠度、采用的骨料种类及规格，确定每立方米混凝土的用水量。

4. 求每立方米混凝土中胶凝材料量、矿物掺合料、水泥用量及外加剂用量

（1）胶凝材料总量 m_{bo}（kg/m³）按下式计算

$$m_{bo} = \frac{m_{wo}}{W/B}$$

并应进行试拌调整，在满足拌合物稠度的情况下，选用经济合理的胶凝材料总用量。

选用的胶凝材料总用量应大于表4-15中规定的最小胶凝材料用量。若选用的胶凝材料总用量小于表中数值时，应选取表中规定数值，以保证混凝土的耐久性。

（2）矿物掺合料用量 m_{fo}（kg/m³）按下式计算

$$m_{fo} = m_{bo} \beta_f$$

式中 β_f——矿物掺合料掺量（%），可按表4-21、表4-22选取。

钢筋混凝土中矿物掺合料最大掺量　JGJ 55—2011　　表 4-21

矿物掺合料种类	水胶比	最大掺量（%）	
		采用硅酸盐水泥时	采用普通硅酸盐水泥时
粉煤灰	≤0.40	45	35
	>0.40	40	30

矿物掺合料种类	水胶比	最大掺量（%）	
		采用硅酸盐水泥时	采用普通硅酸盐水泥时
粒化高炉矿渣	≤0.40	65	55
	>0.40	55	45
钢渣粉		30	20
磷渣粉		30	20
硅灰		10	10
复合掺合料	≤0.40	65	55
	>0.40	55	45

注：1. 采用其他通用硅酸盐水泥时，宜将水泥混合材掺量20%以上的混合材量计入矿物掺合料；

2. 复合掺合料各组分的掺量不宜超过单掺时的最大掺量；

3. 在混合使用两种或两种以上矿物掺合料时，矿物掺合料总掺量应符合表中复合掺合料的规定。

预应力混凝土中矿物掺合料最大掺量 JGJ 55—2011　　　　表 4-22

矿物掺合料种类	水胶比	最大掺量（%）	
		采用硅酸盐水泥时	采用普通硅酸盐水泥时
粉煤灰	≤0.40	35	30
	>0.40	25	20
粒化高炉矿渣	≤0.40	55	45
	>0.40	45	35
钢渣粉		20	10
磷渣粉		20	10
硅灰		10	10
复合掺合料	≤0.40	55	45
	>0.40	45	35

注：1. 采用其他通用硅酸盐水泥时，宜将水泥混合材掺量20%以上的混合材量计入矿物掺合料；

2. 复合掺合料各组分的掺量不宜超过单掺时的最大掺量；

3. 在混合使用两种或两种以上矿物掺合料时，矿物掺合料总掺量应符合表中复合掺合料的规定。

（3）水泥用量 m_{co}（kg/m³）按下式计算

$$m_{co} = m_{bo} - m_{fo}$$

（4）外加剂用量 m_{ao}（kg/m³）按下式计算

$$m_{ao} = m_{bo} \beta_a$$

式中　β_a——外加剂掺量（%）应经混凝土试验确定。

5. 确定砂率 β_s

砂率应根据骨料的计算指标、混凝土拌合物的性能及施工要求，参考既有历史资料确定。

当缺乏砂率的历史资料时，混凝土的砂率的确定应符合下列规定：

（1）坍落度小于 10mm 的干硬性混凝土，其砂率应经试验确定；

（2）坍落度为 10～60mm 的塑性混凝土，其砂率可根据粗骨料的品种、公称最大粒径及水胶比按表 4-20 选取；

（3）坍落度大于 60mm 的混凝土，其砂率可经试验确定；也可在表 4-20 的基础上，按坍落度每增大 20mm，砂率增大 1% 的幅度予以调整。

6. 计算每立方米混凝土砂、石用量 m_{so}、m_{go}，定出初步计算配合比。

在已知砂率的情况下，砂、石的用量可用质量法或体积法求得。

（1）质量法　即假定各组成材料的质量之和即拌合物的体积密度接近一个固定值。按下列关系式计算：

$$m_{co} + m_{fo} + m_{so} + m_{go} + m_{wo} = m_{cp}$$

$$\beta_s = \frac{m_{so}}{m_{so} + m_{go}} \times 100\%$$

式中　m_{cp}——每立方米混凝土拌合物的假定质量（kg）；其值可根据本单位积累的试验资料确定。如缺乏资料，可根据骨料的表观密度、粒径以及混凝土的强度等级，在 2350～2450kg 范围内选定。

两式联立，解二元一次方程组即可求得砂、石用量。

（2）体积法　即假定新浇捣实的混凝土拌合物的体积等于各组成材料的实体积和拌合物中所含空气体积之总和。按下列关系式计算：

$$\frac{m_{fo}}{\rho_f} + \frac{m_{co}}{\rho_c} + \frac{m_{so}}{\rho_s} + \frac{m_{go}}{\rho_g} + \frac{m_{wo}}{\rho_w} + 0.01\alpha = 1$$

$$\frac{m_{so}}{m_{so} + m_{go}} \times 100\% = \beta_s$$

式中　ρ_c、ρ_w——分别为水泥、水的密度，kg/m³；

可取 $\rho_c = 2900～3100$　$\rho_w = 1000$

ρ_s、ρ_g——分别为砂、石的表观密度，kg/m³；

α——混凝土拌合物的含气量百分数（%），在不使用引气型外加剂时，α 取为 1。

两式联立，解二元一次方程组即可求得砂、石用量。

混凝土配合比是指混凝土中水泥、矿物掺合料、砂、石水及外加剂六种基本组成材料的配合比例关系，以质量比表示。可用以下两种方法表示：

（1）以 1m³ 混凝土拌合物中各项材料的实际用量表示。例如水泥 $m_c = 200$kg、矿物掺合料 $m_f = 100$kg 砂 $m_s = 715$kg、石 $m_g = 1205$kg、水 $m_w = 180$kg 外加剂 $m_a = 8$kg。

（2）以各项材料间的用量比例关系表示，如上例：$m_c : m_f : m_s : m_g = 200 : 100 : 715 : 1205 = 1 : 0.5 : 2.83 : 4.02$，水胶比 $W/B = m_w/(m_c + m_f) = 0.60$。

（二）试配

1. 经调整，得出基准配合比

试配时应采用工程中实际使用的材料，砂、石骨料的称量均以干燥状态为基准。并称取规定数量的混凝土用料量进行试拌，以检定拌合物的性能。如试拌得出的拌合物坍落度（或维勃稠度）不能满足要求，或黏聚性和保水性不好时，则应在保证水胶比不变的条件下相应调整用水量或砂率，直到符合要求为止。然后提出供检验混凝土强度用的试拌配合比。

调整的方法是：

（1）当出现砂率不足，黏聚性和保水性不良时，可适当增大砂率；反之减少砂率。当砂率适当后，即可进行稠度的调整。

（2）测定稠度后，若坍落度值低于设计要求时，可保持水胶比不变，适当增加胶凝材料浆；若坍落度值大，可在保持砂率不变的情况下，增加骨料用量。直至符合设计要求为止。同时，测得拌合物的实测体积密度值 ρ_{ocf}，然后提出试拌配合比。

$$水泥：矿物掺合料：砂：石：水 = m_{cb}：m_{fb}：m_{sb}：m_{gb}：m_{wb}$$

式中　m_{cb}、m_{fb}、m_{sb}、m_{gb}、m_{wb}——分别为调整后水泥、矿物掺合料、砂、石、水的实际拌合用量，kg/m^3。

2. 检验强度

检验混凝土强度时至少应采用三个不同的配合比，其中一个为试拌配合比，另外两个配合比的水胶比值，应较试拌配合比分别增加和减小 0.05，其用水量应与基准配合比相同，砂率值可增加或减少 1%。每种配合比应至少制作一组（三块）试件，标准养护 28 天试压。

（三）确定配合比

根据得到的不同水胶比值的混凝土强度，用作图或计算求出与 $f_{cu,o}$ 相对应的胶水比值，并初步求出所需的每立方米混凝土的材料用量：

用水量（m_w）　取试拌配合比中的用水量值，并根据制作强度试件时测得的坍落度（或维勃稠度）值加以适当调整。其用水量值可用下式求得：

$$m_w = \frac{m_{wb} \cdot \rho_{ocf}}{m_{bb} + m_{sb} + m_{gb} + m_{wb}} = K_b \cdot m_{wb}$$

这里　　　　　　　　　　$K_b = \dfrac{\rho_{ocf}}{m_{bb} + m_{sb} + m_{gb} + m_{wb}}$

胶凝材料用量（m_{bb}）　取用水量 m_w 乘以经试验定出的，为达到 $f_{cu,o}$ 所必需的胶水比值；

砂、石骨料用量（m_s、m_g）　取试拌配合比中的砂石用量，并按系数 K_b 值作适当调整。其值是：

$$m_s = K_b \cdot m_{sb}$$

$$m_g = K_b \cdot m_{gb}$$

此时，混凝土的配合比为 $m_c：m_f：m_s：m_g：m_w$。

配合比经试配确定后，还应根据实测的混凝土体积密度再作必要的校正，其步骤为：

（1）计算混凝土的计算体积密度值即

$$混凝土计算体积密度值 = m_c + m_f + m_s + m_g + m_w$$

（2）实测混凝土拌合物的体积密度并求得校正系数 δ

$$\delta = \frac{实测体积密度值}{计算体积密度值}$$

当实测值与计算值之差不超过计算值的 2% 时，上述配合比可不作校正；若二者之差超过 2% 时，则须将配合比中每项材料用量均乘以校正系数 δ 值，即为最终定出的混凝土配合比设计值（见图 4-15）。

一、计算部分

① 求配制强度 $f_{cu,o}=f_{cu,k}+1.645\sigma$　② 求水胶比 $\begin{cases}W/B=\dfrac{\alpha_a f_b}{f_{cu,o}+\alpha_a\alpha_b f_b}\\ \text{复核最大水胶比}\end{cases}$

③ 确定用水量 $\begin{cases}\text{坍落度要求}\\ \text{粗骨料种类、规格}\end{cases}$

④ 求胶凝材料用量 $\begin{cases}(m_c+m_f)=W/\dfrac{W}{B}\\ \text{复核最小胶凝材料用量}\end{cases}$

⑤ 选取砂率 $\begin{cases}W/B\\ \text{粗骨料种类、规格}\end{cases}$

⑥ 求砂石用量 $\begin{cases}\text{体积法}\quad \dfrac{m_c}{\rho_c}+\dfrac{m_f}{\rho_f}+\dfrac{m_s}{\rho_s}+\dfrac{m_G}{\rho_G}+\dfrac{m_w}{\rho_w}+0.01\alpha=1\\ \text{质量法}\quad m_c+m_f+m_s+m_G+m_w=m_{cp}\left(\text{与砂率}\beta_s=\dfrac{S}{S+G}\text{两式联立解得}m_c+m_f+m_s\ m_G\ m_w\right)\end{cases}$

得到初步配合比

二、试验部分（Ⅰ）

① 试配 $\begin{cases}\text{粗骨料最大粒径}\leqslant 31.5mm\text{ 取 }15L\\ \text{粗骨料最大粒径}=40mm\text{ 取 }25L\end{cases}$

② 调砂率 $\begin{cases}\text{砂率不足，增加砂率}\\ \text{砂率偏大，减少砂率}\end{cases}$

③ 调稠度 $\begin{cases}\text{坍落度大，保持 }\beta_s\text{ 不变，加砂石}\\ \text{坍落度小，保持 }\dfrac{W}{B}\text{ 不变，加胶凝材料浆}\end{cases}$

得到试拌配合比（稠度应满足要求）

三、试验部分（Ⅱ）

① 选三个不同配合比制作试件 $\begin{cases}①m_c,\ m_s,\ m_g\text{ 采用试拌配合比量，}\dfrac{W}{B}\text{增大 }5\%。\\ ②m_c,\ m_s,\ m_g\text{ 采用试拌配合比量，}\dfrac{W}{B}\text{同试拌配合比。}\\ ③m_c,\ m_s,\ m_g\text{ 采用试拌配合比量，}\dfrac{W}{B}\text{减小 }5\%。\end{cases}$

② 测强度 $\begin{cases}①\rightarrow f_1\\ ②\rightarrow f_2\\ ③\rightarrow f_3\end{cases}$

③ 作 $f-\dfrac{B}{W}$ 关系图，得出 $f_{cu,o}\rightarrow\dfrac{B}{W}$

四、确定配合比

① 初步定出配合比 $\begin{cases}m_w\text{——试拌配合比的用水量}\\ (m_c+m_f)\text{——}W\text{ 乘以 }f_{cu,o}\text{ 相对应的}\dfrac{B}{W}\\ m_s\text{——试拌配合比的砂用量}\\ m_g\text{——试拌配合比的石用量}\end{cases}$

② 校正 $\begin{cases}\text{校正系数 }\delta=\dfrac{\text{实测体积密度}}{\text{计算体积密度}}\\ \text{最终值：当}\delta>2\%\text{时配合比中各项材料均乘以校正系数}\delta。\end{cases}$
若 $\delta\leqslant 2\%$ 时，可不作校正

得到试验室配合比（稠度及强度均应满足要求）

图 4-15　混凝土配合比设计程序

四、混凝土配合比设计例题

【例 4-3】　某高层框架混凝土结构工程，设计采用 C40 等级的混凝土，施工坍落度要求为 30～50mm，采用机械搅拌与振捣，根据施工单位近期同一品种、等级混凝土资料，其强度标准差 $\sigma=4.2MPa$。采用材料如下：

水泥　52.5 级普通硅酸盐水泥，实测强度无条件测得，$\rho_c=3.0g/cm^3$；

粒化高炉矿渣粉　S95 级，$\rho_f = 2.8 \text{g/cm}^3$；拟掺入量为 20%

河砂　　中砂，$M_X = 2.4$，$\rho'_s = 2.65 \text{g/cm}^3$，$\rho'_{os} = 1450 \text{kg/m}^3$；

碎石　　最大粒径 $D_{min} = 31.5 \text{mm}$，$\rho'_g = 2.70 \text{g/cm}^3$，$\rho'_{og} = 1520 \text{kg/m}^3$；

自来水，本题因现场搅拌，施工坍落度要求不高，故不必掺加减水类外加剂。试设计混凝土配合比（以干燥状态材料为基准）。

【解】

1. 计算初步计算配合比

（1）求试配强度 $f_{cu,0}$

该混凝土设计强度等级为 C40，小于 C60，故配制强度按下式确定：

$$f_{cu,0} = f_{cu,k} + 1.645\sigma$$
$$= 40 + 1.645 \times 4.2$$
$$= 46.9 \text{MPa}$$

（2）根据混凝土的配制强度和耐久性要求，求水胶比

①计算水胶比

这里：回归系数可取：碎石：$\alpha_a = 0.53$，$\alpha_b = 0.20$；

胶凝材料 28d 胶砂抗压强度（MPa）因无实测值，可按下式计算：

$$f_b = \gamma_f \gamma_s f_{ce}$$

式中　因未掺粉煤灰，影响系数 $\gamma_f = 1.0$ 粒化高炉矿渣粉掺 20%，影响系数 $\gamma_s = 1.0$

水泥 28d 胶砂抗压强度 f_{ce}，因无实测值可根据水泥强度等级值 $f_{ce,g}$ 按下式计算：

$$f_{ce} = \gamma_c f_{ce,g} 52.5 \times 1.10 = 57.8 \text{MPa}$$

上式中水泥强度等级值的富余系数，因缺乏实际统计资料取 $\gamma_c = 1.10$。

因此，$f_b = \gamma_f \gamma_s f_{ce} = 1.0 \times 1.0 \times 57.8 = 57.8 \text{MPa}$

则水胶比为：$W/B = \dfrac{\alpha_a f_b}{f_{cu,o} + \alpha_a \alpha_b f_b} = \dfrac{0.53 \times 57.8}{46.9 + 0.53 \times 0.20 \times 57.8} = 0.58$

②复核耐久性　计算求得的水胶比值应符合表 4-14 中要求，由于 0.58＜0.60 故符核耐久性要求。

（3）确定每立方米混凝土的用水量 m_{wo}

根据施工要求的稠度、采用的骨料种类及规格，确定每立方米混凝土的用水量。可查表 4-17，粗骨料石子最大粒径 $D_{min} = 31.5 \text{mm}$，取 $m_{wo} = 185 \text{kg/m}^3$

（4）求每立方米混凝土中胶凝材料量、矿物掺合料、水泥用量及外加剂用量

1）胶凝材料总量 m_{bo}（kg/m^3）按下式计算

$$m_{bo} = \frac{m_{wo}}{W/B} = \frac{185}{0.58} = 319 \text{kg/m}^3$$

对照表 4-15，胶凝材料用量超过表中最小胶凝材料用量要求，符合耐久性要求。

2）矿物掺合料用量 m_{fo}（kg/m^3）按下式计算，这里：矿物掺合料掺量 $\beta_f = 20\%$

$$m_{fo} = m_{bo}\beta_f = 319 \times 20\% = 64 \text{kg/m}^3$$

3）水泥用量 m_{co}（kg/m^3）按下式计算

$$m_{co} = m_{bo} - m_{fo} = 319 - 64 = 255 \text{kg/m}^3$$

（5）确定砂率 β_s

砂率应根据骨料的计算指标、混凝土拌合物的性能及施工要求，参考既有历史资料确定。但本题缺乏砂率的历史资料，且施工要求坍落度为 $10\sim60$mm 的塑性混凝土，因此其砂率可根据粗骨料的品种、公称最大粒径及水胶比按表 4-18 选取；取砂率 $\beta_s=35\%$

（6）计算每立方米混凝土砂、石用量 m_{so}、m_{go}，定出初步计算配合比

1）若采用质量法：解下列方程组

$$m_{co}+m_{fo}+m_{so}+m_{go}+m_{wo}=m_{cp}$$

$$\beta_S=\frac{m_{so}}{m_{so}+m_{go}}$$

这里取 $m_{cp}=2430$kg/m^3 则有

$$255+64+m_{so}+m_{go}+185=2430$$

$$\frac{m_{so}}{m_{so}+m_{go}}=35\%$$

解得：$m_{so}=674$kg/m^3 $m_{go}=1252$kg/m^3

2）若采用体积法：解下列方程组

$$\frac{m_{fo}}{\rho_f}+\frac{m_{co}}{\rho_c}+\frac{m_{so}}{\rho_s}+\frac{m_{go}}{\rho_g}+\frac{m_{wo}}{\rho_w}+0.01\alpha=1$$

$$\beta_S=\frac{m_{so}}{m_{so}+m_{go}}$$

解得：$m_{so}=656$kg/m^3，$m_{go}=1214$kg/m^3

（7）若按质量法，则混凝土的初步计算配合比可表示为：

1）以每立方米混凝土中，各种材料的用量表示：

水泥 $m_{co}=255$kg/m^3

粒化高炉矿渣粉 $m_{fo}=64$kg/m^3

砂 $m_{so}=674$kg/m^3

石子 $m_{go}=1252$kg/m^3

水 $m_{wo}=185$kg/m^3

2）以每立方米混凝土中，各种材料的用量比例关系表示：

$m_{co}：m_{fo}：m_{so}：m_{go}=255：64：674：1252=1：0.25：2.64：4.91$ $W/B=0.58$

2. 试配调整

（1）试拌、检测并经调整，首先使其稠度满足设计要求，得出试拌配合比

因石子的最大粒径 $D_{min}=31.5$mm，故应试拌 15L 混凝土拌合物；称取所需材料：水泥 $255\times0.015=3.83$kg、粒化高炉矿渣粉 0.96kg、砂 10.11kg、石子 18.78kg、水 2.78kg

经试拌并进行稠度测定，（以下为假设情况）结果是黏聚性与保水性均好，坍落度 $T=20$mm，可见选用的砂率较为合适，用水量偏小，须继续调整。根据经验，每增加 10mm 坍落度，约需增加 $2\%\sim4\%$ 的水。因此调整时为使强度不变，应保持水胶比不变增加胶凝材料浆数量。若按增加 4% 计算，则需增加水泥 $3.83\times4\%=0.15$kg、粒化高炉矿渣粉 0.038kg、水 0.11kg，经重新拌合并进行稠度测定，坍落度 $T=40$mm，已符合施工要求。并测得拌合物的体积密度为 2425kg/m^3

此时拌合物中各种材料用量是：

水泥 3.98kg、粒化高炉矿渣粉 1.00kg、砂 10.11kg、石子 18.78kg、水 2.89kg，其配合比例即试配配合比为：

水泥∶粒化高炉矿渣粉∶砂∶石∶水＝3.98∶1.00∶10.11∶18.78
$$=1∶0.25∶2.54∶4.72$$

水胶比　$W/B=0.58$

（2）混凝土的调整与确定

在试拌配合比的基础上，拌制三组不同水胶比的混凝土，并分别制作强度试件其中三组混凝土的水胶比分别为 0.53、0.58、0.63，三组试拌配合比的拌合物粘聚性与保水性均好，因此虽然水胶比改变，也不必再调整砂率。为了保证拌合物稠度一致，三组配合比的用水量均取 2.89kg。

经标准养护 28d 后，进行强度试验，得到三组试件的抗压强度代表值分别为：

水胶比 0.53（胶水比 1.89）…………51.2MPa
水胶比 0.58（胶水比 1.72）…………46.3 MPa
水胶比 0.63（胶水比 1.59）…………43.1 MPa

采用上述数据绘制强度—胶水比关系曲线图，见图 4-16，图中可查得试配强度为 46.9MPa 所对应的胶水比值为 1.74，即水胶比为 0.57。

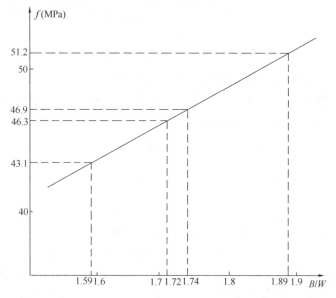

图 4-16　强度-胶水比关系曲线

至此，可初步定出混凝土配合比为：

水　　$m_w = \dfrac{2.89 \times 2425}{3.98+1.00+10.11+18.78+2.89} = 2.89 \times 65.97 = 191\text{kg/m}^3$

水泥　　　　　　　$m_c = 3.98 \times 65.97 = 263\text{kg/m}^3$

粒化高炉矿渣粉　　　$m_f = 1.00 \times 65.97 = 66\text{kg/m}^3$

砂　　　　　　　　$m_s = 10.11 \times 65.97 = 667\text{kg/m}^3$

石子　　　　　　　$m_g = 18.78 \times 65.97 = 1239\text{kg/m}^3$

重新测定拌合物的体积密度为 2422kg/m³。计算体积密度为：

体积密度＝191＋263＋66＋667＋1239＝2426kg/m³，进行体积密度校核，其校正系数

$$\delta = \frac{2422}{2426} = 0.998$$

由于实测值与计算值之差不超过 2%，则配合比保持不变。

五、施工配合比

试验室得出的配合比，是以干燥状态材料为基准的，而施工工地的砂、石骨却都是含有一定水分的，为了保证施工时各种材料的实际称量与试验室配合比相符合，在施工中必须根据砂石含水情况随时加以修正。修正后的配合比称为施工配合比。

骨料的含水状态可呈干燥状态、气干状态、饱和面干状态和含水润湿状态等四种情况，如图 4-17。饱和面干状态是指骨料内部含水饱和，而表面无吸附水时的含水状态。一些大型水利工程常以饱和面干的骨料为准。

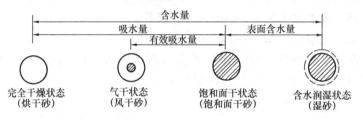

图 4-17　砂的几种含水状态

在施工工地中，得到试验室发生的配合比通知单后，应根据工地实际情况（主要是砂、石含水情况）进行修正。否则，不仅改变了拌合物和易性，而且对混凝土的强度及其他性能都会产生不良的影响。调整方法是：假定施工用砂的含水率为 $a\%$，石子含水率为 $b\%$，则可利用下列算式将试验室配合比换算成施工配合比。

$$m'_b = m_b \quad kg$$
$$m'_s = m_s(1 + a\%) \quad kg$$
$$m'_g = m_g(1 + b\%) \quad kg$$
$$m'_w = m_w - m_s \cdot a\% - m_g \cdot b\% \quad kg$$

式中　m'_b、m'_s、m'_g、m'_w——1m³ 拌合物中，施工用材料的用量，kg。混凝土施工配合比只用各项材料实际用量表示。

【例 4-4】　已知一混凝土配合比是 $m_b : m_s : m_g = 329kg : 664kg : 1232kg$ 水胶比为0.58，现经实测施工用时砂含水率为 3% 石子含水率为 1%，求施工时每生产一立方米混凝土，各项材料的实际用量为多少？（即求施工配合比）。

【解】　施工用胶凝材料的量应与原配合比相同即

$$m'_b = m_b = 329(kg)$$

施工用砂量应是

$$m'_s = 664(1 + 3\%) = 684(kg)$$

施工用石子量应是

$$m'_g = 1232(1 + 1\%) = 1244(kg)$$

施工时拌合水量应是

$$m'_w = 190 - 664 \times 3\% - 1232 \times 1\% = 158(kg)$$

答：施工时每生产一立方米混凝土各种材料的投料量是：胶凝材料 329kg，砂 684kg，石子 1244kg，水 158kg。在胶凝材料中，水泥与矿物掺合料的比例与原配合比相同。

由于砂的颗粒较小，当表面吸附一层水膜时，在水膜的支撑下砂粒间距增大，砂的堆积体积将显著增大；当含水量过大时，水膜破坏，砂颗粒互相滑动又会使堆积体积缩小。砂的堆积体积因含水量的变化而改变，如图 4-18。在施工中本应按重量称量材料，但有时为了施工方便常将重量折算成体积。施工时如采用体积计量材料，则应先测出砂的各种含水量时的体积换算系数，经换算后方可保证混凝土配合比的准确性。

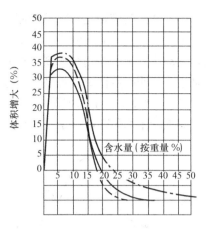

图 4-18　砂的体积变化与含水率的关系

第六节　混凝土质量的控制与评定

一、混凝土的质量波动

（一）质量波动及其规律

1. 质量波动的原因

在混凝土施工中，力图保证混凝土质量的稳定性，但由于多种原因又必然会造成混凝土质量上的波动。这些原因主要是：

（1）原材料　各种材料（水泥、骨料、外加剂等）的质量及计量的波动；在施工中未能根据骨料的含水率及时调整材料的配合比例，而引起水灰比及骨料量的差异。

（2）施工条件　施工中搅拌时间的长短；由于运输时间过长而引起分层与析水；浇筑过程中的离析；振捣的时间及顺序；养护的条件和时间以及施工时的天气变化等。

（3）试验条件　取样、成型及养护条件的差异，试验机的误差以及试验人员操作的熟练程度等。

可见，为了保证混凝土的质量，应对混凝土质量进行初步控制（组成材料的质量控制、配合比的确定与控制）和生产控制（计量、搅拌、运输、浇筑、捣固、养护等控制）。

此外，还应对混凝土的质量进行合格性检验控制。在正常连续生产的情况下，可用数理统计方法来检验混凝土的强度或其他技术指标。常用算术平均值、标准差、变异系数和保证率等参数综合地评定混凝土的质量，达到合格性检验控制的目的。

2. 强度波动规律

在正常施工条件下，对工艺条件相同的同一批混凝土进行随机取样，测定其强度并绘出强度概率分布曲线，该曲线符合正态分布规律，见图 4-19。正态分布的特点是：

（1）曲线呈钟形，在对称轴两侧曲线上各有一个拐点，拐点距对称轴等距离。

（2）曲线以平均强度为对称轴，两边对称。高峰处为混凝土平均强度（μ_f）的概率，距对称轴越远，出现的概率越小，并逐渐趋近于零。

（3）曲线与横轴之间围成的面积为概率总和（100%）。

可见，若概率分布曲线形状窄而高，说明强度测定值比较集中，混凝土均匀性较好，质量波动小，施工控制水平高，这时拐点至对称轴的距离小。若曲线宽而矮，则拐点距对称轴远，说明强度值离散程度大，施工控制水平低，见图4-20。

（二）混凝土质量均匀性的评定

对混凝土均匀性的评定常采用的参数有：

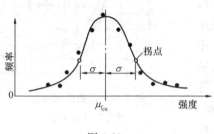

图 4-19

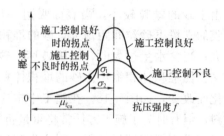

图 4-20

1. 强度平均值 $\mu_{f_{cu}}$

$$\mu_{f_{cu}} = \frac{1}{N}(f_{cu,1} + f_{cu,2} + \cdots + f_{cu,N}) = \frac{1}{N}\sum_{i=1}^{N} f_{cu,i}(MPa)$$

强度平均值即 N 组混凝土试件立方体抗压强度的平均值（μ_{fcu}）。该值与生产该批混凝土时的配制强度基本相等，它只能反映该批混凝土总体强度的平均值，而不能反映混凝土强度的波动情况。

2. 标准差 σ

$$\sigma = \sqrt{\frac{\sum_{i=1}^{N}(f_{cu,i} - \mu_{f_{cu}})^2}{N-1}} = \sqrt{\frac{\sum_{i=1}^{N} f_{cu,i}^2 - N\mu_{f_{cu}}^2}{N-1}} \quad (MPa)$$

标准差 σ 是评定混凝土质量均匀性的一种指标，σ 在数值上等于曲线上拐点至强度平均值的距离。σ 值越小，强度分布曲线越窄而高，说明强度值分布较集中，则混凝土质量均匀性越好。

3. 变异系数 δ

$$\delta = \frac{\sigma}{\mu_{fcu}} \times 100\%$$

变异系数也是用来评定混凝土质量均匀性的指标，δ 值越小，说明混凝土质量越均匀。

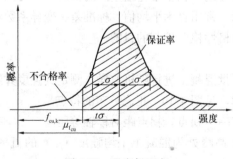

图 4-21　强度保证率

（三）强度保证率（$P\%$）

强度保证率是指在混凝土强度总体中，强度不低于要求强度等级值（即立方体抗压强度标准值）（$f_{cu,k}$）的百分率。以正态分布曲线图中阴影部分的面积占概率总和面积的百分率表示，如图4-21。

由图4-21可知，

$$\mu_{f_{cu}} = f_{cu,k} + t\sigma$$

式中 t 称为概率度，又称保证率系数。强度保

证率随 t 的改变而变化，t 与 $P\%$ 存在着复杂的数学关系，一般可根据 t 值按表 4-23 查得相应的保证率 $P\%$。

t 值与 $P\%$ 的关系   表 4-23

概率度 t	0	0.524	0.842	1.00	1.282	1.645	2.05	2.33
保证率（$P\%$）	50	70	80	84.1	90	95	98	99

二、混凝土质量的控制

为了保证工程结构的可靠性，必须对混凝土的质量加以控制并进行合格性的评定。工程上对混凝土的质量控制包括初步控制与生产控制两个环节。

（一）初步控制

初步控制包括组成材料的质量检验与控制和配合比的确定与控制。

1. 组成材料的质量检验与控制，即对水泥、掺合料、砂石、水以及混凝土外加剂等进行质量控制。工程上要求，水泥、掺合料、砂石、外加剂进场时必须持有产品出厂合格证及检验报告，并经复验合格后方可用于生产。

2. 配合比的确定与控制，即按《普通混凝土配合比设计规程》JGJ55—2011 规定，根据混凝土强度等级、工作性、耐久性要求以及现有原材料情况进行配合比设计。并确定出能满足工程要求的合理的原材料相对含量。以便使生产的混凝土达到合格标准。

（二）生产控制

生产控制包括准确的计量；均匀的搅拌；减少转运次数、缩短运输时间和正确地装卸方法；合理的浇筑程序，充分捣实；严格执行规定的养护制度等。加强生产过程的管理与控制是保证混凝土工程质量的重要措施。

混凝土原材料必须称量准确，《预拌混凝土》GB/T 14902—2012 中规定了原材料计量的允许偏差值，见表 4-24。

预拌混凝土原材料计量允许偏差   表 4-24

原材料品种	水泥	骨料	水	外加剂	掺合料
每盘计量允许偏差（%）	±2	±3	±2	±2	±2
累计计量允许偏差（%）	±1	±2	±1	±1	±1

三、混凝土强度合格性评定

（一）混凝土试样的取样、制作与养护

根据《混凝土强度检验评定标准》GB/T 50107—2010 规定，混凝土强度试样应在混凝土的浇筑地点随机抽取。取样的频率和数量应符合下列规定：

1. 每 100 盘，但不超过 100m³ 的同配合比的混凝土，取样次数不应少于一次；

2. 每一工作班拌制的同配合比的混凝土，不足 100 盘和 100m³ 时其取样次数不应少于一次；

3. 当一次连续浇筑的同配合比的混凝土超过 1000 m³ 时，每 200 m³ 取样不应少于一次；

4. 对房屋建筑，每一楼层、同一配合比的混凝土，取样不应少于一次。

在制作试件时，每组 3 个试件应由同一盘或同一车的混凝土中取样制作。其成型方法及标准养护条件应符合现行国家标准《普通混凝土力学性能试验方法标准》GB/T 50081—

2002 的规定。

（二）混凝土强度检验评定

根据《混凝土强度检验评定标准》GB/T 50107—2010 规定，混凝土强度检验评定可分为统计方法评定和非统计方法评定两种。

1. 统计方法评定

统计方法评定可分为两种情况，即标准差已知和标准差未知。

（1）标准差已知方案　即混凝土的强度变异性基本稳定的条件下，其标准差可采用根据前一时期生产累计的强度数据确定的标准差 σ_0。

混凝土的强度变异性基本稳定是指同一品种的混凝土生产，有可能在较长的时期内，通过质量管理，维持基本相同的生产条件，即维持原材料、设备、工艺以及人员配备的稳定性，即使有所变化，也能很快予以调整而恢复正常。例如连续生产的混凝土预制构件厂，可采用标准差已知的方案。

按国家标准《混凝土强度检验评定标准》GB/T 50107—2010 要求，一个检验批的样本容量应为连续的 3 组试件，其强度应同时符合下列规定：

$$m_{f_{cu}} \geqslant f_{cu,k} + 0.7\sigma_0$$
$$f_{cu,min} \geqslant f_{cu,k} - 0.7\sigma_0$$

且当混凝土强度等级不高于 C20 时，其强度最小值尚应满足下式要求：

$$f_{cu,min} \geqslant 0.85 f_{cu,k}$$

当混凝土强度等级高于 C20 时，其强度最小值尚应满足下式要求：

$$f_{cu,min} \geqslant 0.90 f_{cu,k}$$

式中　$m_{f_{cu}}$——同一验收批混凝土立方体抗压强度的平均值（N/mm²），精确到 0.1（N/mm²）；

$f_{cu,k}$——混凝土立方体抗压强度标准值（N/mm²）精确到 0.1（N/mm²）；

σ_0——验收批混凝土立方体抗压强度的标准差（N/mm²）精确到 0.01（N/mm²）；它是由同类混凝土、生产周期不应小于 60d 且不宜超过 90d、样本容量不少于 45 的强度数据计算确定。假定其值延续在一个检验期内保持不变。3 个月后重新按上一个检验期的强度数据由下式计算 σ_0 值。

$$\sigma_0 = \sqrt{\frac{\sum_{i=1}^{n} f_{cu,i}^2 - n m_{fu}^2}{n-1}}$$

$f_{cu,min}$——同一验收批混凝土立方体抗压强度的最小值（N/mm²），精确到 0.01（N/mm²）；

n—— 前一检验期内的样本容量，在该期间内样本容量不应少于 45。

$f_{cu,i}$——第I组混凝土试件的立方体抗压强度值（N/mm²）；

当检验批混凝土强度标准差 σ_0 计算值小于 2.5 N/mm² 时，应取 2.5 N/mm²。

（2）标准差未知方案　是指生产连续性较差，即在生产中无法维持基本相同的生产条件，或生产周期短，无法积累强度数据以资计算可靠的标准差参数，此时检验评定只能直接根据每一检验批抽样的样本强度数据确定。此时应采用标准差未知的方案，评定混凝土强度。

可评定时，为了提高检验的可靠性应由不少于 10 组的试件组成一个验收批，其强度应同时满足下列要求：

$$m_{f_{cu}} \geqslant f_{cu,k} + \lambda_1 s_{f_{cu}}$$

$$f_{cu,min} \geqslant \lambda_2 f_{cu,k}$$

式中　　$s_{f_{cu}}$——同一验收批混凝土立方体抗压强度的标准差（N/mm²）精确到 0.01（N/mm²）；

　　λ_1，λ_2——合格判定系数，按表 4-25 取用。

混凝土强度的合格判定系数　　　　　　　　　　　表 4-25

试件组数	10～14	15～19	≥20
λ_1	1.15	1.05	0.95
λ_2	0.90	0.85	

此时，验收批混凝土立方体抗压强度的标准差 $s_{f_{cu}}$ 可用下式求得：

$$s_{f_{cu}} = \sqrt{\dfrac{\sum\limits_{i=1}^{n} f_{cu,i}^2 - nm_{f_{cu}}^2}{n-1}}$$

当检验批混凝土强度标准差 $s_{f_{cu}}$ 计算值小于 2.5N/mm² 时，应取 2.5N/mm²。

2. 非统计方法评定

对于零星生产的预制构件的混凝土或现场搅拌批量不大的混凝土，由于缺乏采用统计方法评定的条件，用于评定的样本容量小于 10 组，应采用非统计方法评定。

当按非统计方法评定混凝土强度时，其强度应同时符合下列规定：

$$m_{f_{cu}} \geqslant \lambda_3 \cdot f_{cu,k}$$

$$f_{cu,min} \geqslant \lambda_4 \cdot f_{cu,k}$$

式中　　λ_3，λ_4——合格评定系数，按表 4-26 取用。

混凝土强度的非统计法合格评定系数　　　　　　　表 4-26

混凝土强度等级	＜ C60	≥C60
λ_3	1.15	1.10
λ_4	0.95	

（三）混凝土强度的合格性判断

当检验结果能满足 以上三种情况中的规定时，则该批混凝土强度判为合格；当不能满足以上三种情况中的规定时，则该批混凝土强度判为不合格。

（四）混凝土强度的合格评定例题

【例 4-5】 某商品混凝土厂生产 C40 级混凝土，现有前一检验期取得的同类混凝土 48 组强度数据列于表 4-27。现有该厂生产的 C40 混凝土中取得本检验批（3 组）强度数据见表 4-28。请评定每批混凝土强度是否合格。

前一检验期取得的同类混凝土 48 组强度数据（N/mm²）　　　表 4-27

组　号	1	2	3	4	5	6	7	8
试件强度代表值 $f_{cu,i}$	43.0	41.2	45.8	42.6	46.5	44.4	43.8	44.4

组　号	9	10	11	12	13	14	15	16
试件强度代表值 $f_{cu,i}$	42.5	39.7	43.6	41.7	43.2	42.8	41.6	43.2
组　号	17	18	19	20	21	22	23	24
试件强度代表值 $f_{cu,i}$	40.0	42.9	39.2	39.5	40.8	42.0	38.9	40.2
组　号	25	26	27	28	29	30	31	32
试件强度代表值 $f_{cu,i}$	46.2	44.8	45.6	43.8	45.2	45.5	43.8	44.5
组　号	33	34	35	36	37	38	39	40
试件强度代表值 $f_{cu,i}$	42.6	43.2	42.5	41.2	43.6	43.9	42.6	42.7
组　号	41	42	43	44	45	46	47	48
试件强度代表值 $f_{cu,i}$	40.5	41.6	42.2	39.8	40.8	40.2	40.2	41.9

本检验批三组试件的强度值　　　　　　　　表 4-28

组　号	1	2	3
试件强度 f_{cu}	39.8	45.5	44.5
	41.2	43.9	42.7
	43.8	40.2	41.9
试件强度代表值 $f_{cu,i}$	41.6	43.2	43.0

【解】　　由于商品混凝土厂的混凝土生产，在较长的时间内能保持生产条件基本不变。因此，该品种混凝土强度变异性能保持稳定。故可采用标准差已知的统计方法评定混凝土强度。其步骤如下：

1. 计算标准差

（1）求前一检验期试件强度代表值平方和以及强度代表值的平均值

$$\sum f_{cu,i}^2 = 87084.7$$

$$m_{f_{cu}} = 42.56；n = 48；m_{f_{cu}}^2 = 1811.35；n \cdot m_{f_{cm}}^2 = 86944.97$$

（2）求标准差

$$\sigma_0 = \sqrt{\frac{\sum_{i=1}^{n} f_{cu,i}^2 - n \cdot m_{f_{cu}}^2}{n-1}} = 1.7$$

取 $\sigma_0 = 2.5 \text{N/mm}^2$

2. 计算验收界限

（1）平均值验收界限

$$m_{f_{cu}} = (41.6 + 43.2 + 43.0) \div 3 = 42.6 \text{N/mm}^2$$

$$f_{cu,k} + 0.7\sigma_0 = 40 + 0.7 \times 2.5 = 41.75 \text{N/mm}^2$$

满足 $m_{f_{cu}} \geqslant f_{cu,k} + 0.7\sigma_0$

（2）最小值验收界限

$$f_{cu,min} = 41.6 \text{N/mm}^2；f_{cu,k} - 0.7\sigma_0 = 40 - 0.7 \times 2.5 = 38.25 \text{N/mm}^2$$

满足　$f_{cu,min} \geqslant f_{cu,k} - 0.7\sigma_0$

（3）$\because$ C40＞C20 $\therefore$ 还应满足下式：

$$f_{cu,min} = 41.6 N/mm^2；0.90 f_{cu,k}=0.9×40=36 N/mm^2$$

故 $f_{cu,min} \geqslant 0.90 f_{cu,k}$

3. 检验结果评定

检验结果符合国家标准《混凝土强度检验评定标准》GB/T 50107—2010 规定，评定合格。

【例 4-6】 某混凝土预制构件厂在某一阶段生产 C30 级混凝土的构件，现留取标养试件 12 组，其强度代表值列于表 4-29。试评定这批混凝土构件的混凝土强度是否合格。

表 4-29

组号	1	2	3	4	5	6	7	8	9	10	11	12
强度 $f_{cu,i}$	33.8	40.3	39.7	29.5	31.6	32.4	32.1	31.8	30.1	37.9	36.7	30.4

【解】 由于该厂只在某一阶段生产 C30 级混凝土构件，因此混凝土的生产条件在较长时间内难以保持一致。同时又具备 10 组以上的试件，可以组成一个验收批。此时，应采用标准差未知的统计方法评定混凝土强度。其步骤如下：

1. 求检验批的标准差

（1）平均值：$m_{f_{cu}} = (33.8＋40.3＋39.7＋\cdots＋36.7＋30.4) \div 12 = 33.86 N/mm^2$；

$n=12$；$m_{f_{cu}}^2 = 1146.50 N/mm^2$；$n \cdot m_{f_{cu}}^2 = 13758.0$

$\sum f_{cu,i}^2 = 13916.31$

（2）标准差：将混凝土强度数据代入下式即求得求批的标准差。

$$S_{f_{cu}} = \sqrt{\frac{\sum\limits_{i=1}^{n} f_{cu,i}^2 - n m_{f_{cu}}^2}{n-1}} = 3.79 N/mm^2$$

2. 选定合格判定系数

$\because$ 试件组数 $n=12$ 12 在 10～14 之间

$\therefore$ $\lambda_1 = 1.15$ $\lambda_2 = 0.90$

3. 求验收界限

（1）平均值验收界限：

$m_{f_{cu}} = 33.86 N/mm^2$；$f_{cu,k}＋\lambda_1 S_{f_{cu}} = 30＋1.15×3.79 = 34.36 N/mm^2$

$m_{f_{cu}} \geqslant f_{cu,k}＋\lambda_1 S_{f_{cu}}$ 不成立

（2）最小值验收界限：

$f_{cu,min} = 29.5 N/mm^2$ $\lambda_2 f_{cu,k} = 0.90×30 = 27.0 N/mm^2$

$f_{cu,min} \geqslant \lambda_2 f_{cu,k}$

4. 检验结果评定

两个条件不能全部满足要求，该批混凝土判为不合格。

【例 4-7】 某工地一特种结构需 C60 混凝土，只留下 5 组混凝土试件见表 4-30，试评定该批混凝土的强度是否合格。

表 4-30

组 号	1	2	3	4	5
试件强度代表值 $f_{cu,i}$	59.7	66.8	67.9	68.3	68.8

【解】 由于特种结构C60混凝土不常使用，且只留下5组混凝土试件。只能采用非统计方法评定。

1. 求强度平均值

$$m_{f_{cu}}=(59.7+66.8+67.9+68.3+68.8)\div5=66.3 \text{ N/mm}^2$$

2. 选定混凝土强度非统计方法合格评定系数

由于混凝土强度为C60，故选定

$\lambda_3=1.10$；$\lambda_4=0.95$

3. 求验收界限

（1）平均值验收界限：

$m_{f_{cu}}=66.3 \text{ N/mm}^2$；$\lambda_3 \cdot f_{cu,k}=1.10\times60.0=66.0 \text{N/mm}^2$；

$m_{f_{cu}} \geqslant \lambda_3 \cdot f_{cu,k}$

（2）最小值验收界限：

$f_{cu,min}=59.7 \text{ N/mm}^2$；$\lambda_4 \cdot f_{cu,k}=0.95\times60=57 \text{ N/mm}^2$；

$f_{cu,min} \geqslant \lambda_4 \cdot f_{cu,k}$

4. 检验结果评定

两个条件全部满足要求，该批混凝土判为合格。

第七节　混凝土外加剂

混凝土外加剂是在混凝土搅拌之前或拌制过程中掺入的、用以改善新拌合或硬化混凝土性能的材料。

由于掺入很少的外加剂就能明显地改善混凝土的某种性能，如改善和易性；调节凝结时间；提高强度和耐久性；节省水泥等，因此外加剂深受工程界的欢迎。外加剂在混凝土及砂浆中得到越来越广泛的使用，已成为混凝土的第五组分。

一、外加剂的分类

根据《混凝土外加剂的分类、命名与定义》（GB 8075—2005）的规定，混凝土外加剂按其主要功能分为四类。

（1）改善混凝土拌合物流变性能的外加剂。包括各种减水剂、引气剂和泵送剂等。

（2）调节混凝土凝结时间、硬化性能的外加剂。包括缓凝剂、早强剂和速凝剂。

（3）改变混凝土耐久性的外加剂。包括引气剂、防水剂和阻锈剂等。

（4）改善混凝土其他性能的外加剂。包括加气剂、膨胀剂、防冻剂、着色剂、防水剂和泵送剂等。

目前在工程中常用的外加剂主要有减水剂、引气剂、早强剂、缓凝剂、防冻剂等。

二、减水剂

减水剂是指在保持混凝土坍落度基本相同的条件下，能减少拌合用水的外加剂。根据减水剂的作用效果及功能情况，减水剂可分为普通减水剂、高效减水剂、早强减水剂、缓凝减水剂、引气减水剂等。

（一）减水剂的作用机理

常用的减水剂均属于表面活性剂。表面活性剂有着特殊的分子结构，它是由亲水基团和憎水基团两部分组成（图4-22）。当表面活性剂溶于水后，其中的亲水基团会电离出某种离子（阴离子、阳离子或同时电离出阴、阳离子），根据电离后表面活性剂所带电性，可将表面活性剂分为阳离子表面活性剂、阴离子表面活性剂、两性表面活性剂及不需电离出离子，本身具有极性的非离子表面活性剂。大部分减水剂属于阴离子表面活性剂。当表面活性剂溶于水后，将受到水分子的作用使亲水基团指向水分子，而憎水基团则会远离水分子而指向空气、固相物或非极性的油类等，作定向排列形成单分子吸附膜如图4-23，从而降低了水的表面张力。这种表面活性作用是减水剂起减水增强作用的主要原因。

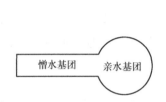

图4-22　表面活性剂分子模型

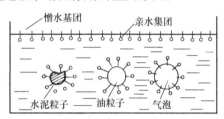

图4-23　表面活性剂分子的吸附定向排列

当水泥加水后，由于水泥颗粒在水中的热运动，使水泥颗粒之间在分子力的作用下形成一些絮凝状结构（图4-24）。在这种絮凝结构中包裹着一部分拌合水，使混凝土拌合物的流动性降低。当水泥浆中加入表面活性剂后，一方面由于表面活性剂在水泥颗粒表面作定向排列使水泥颗粒表面带有相同电荷，这种电斥力远大于颗粒间分子引力，使水泥颗粒形成的絮凝结构被拆散，将结构中包裹的那部分水释放出来（图4-25），明显地增加了拌合物的流动性。另一方面，由于表面活性剂极性基的作用还会使水泥颗粒表面形成一层稳定的溶剂化水膜（图4-25（b）），阻止了水泥颗粒间的直接接触，并在颗粒间起润滑作用，也改善了拌合物的和易性。此外，水泥颗粒充分的分散，增大了水泥颗粒的水化面积使水化充分，从而也可以提高混凝土的强度。但由于表面活性剂对水泥颗粒的包裹作用会使初期水化速度减缓。

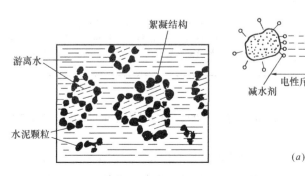

图4-24　水泥浆絮凝结构

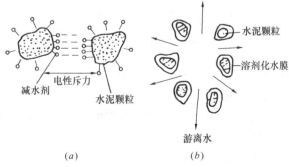

图4-25　减水剂作用简图

（二）减水剂的技术经济效果

根据使用减水剂的目的不同，在混凝土中掺入减水剂后，可得到如下效果。

1. 提高流动性

在不改变原配合比的情况下，加入减水剂后可以明显地提高拌合物的流动性，而且不影响混凝土的强度。

2. 提高强度

在保持流动性不变的情况下，掺入减水剂可以减少拌合用水量，若不改变水泥用量，可以降低水灰比，使混凝土的强度提高。

3. 节省水泥

在保持混凝土的流动性和强度都不变的情况下，可以减少拌合水量，同时减少水泥用量。

4. 改善混凝土性能

在拌合物加入减水剂后，可以减少拌合物的泌水、离析现象；延缓拌合物的凝结时间；降低水泥水化放热速度；显著地提高混凝土的抗渗性及抗冻性，使耐久性能得到提高。

（三）减水剂的常用品种

减水剂是使用最广泛，效果最显著的一种外加剂。品种繁多，按其化学成分可分为木质素系减水剂、萘系减水剂、树脂系减水剂、糖蜜系减水剂等，见表 4-31。

常用减水剂的品种　　　　　　　　　　　　　　　表 4-31

种类	木质素系	萘系	树脂系	糖蜜系
类别	普通减水剂	高效减水剂	早强减水剂 （高效减水剂）	缓凝减水剂
主要品种	木质素磺酸钙（木钙粉、M 型减水剂）木钠、木镁等	NNO、NF 建1.FDN、UNF、JN、HN、MF 等	CRS、SM、TF	ST　HC
适宜掺量（占水泥重%）	0.2~0.3	0.2~1	0.5~2	0.2~0.3
减水率	10%左右	15%以上	15%~29%	6%~10%
早强效果	—	显著	显著	—
缓凝效果	1~3h	—	—	2~4h
引气效果	1%~2%	部分品种>2%	—	—
适用范围	一般混凝土工程及大模、滑模、泵送、大体积及夏季施工的混凝土工程	适用于所有混凝土工程、更适于配制高强混凝土及流态混凝土	因价格昂贵，宜用于特殊要求的混凝土工程高强混凝土	大体积混凝土工程及滑模、夏季施工的混凝土工程作为缓凝

三、引气剂

引气剂是指在混凝土搅拌过程中能引入大量均匀分布的、稳定而闭合的微小气泡且能保留在碳化混凝土中的外加剂。

引气剂也是表面活性物质，其界面活性作用与减水剂基本相同，区别在于减水剂的界面活性作用主要发生在液-固界面上，而引气剂的界面活性作用主要发生在气-液界面上。当搅拌混凝土拌合物时，会混入一些气体，掺入的引气剂溶于水中被吸附于气-液界面上，形成大量微小气泡。由于被吸附的引气剂离子对液膜的保护作用，因而液膜比较牢固，使气泡能稳定存在。这些气泡大小均匀（直径为 $20\sim1000\mu m$）在拌合物中均匀分散，互不连通，可使混凝土的很多性能改善。

1. 改善和易性

在拌合物中，微小独立的气泡可起滚珠轴承作用，减少颗粒间的摩阻力，使拌合物的流动性大大提高。若使流动性不变，可减水 10% 左右，由于大量微小气泡的存在，使水分均匀地分布在气泡表面，从而使拌合物具有较好的保水性和黏聚性。

2. 提高耐久性

混凝土硬化后，由于气泡隔断了混凝土中的毛细管渗水通道，改善了混凝土的孔隙特征，从而可显著地提高混凝土的抗渗性和抗冻性。对抗侵蚀性也有所提高。

3. 对强度及变形的影响

气泡的存在使混凝土的弹性模量略有下降，这对混凝土的抗裂性有利，但是气泡也减少了混凝土的有效受力面积，从而使混凝土的强度及耐磨性降低。一般，含气量每增加 1%，混凝土的强度约下降 3%～5%。

目前使用最多的是松香热聚物及松香皂等。适宜掺量为万分之 0.5～1.2。引气剂多用于道路、水坝、港口、桥梁等混凝土工程中。

四、早强剂

早强剂是指加速混凝土早期强度发展的外加剂。一般对混凝土的后期强度无显著影响。可在不同的温度下加速混凝土的强度发展。因此常用于要求早拆模的工程、抢修工程及冬期施工。

（一）早强机理

不同的早强剂有着不同的早强机理，但都能加速混凝土早期强度的发展。一般可分为下面几种情况：

（1）能加速水泥的水化，使早期能出现大量的水化产物而提高强度。

（2）能与水泥水化产物发生反应生成不溶性复盐，形成坚强的骨架使早期强度提高。

（3）能与水泥水化产物反应生成不溶性的，且有明显膨胀的盐类，不仅可形成骨架，而且还会提高混凝土早期结构的密实度，从而提高早期强度。

实际上，后两种情况由于外加剂与水化产物发生反应，也会加速水泥水化。

（二）常用早强剂

混凝土工程中使用的早强剂可分为氯盐类、硫酸盐类、有机胺类以及复合早强剂等。

1. 氯盐类（氯化钙、氯化钠等）

氯化钙的早强机理主要属于第 2 种情况。$CaCl_2$ 可与 C_3A 作用生成不溶性的复盐—水化氯铝酸钙，与 $Ca(OH)_2$ 作用生成不溶性的复盐—氧氯化钙，增加了水泥浆中的固相比例，形成了骨架，增长了强度。同时，$Ca(OH)_2$ 的消耗也会促进 C_3S、C_2S 的水化，从而提高混凝土的早期强度。

$CaCl_2$ 的适宜掺量为 1%～2%，可使 2～3 天的强度提高 40%～100%，7 天的强度提高 25%，但掺量过多会引起水泥快凝不利施工。

由于 Cl^- 会促进钢筋锈蚀，因此 GB 50204—92 中规定，在钢筋混凝土中，氯盐含量按无水状态计算不得超过水泥重量的 1%。掺用氯盐的混凝土必须振捣密实，且不宜采用蒸汽养护。当采用素混凝土时氯盐掺量不得大于水泥重的 3%。为了消除这一缺点，通常将 $CaCl_2$ 与阻锈剂 $NaNO_2$ 复合使用，以抑制钢筋的锈蚀。

2. 硫酸盐类（硫酸钠、硫酸钙、硫代硫酸钠等）

硫酸钠的早强机理主要属于第 3 种情况。它掺入混凝土中后，与水泥水化产物 $Ca(OH)_2$ 迅速发生化学反应：

$$Ca(OH)_2 + Na_2SO_4 + 2H_2O \rightarrow CaSO_4 \cdot 2H_2O + 2NaOH$$

生成高分散性的硫酸钙，它与 C_3A 的作用比石膏的作用快得多，能迅速生成水化硫铝酸钙。水化硫铝酸钙体积增大约 1.5 倍，有效地提高了混凝土早期结构的密实程度。同时，也会加快水泥的水化速度，因此混凝土早期强度得到提高。

硫酸钠的适宜掺量为 0.5%～2%，与 NaCl、$NaNO_2$、$CaSO_4 \cdot 2H_2O$、三乙醇胺、重铬酸盐等复合使用效果更佳。硫酸钠对钢筋无锈蚀作用，适用于不允许掺用氯盐的混凝土工程及其他工程。

3. 有机胺类（三乙醇胺、三异丙醇胺等）

三乙醇胺为无色或淡黄色透明油状液体，易溶于水，呈碱性。

三乙醇胺的早强机理属于第三种情况，它能加速水泥的水化，但单独使用时早强效果不明显，当与其他早强剂复合使用才有较显著的早强效果。三乙醇胺的适宜掺量为0.02%～0.05%。

4. 复合早强剂

大量试验表明，上述几类早强剂以适当比例配制成的复合早强剂具有较好的早强效果。常用复合早强剂见表4-32。

常用复合早强剂　GBJ 119—88　　　　　　　　　　　　表 4-32

类型	外加剂组分	常用剂量（以水泥重量%计）
复合早强剂	三乙醇胺＋氯化钠	(0.03～0.05) ＋0.5
	三乙醇胺＋氯化钠＋亚硝酸钠	0.05＋ (0.3～0.5) ＋ (1～2)
	硫酸钠＋亚硝酸钠＋氯化钠＋氯化钙	(1～1.5) ＋ (1～3) ＋ (0.3～0.5) ＋ (0.3～0.5)
	硫酸钠＋氯化钠	(0.5～1.5) ＋ (0.3～0.5)
	硫酸钠＋亚硝酸钠	(0.5～1.5) ＋1.0
	硫酸钠＋三乙醇胺	(0.5～1.5) ＋0.05
	硫酸钠＋二水石膏＋三乙醇胺	(1～1.5) ＋2＋0.05
	亚硝酸钠＋二水石膏＋三乙醇胺	1.0＋2＋0.05

五、缓凝剂

缓凝剂是指延长混凝土凝结时间的外加剂。

缓凝剂能延缓混凝土凝结时间，使拌合物在较长时间内保持塑性，利于浇灌成型，提高施工质量。同时还具有减水、增强、降低水化热等多种功能，对钢筋无腐蚀作用，因而多用于高温季节施工、大体积混凝土工程、泵送与滑模方法施工以及较长时间停放或远距离运送的商品混凝土等。

目前，常用的缓凝剂主要是木质素磺酸钙和糖蜜。

六、防冻剂

防冻剂是指能使混凝土在负温下硬化，并在规定养护条件下达到预期性能的外加剂。

防冻剂能显著地降低冰点，使混凝土在一定负温条件下仍有液态水存在，并能与水泥进行水化反应，使混凝土在规定的时间内获得预期强度，保证混凝土不遭受冻害。目前使用的防冻剂均为由防冻组分、早强组分、减水组分和引气组分组成的复合防冻剂。它们能使混凝土中水的冰点降至－10℃以下，使水泥在负温下仍能较快的水化增长强度。防冻剂可用于各种混凝土工程，在寒冷季节时施工中使用。

七、外加剂的选择与使用

（一）选择

外加剂品种的选择，应根据使用外加剂的主要目的，通过技术经济比较确定。外加剂的掺量，应按品种并根据使用要求、施工条件、混凝土原材料等因素通过试验确定。品种选用可参考表 4-33。

各种混凝土对外加剂的选用 表 4-33

序号	混凝土种类	外加剂类别	外加剂名称
1	高强混凝土（C60～C100）	非引气型高效减水剂	NF、UNF、FDN、CRS、SM 等
2	防水混凝土：		
	引气剂防水混凝土	引气剂	松香热聚物、松香酸钠等
	减水剂防水混凝土	减水剂	NF、MF、NNO、木钙、糖蜜等
		引气减水剂	
	三乙醇胺防水混凝土	早强剂	三乙醇胺
		（起密实作用）	
	氧化铁防水混凝土	防水剂	氧化铁、氧化亚铁、硫酸铝等
3	喷射混凝土	速凝剂	782 型、711 型、红星一型、阳泉Ⅰ型等
4	大体积混凝土	缓凝剂	木钙、糖蜜、柠檬酸等
		缓凝减水剂	
5	泵送混凝土	高效减水剂	NF、AF、MF、FDN、UNF、建工等
6	预拌混凝土	高效减水剂	NF、UNF、FDN、木钙等
		普通减水剂	
7	一般混凝土	普通减水剂	木钙、糖蜜、腐殖酸等
8	流动混凝土	非引气型	NF、UNF、FDN 等
	（自密实混凝土）	高效减水剂	
9	冬期施工混凝土	复合早强剂	氯化钠—亚硝酸钠—三乙醇胺
		早强减水剂	NF、UNF、FDN、NC 等
10	预制混凝土构件	早强剂、减水剂	硫酸钠复合剂、NC、木钙等
11	夏期施工混凝土	缓凝减水剂	木钙、糖蜜、腐殖酸等
		缓凝剂	
12	负温施工混凝土	复合早强剂	①NF 0.25％＋三乙醇胺 0.03％
		复合防冻剂	②三乙醇胺 0.05％＋氧化钠 1％＋亚硝酸钠 1％
			③MF 0.5％（或 NNO 0.75％）＋三乙醇胺 0.05％
			④硫酸钠 2％～3％＋三乙醇胺 0.03％
			⑤NC ⑥NON—F、NC—3、FW₂、FW₃、AN—4 等
13	砌筑砂浆	砂浆塑化剂	建飞牌微沫剂、GS、B—SS 等

（二）使用

外加剂品种确定后，要认真确定外加剂的掺量。掺量过小，往往达不到预期效果。掺量过大，可能会影响混凝土的质量，甚至造成严重事故。因此使用时应严格控制外加剂掺量。对掺量极小的外加剂，不能直接投入混凝土搅拌机，应配制成合适浓度的溶液，按使用量连同拌合水一起加入搅拌机进行搅拌。

第八节 预拌混凝土

混凝土是一种重要的建筑材料。在 20 世纪，几乎没有哪一个建筑物不使用混凝土。因此，有人说 20 世纪是混凝土的时代。目前，在建筑工程中采用预拌混凝土已成为我国建筑业中必然趋势，并已在全国范围内大、中城市甚至一些小城市中被广泛采用。成为一种不可替代的建筑材料。

根据国家标准《预拌混凝土》GB/T 14902—2012 规定，水泥、骨料、水以及根据需要掺入的外加剂、矿物掺合料等组分按一定比例，在搅拌站经计量、拌制后出售的并采用运输车，在规定的时间内运至使用地点、交付时处于拌合物状态的混凝土称为预拌混凝土（旧称商品混凝土）。

一、分类

预拌混凝土根据其组成和性能要求分为通用品和特制品两类。

（一）通用品

通用品是指强度等级不大于 C50、坍落度不大于 180mm、粗骨料最大公称粒径为 20、25、31.5、40mm，无其他特殊要求的预拌混凝土。根据其定义，通用品应在下列范围内规定混凝土强度等级、坍落度及粗骨料最大公称粒径：

强度等级：不大于 C50

坍落度（mm）：25、50、80、100、120、150、180

粗骨料最大公称粒径（mm）：20、25、31.5、40

（二）特制品

特制品是指任一项指标超出通用品规定范围或有特殊要求的预拌混凝土。根据其定义特制品应规定混凝土强度等级、坍落度、粗骨料最大公称粒径或其他特殊要求。混凝土强度等级、坍落度和粗骨料最大公称粒径除通用品规定的范围外，还可在下列范围内选取：

强度等级：C55、C60、C65、C70、C75、C80

坍落度：大于 180mm

粗骨料最大公称粒径：小于 20mm、大于 40mm

二、标记

（一）用于预拌混凝土标记的符号，应根据其分类及使用材料不同按下列规定选用：

（1）通用品用 A 表示，特制品用 B 表示；

（2）混凝土强度等级用 C 和强度等级值表示；

（3）坍落度用所选定以毫米为单位的混凝土坍落度值表示；

（4）粗骨料最大公称粒径用 GD 和粗骨料最大公称粒径值表示；

（5）水泥品种用其代号表示；

（6）当有抗冻、抗渗及抗折强度要求时，应分别用 F 及抗冻强度值、P 及抗渗强度值、Z 及抗折强度等级值表示。抗冻、抗渗及抗折强度直接标记在强度等级之后。

（二）预拌混凝土标记如下：

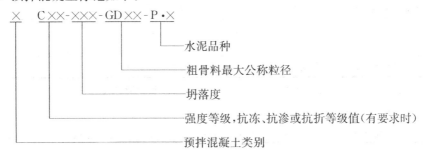

示例1：预拌混凝土强度等级为 C35，坍落度为 120mm，粗骨料最大公称粒径为31.5mm，采用矿渣硅酸盐水泥，无其他特殊要求，其标记为：

A C35-120-GD31.5-P·S

示例2：预拌混凝土强度等级为 C35，坍落度为 180mm，粗骨料最大公称粒径为20mm，采用普通硅酸盐水泥，抗渗等级为 P8，其标记为：

B C35P8-180-GD20-P·O

三、预拌混凝土的质量要求

（一）强度

预拌混凝土强度要求与普通混凝土相同，应满足结构设计要求。

（二）和易性

预拌混凝土和易性要求与普通混凝土相同。为了适应施工条件的需要，要求混凝土拌合物必须具有与之相适应的和易性包含较高的流动性以及良好的黏聚性和保水性，以保证混凝土在运输、浇筑、捣固以及停放时不发生离析、泌水现象，并且能顺利方便地进行各种操作。由于预拌混凝土在施工时主要采用混凝土泵输送，因此还要求混凝土具有良好的可泵性。而且预拌混凝土还应考虑运送、等待浇筑时间的坍落度损失问题。

混凝土拌合物坍落度损失的大小与水泥的生产厂、品种、等级；与拌合物的坍落度；与环境温、湿度以及运送时间等有关。因此，混凝土拌合物的生产坍落度应比施工要求的坍落度高些。并应根据具体条件通过试验确定。

（三）含气量

预拌混凝土的含气量除应满足混凝土技术要求外，还应满足使用单位的要求。而且与购销合同规定值之差不应超过±1.5%。

（四）氯离子总含量

预拌混凝土的氯离子总含量应满足表 4-34 要求。

氯离子总含量的最高限值 GB/T 14902—2003 　　　　　表 4-34

混凝土类别及其所处环境类别	最大氯离子含量（%）
素混凝土	2.0
室内正常环境下的钢筋混凝土	1.0

混凝土类别及其所处环境类别	最大氯离子含量（%）
室内潮湿环境、非严寒和非寒冷地区的露天环境与无侵蚀性的水或土直接接触的钢筋混凝土	0.3
严寒和寒冷地区的露天环境与无侵蚀性的水或土直接接触下的钢筋混凝土	0.2
使用除冰盐的环境；严寒和寒冷地区冬季水位变动的环境；滨海室外环境下的钢筋混凝土	0.1
预应力混凝土构件及设计使用年限为100年的室内正常环境下的钢筋混凝土	0.06

注：氯离子含量系指其占所有水泥（含替代水泥量的矿物掺合料）重量的百分数。

（五）放射性核素放射性比活度

预拌混凝土放射性核素放射性比活度应满足《建筑材料放射性核素限量》GB 6566 标准的规定。

（六）其他要求

当需对混凝土其他性能有要求时，应按国家现行有关标准规定进行试验，无相应标准时应按合同规定进行试验，其结果应符合标准及合同要求。

四、预拌混凝土的配合比设计

预拌混凝土的配合比设计原理及方法与普通混凝土相同。但是，由于预拌混凝土是在工厂生产、由运输车运送、在规定时间内送达施工现场、采用混凝土泵输送到浇筑部位，因此还需考虑以下问题。

（一）泵送混凝土所采用的原材料应符合下列规定

1. 水泥宜选用硅酸盐水泥、普通硅酸盐水泥、矿渣硅酸盐水泥及粉煤灰硅酸盐水泥，不宜采用火山灰质硅酸盐水泥；

2. 粗骨料宜采用连续级配，其针片状颗粒含量不宜大于10%，以减少在运送及等待过程中的分层离析现象。

为了便于输送，粗骨料的最大公称粒径与输送管径之比宜符合表4-35规定：

3. 细骨料宜采用中砂，其通过公称直径为$315\mu m$筛孔的颗粒含量不宜少于15%，这样可提高拌合物的黏聚性，减小离析现象。

4. 泵送混凝土应掺用泵送剂或减水剂，并宜掺用矿物掺合料。可以有效地提高拌合物的流动性，以便适应泵送施工。

（二）泵送混凝土配合比应符合下列规定：

泵送混凝土应具有良好的保水性能，因此对胶凝材料及细骨料砂的含量应有所限制，JGJ 55—2011规定：

1. 胶凝材料用量不宜小于$300kg/m^3$；

2. 砂率宜为35%～45%。

粗骨料的最大公称粒径与输送管径之比　JGJ 55—2011　　　　表 4-35

粗骨料品种	泵送高度（m）	粗骨料的最大公称粒径与输送管径之比
碎石	<50	≤1：3.0
	50～100	≤1：4.0
	>100	≤1：5.0

粗骨料品种	泵送高度（m）	粗骨料的最大公称粒径与输送管径之比
卵石	<50	≤1:2.5
	50~100	≤1:3.0
	>100	≤1:4.0

（三）泵送混凝土试配时应考虑坍落度经时损失。要考虑：

1. 混凝土运送距离，可能运送的时间；

2. 现场施工进度，考虑可能等待的时间；

3. 施工时的气温及天气情况

第九节　轻　混　凝　土

轻混凝土是指体积密度小于 1950kg/m³ 的混凝土。可分为轻骨料混凝土、多孔混凝土和无砂大孔混凝土三类。

一、轻骨料混凝土

《轻骨料混凝土技术规程》（JGJ51—2002）中规定，用轻粗骨料、轻砂或普通砂等配制的体积密度不大于 1950kg/m³ 的混凝土，称为轻骨料混凝土。

轻骨料混凝土按细骨料不同，又分为全轻混凝土（粗、细骨料均为轻骨料）和砂轻混凝土（细骨料全部或部分为普通砂）。

（一）轻骨料

轻骨料可分为轻粗骨料和轻细骨料。凡粒径大于 5mm，堆积密度小于 1000kg/m³ 的轻质骨料，称为轻粗骨料；凡粒径小于 5mm，堆积密度小于 1200kg/m³ 的轻质骨料，称为轻细骨料（或轻砂）。

轻骨料按其来源可分为工业废料轻骨料，如粉煤灰陶粒、自燃煤矸石、膨胀矿渣珠、煤渣及其轻砂；天然轻骨料，如浮石、火山渣及其轻砂；人造轻骨料，如页岩陶粒、黏土陶粒、膨胀珍珠岩骨料及其轻砂。

轻粗骨料按其粒型可分为圆球形的，如粉煤灰陶粒和磨细成球的页岩陶粒等；普通型的，如页岩陶粒、膨胀珍珠岩等；碎石型的，如浮石、自燃煤矸石和煤渣等。

轻骨料混凝土与普通混凝土在配制原理及性能等方面有很多共同之处，也有一些不同，其性能差异主要是由轻骨料的性能所决定。轻骨料的技术要求主要包括堆积密度、颗粒的粗细程度及级配、强度和吸水率等，此外还对耐久性、安定性、有害杂质含量等提出了要求。

1. 轻骨料的堆积密度

轻骨料堆积密度的大小将影响轻骨料混凝土的表观密度和性能。轻粗骨料的堆积密度分为 200、300、400、500、600、700、800、900、1000、1100 十个等级；轻细骨料分为 500、600、700、800、900、1000、1100、1200 八个等级。

2. 粗细程度与颗粒级配

保温及结构保温轻骨料混凝土用的轻粗骨料，其最大粒径不宜大于 40mm。结构轻骨料混凝土用的轻粗骨料，其最大粒径不宜大于 20mm。

轻骨料的级配应符合表 4-36 的要求。

轻骨料的颗粒级配　GB/T 17431—1998 表 4-36

种类	类别	公称粒级 (mm)	各筛号的累计筛余（按质量计）/%										
			筛孔径 (mm)										
			40.0	31.5	20.0	16.0	10.0	5.00	2.50	1.25	0.630	0.315	0.160
细骨料	—	0～5					0	0～10	0～35	20～60	30～80	65～90	75～100
粗骨料	连续粒级	5～40	0～10	—	40～60		50～85	90～100	95～100				
		5～31.5	0～5	0～10	—	40～75		90～100	95～100				
		5～20	—	0～5	0～10	—	40～80	90～100	95～100				
		5～16	—	—	0～5	0～10	20～60	85～100	95～100				
		5～10	—	—	—	0	0～15	80～100	95～100				
	单粒级	10～16	—	—	0	0～15	85～100	90～100					

轻砂的细度模数宜在 2.3～4.0 范围内。

3. 强度

轻粗骨料的强度采用"筒压法"测定。它是将轻骨料试样装入规定的承压圆筒内加压，取冲压模压入深度为 20mm 时的压力值，除以承压面积即为轻骨料的筒压强度值（MPa）。对不同密度等级的轻粗骨料，其筒压强度值应符合表 4-36～表 4-39 规定。

筒压强度不能直接反映骨料的真实强度，是一项间接反映轻粗骨料颗粒强度的指标。因此，规程中还规定了采用强度标号来评定粗骨料的强度，轻粗骨料的强度越高，其强度标号也越高，适于配制较高强度的轻骨料混凝土。所谓强度标号即某种轻粗骨料配制混凝土的合理强度值，所配制的混凝土的强度不宜超过此值，高强度粗轻骨料的筒压强度及强度标号见表 4-37。

超轻粗骨料筒压强度（MPa）　GB/T 17431—1998 表 4-37

超轻骨料品种	密度等级	筒压强度		
		优等品	一等品	合格品
黏土陶粒 页岩陶粒 粉煤灰陶粒	200	0.3		0.2
	300	0.7		0.5
	400	1.3		1.0
	500	2.0		1.5
其他超轻骨料	≤500		—	

轻粗骨料品种	密度等级	筒 压 强 度		
		优等品	一等品	合格品
黏土陶粒 页岩陶粒 粉煤灰陶粒	600	3.0	2.0	
	700	4.0	3.0	
	800	5.0	4.0	
	900	6.0	5.0	
浮 石 火山灰 煤 渣	600	—	1.0	0.8
	700	—	1.2	1.0
	800	—	1.5	1.2
	900	—	1.8	1.5
自燃煤矸石 膨胀矿渣珠	900	—	3.5	3.0
	1000	—	4.0	3.5
	1100	—	4.5	4.0

高强粗轻骨料的筒压强度和标号（MPa） GB/T 17431—1998 表 4-39

密度等级	筒压强度	强度标号	密度等级	筒压强度	强度标号
600	4.0	25	800	6.0	35
700	5.0	30	900	6.5	40

4. 吸水率

轻骨料的吸水率很大，因此会显著地影响拌合物的和易性及强度。在设计轻骨料混凝土配合比时，必须考虑轻骨料的吸水问题，并根据 1h 的吸水率计算附加用水量。规程中对轻粗骨料的吸水率作了规定，轻砂和天然轻粗骨料的吸水率不作规定。

（二）轻骨料混凝土的技术性能

1. 轻骨料混凝土的和易性

轻骨料具有颗粒体积密度小，表面粗糙，吸水性强等特点，因此其拌合物的和易性与普通混凝土有明显的不同。轻骨料混凝土拌合物粘聚性和保水性好，但流动性较差。若加大流动性则骨料上浮、易离析。同普通混凝土一样，轻骨料混凝土的流动性主要决定于用水量。由于骨料吸水率大，因而拌合物的用水量应由两部分组成，一部分为使拌合物获得要求流动性的水量，称为净用水量；另一部分为轻骨料 1h 吸水量，称为附加水量。

2. 轻骨料混凝土的强度

轻骨料混凝土的强度等级按其立方体抗压强度标准值划分，共分为 LC5.0、LC7.5、LC10、LC15、LC20、LC25、LC30、LC35、LC40、LC45、LC50、LC55、LC60 十三个等级。

影响轻骨料混凝土强度的主要因素与普通混凝土基本相同，即水泥强度、水灰比与骨料特征。由于轻骨料强度较低，因此轻骨料混凝土的强度受骨料强度的限制。可见，选择适当强度标号的轻骨料来配制混凝土才是最经济的。

3. 轻骨料混凝土的热工性能

轻骨料混凝土有着良好的保温隔热性能。随体积密度增大，导热系数提高。轻骨料混凝土按体积密度分为 600、700、800、900、1000、1100、1200、1300、1400、1500、1600、1700、1800、1900 十四个等级，它们的导热系数一般在 0.23～1.01W/（m·K）。由于轻骨料混凝土既有一定的强度，又有良好的保温性能，因此扩大了使用范围，轻骨料混凝土按其用途可分为保温、结构保温和结构三大类，见表 4-40。

轻骨料混凝土按用途分类 JGJ 51—2002 表 4-40

类 别 名 称	混凝土强度等级的合理范围	混凝土密度等级的合理范围	用 途
保温轻骨料混凝土	LC5.0	≤800	主要用于保温的围护结构或热工构筑物
结构保温轻骨料混凝土	LC5.0 LC7.5 LC10 LC15	800～1400	主要用于既承重又保温的围护结构
结构轻骨料混凝土	LC15 LC20 LC25 LC30 LC35 LC40 LC45 LC50 LC55 LC60	1400～1900	主要用于承重构件或构筑物

4. 轻骨料混凝土的变形性

轻骨料混凝土的弹性模量小，比普通混凝土低约 25%～50%，因此受力变形较大，其结构有良好的抗震性能。若以普通砂代替轻砂，可使弹性模量提高。

试验证明，轻骨料混凝土的收缩及徐变也较大。

（三）轻骨料混凝土的配合比设计及施工要点

（1）轻骨料混凝土的配合比设计除应满足稠度、强度、耐久性、经济方面要求外，还应满足体积密度要求。

（2）砂轻混凝土宜采用绝对体积法（与普通混凝土基本相同）；全轻混凝土宜采用松散体积法，即以给定每立方米混凝土的粗细骨料松散总体积为基础进行计算，然后按设计要求的混凝土体积密度为依据进行校核，最后通过试验调整得出配合比（方法从略）。

（3）轻骨料混凝土拌合用水量应包括净用水量和附加水量。

（4）轻骨料易上浮，不易搅拌均匀。因此应采用强制式搅拌机，且搅拌时间应比普通混凝土略长一些。

（5）振捣时，应防止骨料上浮，造成分层现象。因此应控制振捣时间。

（6）轻骨料混凝土硬化初期易于干缩，必须加强早期养护。采用蒸汽养护时，应适当控制静停时间和升温速度。

二、多孔混凝土

多孔混凝土是一种不用骨料,其内部充满大量细小封闭气孔的混凝土。

多孔混凝土具有孔隙率大、体积密度小、导热系数低等特点,是一种轻质材料,兼有结构及保温隔热等功能。易于施工,可钉、可锯。可制成砌块、墙板、屋面板及保温制品,广泛应用于工业与民用建筑工程中。

根据气孔产生的方法不同,多孔混凝土有加气混凝土和泡沫混凝土两种,由于加气混凝土生产较稳定,因此加气混凝土生产和应用发展更为迅速。这里只对加气混凝土加以介绍:

加气混凝土是用含钙材料(水泥、石灰)、含硅材料(石英砂、粉煤灰、尾矿粉、粒化高炉矿渣等)和发气剂(铝粉等)等原料,经磨细、配料、搅拌、浇筑、发气、静停、切割、压蒸养护等工序生产而成。铝粉在料浆中与 $Ca(OH)_2$ 发生化学反应,放出 H_2 形成气泡使料浆中形成多孔结构。料浆在高压蒸汽养护下,含钙材料与含硅材料发生反应,生成水化硅酸钙,使坯体具有强度。

加气混凝土的质量指标包括体积密度和强度。一般,体积密度越大,孔隙率越小,强度越高,但保温性能越差。我国目前生产的加气混凝土体积密度范围在 $500\sim700kg/m^3$,相应的抗压强度为 $3.0\sim6.0MPa$。

目前,加气混凝土制品主要有砌块和条板两种。砌块可用作三层或三层以下房屋的承重墙,也可作为工业厂房、多层、高层框架结构的非承重填充墙及外墙保温。配有钢筋的加气混凝土条板可作为承重和保温合一的屋面板。加气混凝土还可以与普通混凝土预制成复合板,用于外墙兼有承重和保温作用。

由于加气混凝土能利用工业废料,产品成本较低,体积密度小降低了建筑物自重,保温效果好,因此具有较好的技术经济效果。

三、大孔混凝土

大孔混凝土是以粗骨料、水泥和水配制而成的一种混凝土。它可分为无砂大孔混凝土和少砂大孔混凝土。大孔混凝土的粗骨料可采用普通石子,也可采用轻粗骨料制得。大孔混凝土的强度和体积密度与骨料的品种及其级配有关。普通大孔混凝土的体积密度为 $1500\sim1950kg/m^3$,抗压强度为 $3.5\sim10MPa$,可用作承重及保温外墙体。

大孔混凝土导热系数小,保温性能好,吸湿性小,干缩小,抗冻可达 $15\sim25$ 次。水泥用量小(每立方米混凝土只用 $150\sim200kg$,故成本低)。

大孔混凝土可用于制作墙体用的小型空心砌块和各种板材,以及现浇墙体。还可以制成滤水管、滤水板等,广泛用于市政工程。

第十节　其他混凝土

一、粉煤灰混凝土

粉煤灰混凝土是指掺入一定量粉煤灰的混凝土。

在混凝土中掺入一定量粉煤灰后,一方面由于粉煤灰本身具有良好的火山灰性和潜在水硬性,能同水泥一样,水化生成水化硅酸钙凝胶,起到增强的作用。另一方面,由于粉煤灰中含有大量微珠,具有较小的表面积,因此在用水量不变的情况下,可以有效地改善拌合物的和易性；若保持拌合物流动性不变，可减少用水量起减水作用，从而提高了混凝土的密实度和强度。

根据《用于水泥和混凝土中的粉煤灰》GB/T 1596—2005 中规定，用于混凝土中的粉煤灰根据其细度、烧失量、需水量等指标划分为三个等级。见表 4-41。

我国大多数燃煤热电厂排出的粉煤灰为 Ⅱ 级粉煤灰，细度稍粗些，掺入混凝土中能改善混凝土的性能，适用于钢筋混凝土和无筋混凝土。

拌制混凝土和砂浆用粉煤灰技术要求　GB/T 1596—2005　　　　　表 4-41

项　　目		技　术　要　求		
		Ⅰ 级	Ⅱ 级	Ⅲ 级
细度（45μm 方孔筛筛余），不大于/%	F 类粉煤灰	12.0	25.0	45.0
	C 类粉煤灰			
需水量比，不大于/%	F 类粉煤灰	95	105	115
	C 类粉煤灰			
烧失量，不大于/%	F 类粉煤灰	5.0	8.0	15.0
	C 类粉煤灰			
含水量，不大于/%	F 类粉煤灰	1.0		
	C 类粉煤灰			
三氧化硫，不大于/%	F 类粉煤灰	3.0		
	C 类粉煤灰			
游离氧化钙，不大于/%	F 类粉煤灰	1.0		
	C 类粉煤灰	4.0		
安定性　雷氏夹沸煮后增加距离，不大于/mm	C 类粉煤灰	5.0		

由于粉煤灰的活性发挥较慢，往往使粉煤灰混凝土的早期强度低，因此粉煤灰混凝土的强度等级龄期可适当延长。在《粉煤灰混凝土应用技术规范》GBJ 146—90 中规定，粉煤灰混凝土设计强度等级的龄期，地上工程宜为 28 天；地面工程宜为 28 天或 60 天；地下工程宜为 60 天或 90 天；大体积混凝土工程宜为 90 天或 180 天。

混凝土中掺入粉煤灰后，虽然可以改善混凝土的某些性能（降低水化热、提高抗侵蚀性、提高密实度、改善抗渗性等），但由于粉煤灰的水化消耗了 $Ca(OH)_2$，降低了混凝土的碱度，因而影响了混凝土的抗碳化性能，减弱了混凝土对钢筋的防锈作用。为了保证混凝土结构的耐久性，《粉煤灰混凝土应用技术规范》GBJ 146—90 中规定了粉煤灰的最大限量，见表 4-42。

粉煤灰取代水泥的最大限量　GBJ 146—90　　　　　表 4-42

混凝土种类	粉煤灰取代水泥的最大限量（%）			
	硅酸盐水泥	普通硅酸盐水泥	矿渣硅酸盐水泥	火山灰质硅酸盐水泥
预应力钢筋混凝土	25	15	10	—
钢筋混凝土 高强度混凝土 高抗冻融性混凝土 蒸养混凝土	30	25	20	15

混凝土种类	粉煤灰取代水泥的最大限量（%）			
	硅酸盐水泥	普通硅酸盐水泥	矿渣硅酸盐水泥	火山灰质硅酸盐水泥
中、低强度混凝土 泵送混凝土 大体积混凝土 水下混凝土 地下混凝土 压浆混凝土	50	40	30	20
碾压混凝土	65	55	45	35

混凝土中掺用粉煤灰可采用等量取代法、超量取代法和外加法。

超量取代法是在粉煤灰总掺量中，一部分取代等质量的水泥，超量部分取代等体积的砂。大量粉煤灰的增强效应补偿了取代水泥后所降低的早期强度，使掺入前后的混凝土强度等效。粉煤灰改善拌合物流动性的作用抵消了由于大量粉煤灰的掺入而影响拌合物的流动性，使掺入前后拌合物的流动性等效。可见，超量取代法是一种既能保持强度和和易性等效，又能节约水泥的掺配方法。

在混凝土中合理地应用粉煤灰，可以使掺入后的混凝土的性能得到改善；能够提高工程质量；节约水泥、降低成本；利用了工业废渣，节约资源。因此，粉煤灰混凝土被广泛地应用于泵送混凝土、大体积混凝土、抗渗结构混凝土、抗硫酸盐和抗软水侵蚀混凝土、蒸养混凝土、轻骨料混凝土、地下工程混凝土、水下工程混凝土等。

二、抗渗混凝土

抗渗混凝土系指抗渗等级不低于 P6 级的混凝土。即它能抵抗 0.6MPa 静水压力作用而不致发生透水现象。为了提高混凝土的抗渗性，常通过合理选择原材料；提高混凝土的密实程度以及改善混凝土内孔结构等方法来实现。

目前，常用的防水混凝土的配制方法有以下几种。

（一）富水泥浆法

这种方法是依靠采用较小的水灰比，较高的水泥用量和砂率，提高水泥浆的质量和数量，使混凝土更密实。

根据《普通混凝土配合比设计规程》JGJ 55—2011 规定，抗渗混凝土所用原材料应符合下列要求：

（1）水泥品种应按设计要求选用，应优先选用硅酸盐水泥、普通硅酸盐水泥；

（2）粗骨料宜采用连续级配，最大粒径不宜大于 40mm，其含泥量不得大于 1%，泥块含量不得超过 0.5%；

（3）细骨料宜采用中砂，含泥量不得大于 3%，泥块含量不得大于 1%；

（4）外加剂宜采用防水剂、膨胀剂、引气剂、减水剂或引气减水剂。

（5）抗渗混凝土宜掺用矿物掺合料粉煤灰应为Ⅰ级或Ⅲ级。

抗渗混凝土配合比计算应遵守以下几点规定：

（1）每立方米混凝土中的胶凝材料用量（含掺合料）不宜少于 320kg；

（2）砂率宜为 35%～45%；

（3）抗渗混凝土的最大水胶比应符合表 4-43 规定。

抗渗等级 （P）	C20～C30	C30 以上
6	0.60	0.55
8～12	0.55	0.50
12 以上	0.50	0.45

（二）骨料级配法

骨料级配法是通过改善骨料级配，使骨料本身达到最大密实程度的堆积状态。为了降低空隙率，还应加入约占有骨料量 5%～8% 的粒径小于 0.16mm 的细粉料。同时严格控制水灰比，用水量及拌合物的和易性，使混凝土结构密实，提高抗渗性。

（三）掺外加剂法

这种方法与前面两种方法比较，施工简单，造价低廉，质量可靠，被广泛采用。它是在混凝土中掺入适当品种的外加剂，改善混凝土内孔结构，隔断或堵塞混凝土中各种孔隙、裂缝、渗水通道等，以达到改善混凝土抗渗的目的。常采用引气剂（如松香热聚物）、密实剂（如采用 $FeCl_3$ 防水剂）。

（四）采用特殊水泥

采用无收缩不透水水泥、膨胀水泥等来拌制混凝土，能够改善混凝土内的孔结构，有效地提高混凝土的密实度和抗渗能力。

三、耐酸混凝土

硅酸盐水泥水化后呈碱性，在酸性介质作用下，会遭受腐蚀，因此水泥混凝土是不耐酸的。耐酸混凝土则必须采用其他耐酸的胶凝材料与耐酸骨料配制。常用的耐酸胶凝材料有水玻璃、硫磺、沥青等；耐酸骨料常用石英砂、铸石粉、石英石、花岗石等。

（一）水玻璃耐酸混凝土

它是以水玻璃为胶凝材料，氟硅酸钠为固化剂和耐酸粉料，耐酸粗、细骨料按一定比例配制而成。其强度可达 10～40MPa，对一般无机酸（除氢氟酸及热磷酸外）、有机酸（除高级脂肪酸外）有较好的抵抗能力。

（二）硫磺耐酸混凝土

它是以硫磺为胶凝材料，聚硫橡胶为增韧剂，掺入耐酸粉料和细骨料，经加热（160～170℃）熬制成硫磺砂浆，灌入耐酸粗骨料中冷却后即为硫磺耐酸混凝土。其抗压强度可达 40MPa 以上，常用作地面、设备基础、贮酸槽等。

四、泵送混凝土

为了使混凝土施工适应于狭窄的施工场地以及大体积混凝土结构物和高层建筑，多采用泵送混凝土。泵送混凝土系指拌合物的坍落度不小于 80mm，并用混凝土压力泵及输送管道进行浇筑的混凝土。它能一次连续完成水平运输和垂直运输，效率高、节约劳动力，因而近年来在国内外引起重视，逐步得到推广。

泵送混凝土拌合物必须具有较好的可泵性。所谓可泵性，即拌合物具有顺利通过管道、摩擦阻力小、不离析、不阻塞和黏聚性良好的性能。

为了保证混凝土有良好的可泵性《混凝土泵送施工技术规程》JGJ/T 10—95 中对原材料的要求是：

1. 水泥

泵送混凝土应选用硅酸盐水泥、普通硅酸盐水泥、矿渣硅酸盐水泥、火山灰质硅酸盐水泥、粉煤灰硅酸盐水泥。但一般不宜采用火山灰质硅酸盐水泥。

2. 骨料

泵送混凝土所用粗骨料最大粒径与输送管径之比，当泵送高度在50m以下时，碎石不宜大于1∶3，卵石不宜大于1∶2.5；泵送高度在50～100m时，卵石和碎石与管径之比宜采用1∶3～1∶4；泵送高度在100m以上时，卵碎石宜在1∶4～1∶5。粗骨料应采用连续级配，且针片状颗粒含量不宜大于10%；细骨料宜采用中砂，其通过0.315mm筛孔的颗粒含量不应少于15%。

3. 掺合料与外加剂

泵送混凝土应掺用泵送剂或减水剂，并宜掺用粉煤灰或其他活性掺合料以改善混凝土的可泵性。

在进行泵送混凝土配合比设计应注意以下几点：

（1）泵送混凝土的水灰比宜为0.4～0.6；

（2）泵送混凝土的最小水泥用量宜为300kg/m³；

（3）掺用引气型外加剂的泵送混凝土，在配合比设计时应对混凝土含气量予以控制，其值不宜超过4%；

（4）泵送混凝土的砂率宜为38%～45%。

（5）泵送混凝土入泵时的坍落度可按表4-44选用。

混凝土入泵坍落度选用表   表4-44

泵送高度（m）	30以下	30～60	60～100	100以上
坍落度（mm）	100～140	140～160	160～180	180～200

第十一节 混凝土制品

在建筑工程中，混凝土既可以在施工现场直接进行浇筑，简称现浇。又可以在混凝土构件工厂预先根据工程的需要，制成各种建筑构配件即预制构件，亦称混凝土制品。混凝土制品一般包括建筑制品如梁、柱、楼板、墙板、楼梯、建筑砌块及管、杆、轨枕等。

随着我国土地政策的进一步落实，毁田烧砖的现象严格禁止。而且目前的建筑结构形式多为框架、框剪及剪力墙结构，因此一种新型墙体材料——建筑砌块应运而生。本节将介绍各种建筑砌块，包括水泥混凝土砌块（如混凝土小型空心砌块、轻骨料混凝土小型空心砌块）、硅酸盐混凝土砌块（如粉煤灰、煤渣、煤矸石为原料的硅酸盐混凝土砌块或空心砌块及蒸压灰砂砖）和加气混凝土砌块。

一、普通混凝土小型空心砌块

以水泥、矿物掺合料、砂、石、水等为原料，经搅拌、压振成型、养护等工艺制成。根据国家标准《普通混凝土小型空心砌块》GB 8239—1997规定，普通混凝土小型空心砌块的性能要求包括尺寸偏差、外观质量、强度等级、相对含水率、抗渗及抗冻性能等。相对含水率、抗渗及抗冻等性能合格的砌块按尺寸偏差、外观质量分为优等品（A）、一等品（B）和合格品（C）三级。

（一）尺寸偏差

普通混凝土小型空心砌块的主规格尺寸为 390mm×190mm×190mm，最小外壁厚应不小于 30mm，最小肋厚应不小于 25mm。砌块的空心率应不小于 25%。其尺寸偏差应符合表 4-45 规定。

（二）外观质量

普通混凝土小型空心砌块的外观质量包括弯曲、缺棱掉角、裂纹等项内容，应符合表 4-46 规定。

尺寸允许偏差 GB 8239—1997（mm）　　　　　　　　　　表 4-45

项目名称	优等品（A）	一等品（B）	合格品（C）	项目名称	优等品（A）	一等品（B）	合格品（C）
长　度	±2	±3	±3	高　度	±2	±3	+3 −4
宽　度	±2	±3	±3				

外观质量 GB 8239—1997　　　　　　　　　　表 4-46

项　目　名　称		优等品（A）	一等品（B）	合格品（C）
弯曲，mm　　　　　　不大于		2	2	3
缺棱掉角	个数，个　　　　不多于	0	2	2
	三个方向投影尺寸的最小值，mm　　不大于	0	20	30
裂纹延伸的投影尺寸累计，mm　不大于		0	20	30

（三）强度等级

普通混凝土小型空心砌块的强度以试验的极限荷载除以砌块的毛截面积计算。并以抗压强度将其分为 MU3.5、MU5.0、MU75、MU10.0、MU15.0、MU20.0 六个强度等级。各强度等级的砌块应符合表 4-47 规定。

强度等级 GB 8239—1997（MPa）　　　　　　　　　　表 4-47

强度等级	砌块抗压强度		强度等级	砌块抗压强度	
	平均值不小于	单块最小值不小于		平均值不小于	单块最小值不小于
MU3.5	3.5	2.8	MU10.0	10.0	8.0
MU5.0	5.0	4.0	MU15.0	15.0	12.0
MU7.5	7.5	6.0	MU20.0	20.0	16.0

（四）相对含水率

为了控制砌块建筑的墙体开裂，GB 8239—1997 规定了砌块的相对含水率，见表 4-48。

相对含水率 GB 8239—1997　　　　　　　　　　表 4-48

使 用 地 区	潮 湿	中 等	干 燥
相对含水率不大于	45%	40%	35%

注：潮湿——系指年平均相对含水率大于 75% 的地区；
　　中等——系指年平均相对含水率在 50%～75% 的地区；
　　干燥——系指年平均相对含水率小于 50% 的地区。

（五）抗渗性

对用于清水墙建筑砌筑的砌块应有抗渗性要求。GB 8239—1997 规定了砌块的抗渗测定方法。

（六）抗冻性

对用于冬季采暖地区的砌块应具有一定的抗冻能力。砌块的抗冻性应符合表 4-49 的规定。

抗 冻 性 GB 8239—1997　　　　　　　　　　　　　　　表 4-49

使用环境条件		抗冻等级	指　　标
非采暖地区		不规定	—
采暖地区	一般环境	F15	强度损失≤25%
	干湿交替环境	F25	质量损失≤5%

目前，MU15.0、MU20.0 强度等级的砌块多用于中高层承重砌块墙体；MU5.0、MU7.5、MU10.0 强度等级的砌块多用于六层及以下的砌块建筑；而 MU3.5 只限于用于单层建筑或用于填充墙体的砌筑。

二、蒸压灰砂砖

蒸压灰砂砖是以生石灰和砂为主要原料，经原料加工，配料成型，压蒸养护等工序而制成的实心砖（或空心砖）。其组成是氢氧化钙与二氧化硅在高温高压条件下发生化学反应生成具有胶凝能力的水化硅酸钙，并将未参与化学反应的砂胶结成为一个坚强的结构。故蒸压灰砂砖称为硅酸盐制品。

根据国家标准《蒸压灰砂砖》GB 11945—1999 规定，蒸压灰砂砖的性能要求包括外观质量、强度等级及抗冻性能要求。强度及抗冻性能合格的蒸压灰砂砖，根据其外观质量分为优等品（A）、一等品（B）和合格品（C）三个质量等级。

（一）外观质量

蒸压灰砂砖的产品规格为 240mm×115mm×53mm，与普通黏土砖相同。其外观质量和尺寸允许偏差应符合表 4-50 的要求。

蒸压灰砂砖的外观质量 GB 11945—1999　　　　　　　表 4-50

项　　　目		指　　标		
		优等品	一等品	合格品
（1）尺寸偏差（mm）　　　　　　　不超过				
长度		±2		
宽度		±2	±2	±3
高度		±1		
（2）对应高度差（mm）　　　　　　不大于		1	2	3
（3）缺棱掉角				
a. 个数　　　　　　　　　　不多于（个）		1	1	2
b. 最小尺寸（mm）　　　　　　不大于		5	10	10
c. 最大尺寸（mm）　　　　　　不大于		10	15	20
（4）裂缝				
a. 条数　　　　　　　　　　不多于（个）		1	1	2
b. 大面上宽度方向及其延伸到条面的长度（mm）　不大于		20	50	70
c. 大面上长度方向及其延伸到顶面上的长度或条、顶面水平裂纹的长度（mm）　　　　　　不大于		30	70	100

（二）强度等级

蒸压灰砂砖按抗压及抗折强度平均值的大小，分为 MU10、MU15、MU20、MU25 四个强度等级。并应符合表4-51的规定。

蒸压灰砂砖的强度等级　GB 11945—1999　　　　　　　　　　表 4-51

强度级别	抗 压 强 度（MPa）		抗 折 强 度（MPa）	
	平均值不小于	单块值不小于	平均值不小于	单块值不小于
MU25	25.0	20.0	5.0	4.0
MU20	20.0	16.0	4.0	3.2
MU15	15.0	12.0	3.3	2.6
MU10	10.0	8.0	2.5	2.0

注：优等品的强度级别不得小于 MU15。

（三）抗冻性能

蒸压灰砂砖的抗冻性由冻融试验确定，经冻融试验后应满足以下规定：

（1）抗压强度降低≤20%；

（2）单块砖的干重量损失≤2%。

蒸压灰砂砖外形规整美观、强度高，具有良好的耐水性和抗冻性能，而且综合能耗低于烧结普通砖。因此，可以代替烧结普通砖用于建筑物的墙体及基础的砌筑。

三、蒸压加气混凝土砌块

国家标准《蒸压加气混凝土砌块》GB/T 11968—2006 规定，蒸压加气混凝土砌块的技术要求包括尺寸偏差、外观质量、密度及抗压强度、抗冻性能等。并将其划分为优等品（A）和合格品（B）两个等级。

（一）外观质量、尺寸偏差

1. 规格尺寸：（mm）

长度：600；

宽度：100、125、150、200、250、300 及 120、180、240；

高度：200、250、300。

2. 砌块的外观质量及尺寸偏差应符合 GB/T 11968—2006 规定。

（二）体积密度等级和强度等级

1. 砌块按其干体积密度分为：300、400、500、600、700、800kg/m³ 六个级别。分别记为 B03、B04、B05、B06、B07、B08。

2. 砌块按抗压强度分为：1.0、2.0、2.5、3.5、5.0、7.5、10.0MPa 七个级别。分别记为 A1.0、A2.0、A2.5、A3.5、A5.0、A7.5、A10.0。

不同体积密度等级的砌块，都有其强度等级的要求，见表4-52、表4-53。

蒸压加气混凝土砌块的抗压强度　GB/T 11968—2006　　　　　表 4-52

强度等级	立方体抗压强度（MPa）		强度等级	立方体抗压强度（MPa）	
	平均值不小于	单组最小值不小于		平均值不小于	单组最小值不小于
A1.0	1.0	0.8	A5.0	5.0	4.0
A2.0	2.0	1.6	A7.5	7.5	6.0
A2.5	2.5	2.0	A10.0	10.0	8.0
A3.5	3.5	2.8			

蒸压加气混凝土砌块的强度级别		GB/T 11968—2006				表 4-53
体积密度级别		B03	B04	B05	B06	B07	B08

	体积密度级别	B03	B04	B05	B06	B07	B08
强度级别	优等品（A）≤	A1.0	A2.0	A3.5	A5.0	A7.5	A10.0
	合格品（B）≤			A2.5	A3.5	A5.0	A7.5

（三）抗冻性能

蒸压加气混凝土砌块的抗冻性由冻融试验确定。

蒸压加气混凝土砌块质量轻，可减轻结构自重；绝热性能良好，可减薄墙体厚度，增加房屋使用面积。且可锯、刨、钻、钉，施工方便。可用来砌筑保温墙体，或制成复合外墙板。

思 考 题 及 习 题

1. 什么是混凝土？混凝土为什么能在工程中得到广泛应用？

2. 混凝土的各组成材料在混凝土硬化前后都起什么作用？

3. 配制混凝土时应如何选择水泥的品种及强度等级？

4. 砂、石骨料的粗细程度与颗粒级配如何评定？有何实际意义？

5. 混凝土拌合物的和易性的含义是什么？受哪些因素影响？在施工中可采用哪些措施来改善和易性？

6. 配制混凝土时，采用合理砂率有何技术经济意义？

7. 区别立方体抗压强度、立方体抗压强度标准值、强度等级和轴心抗压强度的含义。

8. 影响混凝土强度的因素有哪些？采用哪些措施可提高混凝土的强度？

9. 引起混凝土产生变形的因素有哪些？采用什么措施可减小混凝土的变形？

10. 简述混凝土的概念？它包括哪些内容？工程上如何保证混凝土的耐久性？

11. 混凝土配合比设计时，应使混凝土满足哪些基本要求？

12. 混凝土配合比设计时的三个基本参数是什么？怎样确定？

13. 当按初步配合比制的混凝土流动性及强度不能满足要求时，应如何调整？

14. 什么叫减水剂？减水机理如何？在混凝土中掺入减水剂有何技术经济效果？

15. 常用的早强剂、引气剂有哪些？简述它们的作用机理。

16. 什么叫轻骨料的强度等级？有何实际意义？

17. 轻骨料混凝土与普通混凝土相比有何特点？

18. 为什么常用超量取代法设计粉煤灰混凝土？

19. 配制防水混凝土有几种方法？

20. 泵送混凝土配制上有何特点？

21. 根据砂的颗粒级配表 4-3，画出每个级配区的级配曲线，并计算每个级配区边界线的细度模数。

22. 制作钢筋混凝土屋面梁，设计强度等级 C25，施工坍落度要求 30～50mm，根据施工单位历史统计资料混凝土强度标准差为 $\sigma = 4.0$MPa。采用材料：

通用硅酸盐水泥强度等级 32.5，实测强度 45MPa，$\rho_c = 3.0$g/cm^3

砂 $M_x = 2.4$，$\rho'_s = 2.60$

卵石 $D_{max} = 40$mm，$\rho'_g = 2.66$

自来水

①求初步配合比；②若调整试配时加入 10% 水泥浆后满足和易性要求，并测得拌合物的体积密度为 2380kg/m^3，求其基准配合比；③基准配合比经强度检验符合要求。现测得工地用砂的含水率 4%，石

子含水率 1%，求施工配合比。

23. 某混凝土试拌试样经调整后，各种材料的用量分别为水泥 3.1kg，水 1.86kg，砂 6.24kg，碎石 12.84kg，并测得拌合物的体积密度为 2450kg/m³，试求 1m³ 混凝土的各种材料实际用量。

24. 已知混凝土的配合比为 1∶2.20∶4.20，水灰比为 0.60，拌合物的体积密度为 2400kg/m³，若施工工地砂含水率 3%，石子含水率为 1%，求施工配合比。若施工时不进行配合比换算，直接把试验室配合比在现场使用，对混凝土的性能有何影响？若采用强度等级为 32.5 级通用硅酸盐水泥，对混凝土的强度将产生多大的影响？

第五章 建 筑 砂 浆

砂浆是以胶凝材料、细骨料、掺加料（可以是矿物掺合料、石灰膏、电石膏、黏土膏等一种或多种）和水等为主要原材料进行拌合，硬化后具有强度的工程材料。在建筑工程中起粘结、衬垫和传递应力的作用。由于砂浆中没有粗集料，可认为砂浆是一种细集料混凝土，因此有关混凝土的各种基本规律，原则上也适用于砂浆。

建筑砂浆是一种用量大、用途广的建筑材料，常用作：

（1）砌筑砖、石、砌块等构成砌体；

（2）作为墙面、柱面、地面等的砂浆抹面；

（3）内、外墙面的装饰抹面；

（4）作为砖、石、大型墙板的勾缝；

（5）用来镶贴大理石、水磨石、面砖、马赛克等贴面材料。

可见，砂浆在使用时的特点是铺设层薄；多与多孔吸水的基面材料相接触；强度要求不高。

建筑砂浆按用途不同，分为砌筑砂浆、抹面砂浆及特殊用途砂浆。按所用胶结材料不同，分为水泥砂浆、石灰砂浆、水泥石灰混合砂浆等。

建筑砂浆按生产地点分为现场拌制砂浆和由专业生产厂家生产用于一般工业与民用建筑工程的预拌砂浆。目前大量使用的砂浆仍为现场拌制。但随着建筑业的不断发展，现场施工的文明程度不断提高，预拌砂浆将会逐渐被广泛应用。

第一节 建筑砂浆的组成材料

一、胶结材料

建筑砂浆常用的胶结材料有水泥、石灰、石膏等。在选用时应根据使用环境、用途等合理选择。在干燥条件下使用的砂浆既可选用气硬性胶凝材料，又可选用水硬性胶凝材料；若在潮湿环境或水中使用的砂浆则必须选用水泥作为胶结材料。

用于砌筑砂浆的水泥，常采用通用硅酸盐水泥或砌筑水泥其强度等级应根据砂浆强度等级进行选择。水泥强度一般为砂浆强度的 4～5 倍为宜，水泥强度等级过高，将使砂浆中水泥用量不足而导致保水性不良。对强度等级为 M15 及以下的砌筑砂浆宜选用32.5 级的通用硅酸盐水泥或砌筑水泥；M15 以上的砌筑砂浆宜选用 42.5 级的通用硅酸盐水泥。

二、砂

建筑砂浆用砂应符合混凝土用砂的技术要求。由于砂浆铺设层较薄，应对砂的粗细加以限制。砌筑砂浆宜选用中砂，且应全部通过 4.75mm 筛孔；对于毛石砌体可选用粗砂；抹面及镶粘石板或陶瓷板宜选用中砂；光滑抹面及勾缝宜用细砂。

三、掺合料

为改善砂浆的和易性常在砂浆中加无机的微细颗粒的掺合料，如石灰膏、磨细生石灰、消石灰粉、电石膏黏土膏及磨细粉煤灰等。

采用生石灰时，生石灰应熟化成石灰膏。熟化时应用不大于 3mm×3mm 的网过滤，熟化时间不得少于 7 天；采用沉淀池中贮存的石灰膏，应采取防止干燥，冻结和污染的措施。严禁使用脱水硬化的石灰膏。采用磨细生石灰粉时，其熟化时间不得小于 2 天。消石灰粉使用时也应预先浸泡，不得直接使用于砌筑砂浆。

采用黏土或粉质黏土制备黏土膏时，宜用搅拌机加水搅拌，通过孔径不大于 3mm×3mm 的网过筛。黏土中的有机物含量应符合规定。

石灰膏、黏土膏和电石膏试配时的稠度应为 120mm±5mm。

粉煤灰的品质指标应符合国家有关标准的要求。

砌筑砂浆中所掺入的保水增稠材料，应经砂浆性能试验合格后，方可使用。

四、水

对水质的要求，与混凝土的要求基本相同，凡可饮用的水均可拌制砂浆，未经试验鉴定的污水不得使用。

第二节 砂浆拌合物的和易性

同混凝土一样，砂浆拌合物应具有良好的和易性。砂浆的和易性是指新拌制的砂浆是否便于施工操作，并能保证质量的综合性质。和易性好的砂浆可以比较容易地在砖石表面上铺成均匀连续的薄层，且与底面紧密地粘结，保证工程质量。因此，砂浆拌合物的和易性应包括流动性和保水性两个方面的含义。

一、流动性（稠度）

砂浆的流动性是指砂浆拌合物在自重或外力作用下流动的性能，用稠度表示。

稠度的大小以砂浆稠度测定仪的圆锥体沉入砂浆内深度表示（亦称沉入度，mm）。圆锥沉入深度越大，砂浆的流动性越大。若流动性过大，砂浆易分层、析水；若流动性过小，则不便施工操作，灰缝不易填充，所以砂浆拌合物应具有适宜的稠度。

影响砂浆流动性的因素有：

（1）所用胶结材料种类及数量；

（2）掺合料的种类与数量；

（3）用水量；

（4）砂的粗细与级配；

（5）保水增稠材料的种类与掺量；

（6）搅拌时间等。

可见，当原材料确定后，流动性的大小主要取决于用水量。因此，施工中常以调整用水量的方法来改变砂浆的稠度。

砂浆稠度的选择与砂浆的用途、所接触的底面材料种类、施工条件及气候条件等有关，宜参考表 5-1 选取。

砂浆的稠度选用（mm） 表 5-1

砌筑砂浆 JGJ/T 98—2010		抹面砂浆		
砌体种类	施工稠度	抹灰工程	机械施工	手工操作
烧结普通砖砌体、粉煤灰砖砌体	70～90	准备层	80～90	110～120
混凝土砖砌体、普通混凝土小型空心砌块砌体、灰砂砖砌体	50～70	底层	70～80	70～80
烧结多孔砖砌体、烧结空心砖砌体、轻集料混凝土小型空心砌块砌体、蒸压加气混凝土砌块砌体	60～80	面层	70～80	90～100
石砌体	30～50	石膏浆面层	——	90～120

二、稳定性

稳定性是指砂浆拌合物保持各组分均匀稳定的能力。稳定性好的砂浆在存放、运输和使用过程中，能很好地保持水分不致很快流失，各组分不易分离，在砌筑过程中容易铺成均匀密实的砂浆层，能使胶结材料正常水化，最终保证了工程质量。

二、保水性

保水性是指砂浆拌合物保持水分的能力。只有很好的保持水分，砂浆才能具有一定的稠度，才能有良好的稳定性能，才能使胶凝材料很好的水化，进而保证砂浆的强度以及砌体的质量。

由于保持水分是固体颗粒表面吸附的结果，因此加大胶凝材料的数量；掺入适量的掺合料（石灰膏、黏土膏、电石膏及磨细粉煤灰等）；采用较细砂并加大掺量等办法都可以有效地改善砂浆的保水性。为此《砌筑砂浆配合比设计规程》JGJ/T 98—2010 中规定：水泥砂浆中水泥用量不宜小于 $200kg/m^3$，水泥混合砂浆中水泥和掺合料总量不宜小于 $350kg/m^3$，预拌砂浆中水泥和替代水泥的粉煤灰等的总量不宜小于 $200kg/m^3$。

砂浆的保水性用"保水率"表示，用保水性试验测定。砌筑砂浆的保水率应符合表 5-2 规定。

砌筑砂浆的保水率 JGJ/T 98—2010 表 5-2

砂浆种类	保水率（％）
水泥砂浆	≥80
水泥混合砂浆	≥84
预拌砂浆	≥88

此外，为了保证砂浆的质量，对砌筑砂浆的表观密度应有所限制，水泥砂浆的表观密度不宜小于 $1900kg/m^3$，水泥混合砂浆不宜小于 $1800kg/m^3$，预拌砂浆不宜小于 $1800kg/m^3$。

第三节　砌　筑　砂　浆

将砖、石、砌块等粘结成为砌体的砂浆称为砌筑砂浆。

砌筑砂浆在砌筑过程中应能容易地铺成均匀密实的砂浆层；在砌体中硬化后能将砖石粘结成为整体，起传递荷载作用，并经受环境介质的作用。因此，砌筑砂浆的技术要求包括：砂浆拌合物的和易性（流动性和保水性）、硬化后砂浆的抗压强度和耐久性。

一、砌筑砂浆的技术要求

（一）砂浆拌合物的和易性

详见本章第二节。

（二）抗压强度及强度等级

砌筑砂浆的强度等级是以边长为 70.7mm 立方体试件，在标准养护条件下，用标准试验方法测得 28 天龄期的抗压强度值（MPa）来确定。根据《砌筑砂浆配合比设计规程》JGJ/T98－2010 规定，水泥砂浆与预拌砂浆的强度等级分为 M5、M7.5、M10、M15、M20、M25、M30 七个等级；水泥混合砂浆的强度等级分为 M5、M7.5、M10、M15 四个等级。

砌筑砂浆大多铺设在吸水性较强的基底上。虽然砂浆拌合物具有一定的保水性，但因基底材料吸水能力较强，使砂浆中的大部分水被基底吸去，即使拌合时用水量不同，经基底吸水后保留在砂浆中的水分却大致相同。因而，砌筑砂浆的强度主要取决于水泥的强度及水泥用量，而与拌合水量无关。强度计算公式如下：

$$f_\mathrm{m} = \frac{\alpha f_\mathrm{ce} Q_\mathrm{c}}{1000} + \beta$$

式中　f_m——砂浆的抗压强度，精确至 0.1MPa；

　　　f_ce——水泥的实测强度，精确至 0.1MPa；

　　　Q_c——每立方米干砂中应加入的水泥用量，kg/m³，精确至 1kg；

　　　α、β——砂浆的特征系数，其中 $\alpha=3.03$；$\beta=-15.09$。

上面 Q_c 的含义是指用 1m³ 干燥状态的砂，配制 1m³ 砂浆时的水泥用量。当水泥的实测强度无法取得时，可按下式计算：

$$f_\mathrm{ce} = \gamma_\mathrm{c} \cdot f_\mathrm{ce,k}$$

式中　$f_\mathrm{ce,k}$——水泥强度等级对应的强度值，MPa；

　　　γ_c——水泥强度等级值的富余系数，该值应按实际统计资料确定，无统计资料时 γ_c 取 1.0。

当采用水泥混合砂浆时，水泥混合砂浆的掺加料用量应按下式计算：

$$Q_\mathrm{D} = Q_\mathrm{A} - Q_\mathrm{c}$$

式中　Q_D——每立方米砂浆的掺加料用量，kg/m³；

　　　Q_A——每立方米砂浆中水泥和掺加料的总量宜不小于 350kg/m³。

石灰膏、黏土膏和电石膏试配时的稠度应为 120mm±5mm。当石灰膏不同稠度时，其换算系数可按表 5-3 进行换算。

石灰膏不同稠度时的换算系数　　　　　　　　　　　　　表 5-3

石灰膏的稠度（mm）	120	110	100	90	80	70	60	50	40	30
换算系数	1.00	0.99	0.97	0.95	0.93	0.92	0.90	0.88	0.87	0.86

（三）耐久性

《砌筑砂浆配合比设计规程》JGJ/T 98—2010 中规定，有抗冻性要求的砌体工程，对砌筑砂浆应进行冻融试验，其抗冻性应符合表 5-4 规定。

砌筑砂浆的抗冻性　JGJ/T 98—2010　　　　表 5-4

使用条件	抗冻指标	质量损失率（％）	强度损失率（％）
夏热冬暖地区	F15		
夏热冬冷地区	F25	≤5	≤25
寒冷地区	F35		
严寒地区	F50		

二、砌筑砂浆的配合比设计

在确定砂浆配合比时，可查阅有关手册或资料来选择相应的配合比，再经试配、调整后确定出施工用的配合比。也可以根据原材料的性能、砂浆的技术要求、砌块种类及施工条件等进行配合比设计。砌筑砂浆配合比设计随所采用的砂浆种类不同，采用不同的方法。

（一）水泥混合砂浆的配合比计算

根据《砌筑砂浆配合比设计规程》JGJ/T 98—2010 规定，配合比计算按如下步骤进行：

1. 确定试配强度　需考虑施工中的质量波动情况，为保证砂浆的强度具有 95％的强度保证率，满足强度等级要求。试配强度应按下式计算：

$$f_{m,o} = k f_2$$

式中　$f_{m,o}$——砂浆的配制强度，精确至 0.1MPa；

　　　f_2——砂浆设计强度等级值，精确至 0.1MPa；

　　　k——系数，按表 5-5 选取。

砂浆标准差的确定应符合下列规定：

（1）当有统计资料时，砂浆的强度标准差应按下式计算：

$$\sigma = \sqrt{\frac{\sum_{i=1}^{n} f_{m,i}^2 - n \mu_{f_m}^2}{n-1}}$$

式中　$f_{m,i}$——统计周期内同一品种砂浆第 i 组试件的强度，MPa；

　　　μ_{f_m}——统计周期内同一品种砂浆 n 组试件强度的平均值，MPa；

　　　n——统计周期内同一品种砂浆试件总组数，$n \geq 25$。

（2）当无近期统计资料时，砂浆现场强度标准差 σ 可参考表 5-5。

砂浆强度标准差 σ 及 k 值　JGJ/T 98—2010　　　　表 5-5

强度等级 施工水平	强度标准差 σ（MPa）							k
	M5	M7.5	M10	M15	M20	M25	M30	
优良	1.00	1.50	2.00	3.00	4.00	5.00	6.00	1.15
一般	1.25	1.88	2.50	3.75	5.00	6.25	7.50	1.20
较差	1.50	2.25	3.00	4.50	6.00	7.50	9.00	1.25

2. 水泥用量的计算

根据强度计算公式计算 $1m^3$ 砂浆的水泥用量：

$$Q_c = \frac{1000(f_{m,o} - \beta)}{\alpha \cdot f_{ce}}$$

式中　Q_c——每立方米砂浆中的水泥用量，kg；当计算出的水泥用量不足 $200kg/m^3$ 时，
　　　　　取 $Q_c = 200kg/m^3$；

　　　f_{ce}——水泥的实测强度（MPa）精确至 0.1 MPa，当无法取得水泥的实测强度时，
　　　　　可按下式计算

$$f_{ce} = \gamma_c \cdot f_{ce,k}$$

式中 γ_c 为水泥强度富余系数，无法确定时取 $\gamma_c = 1.0$；$f_{ce,k}$ 为水泥强度等级值。

　　　α、β——砂浆特征系数，其中 $\alpha = 3.03$，$\beta = -15.09$。各地可根据本地区试验资料确
　　　　　定，但 $n \geqslant 30$。

3. 石灰膏用量按下式计算

$$Q_D = Q_A - Q_C$$

式中　Q_D——每立方米砂浆中石灰膏用量，kg，精确至 1kg，使用时其稠度宜为 12mm
　　　　　$\pm 5mm$；

　　　Q_A——每立方米砂浆中水泥和石灰膏总量，kg，精确至 1kg，可为 350kg

4. 砂用量的确定

每立方米砂浆中砂用量，以干燥状态（含水率小于 0.5%）的自然堆积体积 $1m^3$ 为准，因此，每立方米砂浆中砂用量与其自然状态堆积密度值相同。

5. 每立方米砂浆用水量的确定

每立方米砂浆中的用水量确定，在考虑砂的粗细、气候条件的基础上，根据砂浆稠度的要求可在 $210 \sim 310kg$ 选用。选用时应注意，①不包括石灰膏中的水；②当采用细砂或粗砂时，用水量可取上限或下限；③当稠度小于 70mm 时，用水量可低于下限；④现场为炎热或干燥季节，可酌情增加用水量。

【例 5-1】　配制 M10 的水泥石灰混合砂浆，已知普通水泥 32.5 级（实测强度为 35MPa）；石灰膏稠度指标：沉入度为 120mm，中砂堆积密度为 $1450kg/m^3$，施工水平，一般。

【解】(1) 确定试配强度　　由于施工水平一般，查表 5-5，故取 $k = 1.20$
$$f_{m,o} = k f_2 = 1.20 \times 10 = 12 \text{ MPa}$$

(2) 求水泥用量　　取 $\alpha = 3.03$，$\beta = -15.09$
$$Q_C = \frac{1000 \ (f_{m,o} - \beta)}{\alpha \cdot f_{ce}} = \frac{1000 \ (12 + 15.09)}{3.03 \times 35} = 255kg/m^3$$

(3) 求石灰膏用量　　取 $Q_A = 350kg/m^3$，
则　$Q_D = Q_A - Q_C = 350 - 255 = 95kg/m^3$

(4) 确定砂用量
$$Q_S = 1450kg/m^3$$

(5) 确定用水量　　（若砂中含水，应予考虑，但其总量不宜超过 310kg）

这里取　$Q_W = 280kg/m^3$

（6）砂浆试配时各材料的用量比例（质量比）是：

$$Q_C：Q_D：Q_S：Q_W=255：95：1450：280$$
$$=1：0.37：5.69：1.10$$

（二）水泥砂浆的配合比选定

1. 水泥砂浆的材料用量可按表5-6选取。

每立方米水泥砂浆的材料用量（kg） JGJ/T 98—2010 表5-6

强度等级	水泥强度等级	水泥用量	砂用量	水用量
M5		200～230		
M7.5	32.5	230～260		270～330
M10		260～290	砂的堆积密度值	选用时应注意：①不包括石灰膏中的水；②当采用细砂或粗砂时，用水量可取上限或下限；③当稠度小于70mm时，用水量可低于下限；④现场为炎热或干燥季节，可酌情增加用水量
M15		290～330		
M20		340～400		
M25	42.5	360～410		
M30		430～480		

2. 水泥粉煤灰砂浆的材料用量可按表5-7选用。

每立方米水泥粉煤灰砂浆的材料用量（kg） JGJ/T 98—2010 表5-7

强度等级	水泥+粉煤灰总量	粉煤灰用量	砂用量	水用量
M5	210～240			270～330 选用时应注意：①当采用细砂或粗砂时，用水量可取上限或下限；②当稠度小于70mm时，用水量可低于下限；③现场为炎热或干燥季节，可酌情增加用水量
M7.5	240～270	可占胶凝材料总量的15%～25%	砂的堆积密度值	
M10	270～300			
M15	300～330			

注：表中水泥强度等级为32.5级。

【**例5-2**】 要求设计用于砌筑砖墙的水泥砂浆，设计强度等级 M7.5，稠度 70～90mm。已知：水泥为 32.5 级矿渣水泥；中砂，堆积密度为 1450kg/m³，施工水平：一般。

【**解**】（1）选水泥用量，根据表5-6取 $Q_C=250kg/m^3$；

（2）选砂用量，取 $Q_S=1450kg/m^3$；

（3）选水用量，取 $Q_W=300kg/m^3$；

（4）砂浆试配时各材料的用量比例（质量比）是：

$$Q_C：Q_S：Q_W=250：1450：300$$
$$=1：5.8：1.2$$

（三）配合比试配、调整与确定

（1）试配时采用工程中实际使用的材料，按计算所得的配合比进行试配。测定拌合物的稠度、保水率并复核表观密度，若不能满足要求，则应调整材料用量，直到符合要求为此。然后确定为砂浆基准配合比。

（2）然后，采用至少三个不同的配合比，其中一个为基准配合比，其他配合比的水泥用量按基准配合比分别增加及减少10%，在保证稠度、保水率符合要求的条件下，可将用水量或掺加料用量作相应调整。

（3）经调整后，按规定方法成型试件，测定砂浆稠度；并选定符合试配强度要求的且水泥用量最低的砂浆配合比。

第四节　抹　面　砂　浆

凡涂抹在建筑物内外表面的砂浆，均称为抹面砂浆。根据其功能不同，可分为普通抹面砂浆和特殊用途砂浆（防水、耐酸、绝热、吸声及装饰等用途）。

一、普通抹面砂浆

普通抹面砂浆对建筑物和墙体起保护作用，它直接抵抗风、雨、雪、霜等自然环境对建筑物的侵蚀，提高了建筑物的耐久性，同时可使建筑物达到表面平整、光洁和美观的效果。

抹面砂浆应能与基面牢固地粘结，因此要求砂浆应具有良好的和易性及较高的粘结力。抹面砂浆常有两层或三层做法。一般底层砂浆应有良好的保水性，这样水分才能不致被底面材料吸走过多而影响砂浆的流动性，使砂浆与底面很好的粘结。中层主要是为了找平，有时可省去不做。面层主要为了平整美观。各施工层的砂浆稠度可参照表 5-1 选取。

抹面砂浆与空气接触面积大，有利于气硬性胶凝材料的硬化。因而，具有良好和易性的石灰砂浆在工程上得到广泛的应用。一般，抹灰层的设置见表 5-8。

抹灰层的设置方法　　　　　　　　　　　　　　　　表 5-8

建筑部位	底　　层	中　　层	面　　层
普通砖墙 （无防水、防潮要求）	石灰砂浆	石灰砂浆或 混合砂浆	混合砂浆； 麻刀石灰灰浆、 纸筋石灰灰浆
混凝土墙面、 柱面、梁面、顶棚	混合砂浆	同上	同上
板条墙及顶棚	麻刀石灰灰浆 纸筋石灰灰浆	—	麻刀石灰灰浆、 纸筋石灰灰浆

此外，地面、墙裙、踢脚线、雨缝、窗台以及水池、水井、地沟、厕所等易碰撞或潮湿的建筑部位，应具有较好的强度和耐水性。一般多采用 1:2.5 的水泥砂浆。

加气混凝土墙面抹灰，应采用特殊的抹灰施工方法。如在基面上刮抹树脂胶或挂钢丝网抹灰。

普通抹面砂浆的配合比，可参照表 5-9 选用。

普通抹面砂浆参考配合比　　　　　　　　　　　　　　表 5-9

材　　料	体积配合比	材　　料	体积配合比
水泥∶砂	1∶2～1∶3	石灰∶石膏∶砂	1∶0.4∶2～1∶2∶4
石灰∶砂	1∶2～1∶4	石灰∶黏土∶砂	1∶1∶4～1∶1∶8
水泥∶石灰∶砂	1∶1∶6～1∶2∶9	石灰膏∶麻刀	100∶1.3～100∶2.5（重量比）

二、特殊用途砂浆

（一）防水砂浆

防水砂浆是一种制作防水层的抗渗性高的砂浆。砂浆防水层又称刚性防水层，适用于不受振动和具有一定刚度的混凝土或砖石砌体工程。用于地下室、水塔、水池、储液罐等的防水。

防水砂浆可用普通水泥砂浆制作，也可以在水泥砂浆中掺入防水剂制得。水泥砂浆的配合比，一般采用：水泥：砂＝1：（1.5～3），水灰比应控制在 0.50～0.55，应选用强度等级 32.5 级以上的普通硅酸盐水泥和级配良好的中砂。

在水泥砂浆中掺入防水剂，可促使砂浆结构密实，或者能堵塞毛细孔。常用的防水剂有氯化物金属盐类防水剂、金属皂类防水剂和水玻璃类防水剂。

防水砂浆的防渗效果，在很大程度上取决于施工质量。一般采用五层作法，每层约 5mm，每层在初凝前压实一遍，最后一遍要压光，并要精心养护。

（二）装饰砂浆

装饰砂浆是用于室内外装饰，以增加建筑物美观为主的砂浆。根据砂浆的组成材料不同常分为砂浆类与石渣类。

1. 砂浆类

砂浆类饰面是以水泥砂浆、石灰砂浆以及混合砂浆作为装饰用材料，通过各种工艺手段直接形成饰面层。饰面层做法除普通砂浆抹面外，还有搓毛面、拉毛、甩毛、扒拉灰、假面砖、拉条等做法。

2. 石渣类

石渣是由天然的大理石、花岗石以及其他天然石材经破碎而成，俗称米石。常用的规格有大八厘（粒径为 8mm）、中八厘（粒径为 6mm）、小八厘（粒径为 4mm）。

用水泥（普通水泥、白水泥或彩色水泥）、石渣、水并掺入 107 胶制成石渣浆，以不同的做法，造成石渣不同的外露形式以及水泥浆与石渣的色泽对比，构成不同的装饰效果。常见的做法有水磨石、水刷石、干粘石、斩假石等。

思 考 题 及 习 题

1. 何谓建筑砂浆？砂浆与混凝土相比有何异同点？

2. 砂浆拌合物的和易性包括哪些内容？砂浆的保水性不良，对其质量有何影响？采取哪些措施可提高砂浆的保水性？

3. 根据砌筑砂浆强度公式，是否说明砂浆强度不遵循水灰比规律？为什么？

4. 为什么水泥石灰混合砂浆在砌筑工程中能得到广泛应用？

5. 某砌砖工程采用 M5.0 等级的水泥石灰混合砂浆，稠度要求 80～100mm。现有强度等级 32.5 级矿渣水泥；中砂，堆积密度为 1460kg/m³，现场砂含水率为 2.5％；石灰膏稠度 100mm；施工水平：一般，试求该砂浆的配合比。

第六章　烧土及熔融制品

烧土制品是以黏土为主要原料，经成型、干燥及焙烧，达到烧结状态后所得的制品，如烧结普通砖、建筑陶瓷等。熔融制品是指以各种天然矿物岩石，经烧熔、加工、冷却所得的制品，如各种玻璃制品、铸石等。

第一节　烧结砖、瓦

一、烧结普通砖

烧结普通砖是指以黏土、页岩、煤矸石或粉煤灰为主要原料，经制坯和焙烧制成的普通无孔洞的实心砖。烧结普通砖为直角六面体，标准尺寸是 240mm×115mm×53mm，若加上砌筑灰缝厚度（10mm），则 4 个砖长、8 个砖宽、16 个砖厚都恰好是 1m。这样，每立方米砌体的理论需用砖数 512 块。根据所用原料不同，可分为烧结黏土砖（符号为 N）、烧结页岩砖（Y）、烧结煤矸石砖（M）和烧结粉煤灰砖（F）。

（一）生产简介

烧结普通砖的生产工艺过程为：

$$\boxed{采土} \longrightarrow \boxed{配料调制} \longrightarrow \boxed{制坯} \longrightarrow \boxed{干燥} \longrightarrow \boxed{焙烧} \longrightarrow \boxed{成品}$$

生产烧结黏土砖主要采用砂质黏土，其矿物组成是高岭石（$Al_2O_3 \cdot 2SiO_2 \cdot 2H_2O$）。黏土中除含 Al_2O_3、SiO_2 外，还有少量的 Fe_2O_3、CaO 等。黏土和成浆体后，具有良好的可塑料，可塑制成各种制品。

焙烧是制砖的关键过程，砖的焙烧温度控制在 950～1050℃。焙烧时火候要适当、均匀，以免出现欠火砖或过火砖。欠火砖色浅、断面包心（黑心或白心）、敲击声哑、孔隙率大、强度低、耐久性差。因此，国标规定欠火砖为不合格品。过火砖色较深、敲击声脆、较密实、强度高、耐久性好，但容易出现变形砖（酥砖或螺纹砖）。变形砖也为不合格品。

当黏土中含有石灰质（$CaCO_3$）时，经焙烧制成的黏土砖易发生石灰爆裂现象。黏土中若含有可溶性盐类时，还会使砖砌体发生盐析现象（亦称泛霜）。

在烧砖时，若使窑内氧气充足，使之在氧化气氛中焙烧，黏土中的铁元素被氧化成高价的 Fe_2O_3，烧得红砖。若在焙烧的最后阶段使窑内缺氧，则窑内燃烧气氛呈还原气氛，则砖中的高价 Fe_2O_3 被还原成青灰色的低价氧化铁，即烧得青砖。青砖比红砖结实、耐久，但价格较红砖高。青砖多用于庙宇及仿古建筑等。

当采用页岩、煤矸石、粉煤灰为原料烧砖时，因其含有可燃成分，焙烧时可在砖内燃烧，不但节省燃料，还使坯体烧结均匀，提高了砖的质量。常将用可燃性工业废料作为内燃料烧制成的砖称为内燃砖。

（二）烧结普通砖的技术要求

根据《烧结普通砖》GB 5101—2003 规定，烧结普通砖的技术要求包括尺寸偏差、外观质量、强度等级、抗风化性、泛霜、石灰爆裂和放射性物质等。并规定强度、抗风化性能和放射性物质合格的砖，根据尺寸偏差、外观质量、泛霜和石灰爆裂分为优等品（A）、一等品（B）和合格品（C）三个产品质量等级。

1. 尺寸偏差

为保证砌筑质量，要求砖的尺寸偏差必须符合 GB 5101—2003 规定。

2. 外观质量

砖的外观质量包括两条面高度差、弯曲、杂质凸出高度、缺棱掉角、裂纹、完整面等项内容应符合 GB 5101—2003 规定。

3. 强度等级

根据抗压强度将烧结普通砖分为 MU30、MU25、MU20、MU15、MU10 五个等级，各强度等级的砖应符合表 6-1 规定。

强 度 指 标 GB 5101—2003　　　　　　　　　　　　　　表 6-1

强度等级	抗压强度平均值 $\overline{f} \geqslant$（MPa）	变异系数 $\delta \leqslant 0.21$ 强度标准值 $f_k \geqslant$（MPa）	变异系数 $\delta > 0.21$ 单块最小抗压强度值 $f_{min} \geqslant$（MPa）
MU30	30.0	22.0	25.0
MU25	25.0	18.0	22.0
MU20	20.0	14.0	16.0
MU15	15.0	10.0	12.0
MU10	10.0	6.5	7.5

4. 抗风化性能

是指能抵抗干湿变化、温度变化、冻融变化等气候作用的性能。GB 5101—2003 规定，我国东北、内蒙古和新疆等严重风化地区的砖必须进行抗冻性试验；其他风化地区的砖的吸水率和饱和系数指标若达到标准中规定，可认为抗风化性能合格，不再进行冻融试验，当有一项指标达不到要求时，也必须进行冻融试验，再判别抗风化性能是否合格。

5. 砖的放射性物质应符合《建筑材料放射性核素限量》GB 6566—2010 的规定。

此外，砖的泛霜和石灰爆裂程度也应符合 GB 5101—2003 的规定，并且产品中不允许有欠火砖、酥砖和螺纹砖。

烧结普通砖的产品标记采用产品名称、品种、强度等级、产品等级和标准编号按顺序编写，如强度等级为 MU10、合格品的烧结黏土砖其标记为：烧结黏土砖 N MU10 C GB 5101。

（三）烧结普通砖的应用

烧结普通砖既具有一定的强度和耐久性，又有良好的保温隔热性能。是传统的墙体材料。可用来砌筑建筑物的内、外墙体，柱、拱及烟囱等。当砌筑清水墙和装饰墙时应采用优等品的砖。由于普通砖有毁田制砖、耗能等缺点，因此我国对实心黏土砖的生产、使用已有所限制，并重视空心砖的生产与使用。

二、烧结多孔砖、空心砖和空心砌块

在现代建筑中，由于高层建筑的发展，对烧结砖提出了减轻自重，改善绝热和吸声性能的要求，因此大量使用烧结多孔砖和多孔砌块、空心砖和空心砌块。它们与烧结普通砖相比，具有一系列优点，使用这种砖可使墙体自重减轻 30%～35%；提高工效可达 40%；节省砂浆降低造价约 20%；并可改善墙体的绝热和吸声性能。此外，在生产上能节约黏土原料、燃料，提高质量和产量，降低成本。

（一）烧结多孔砖与多孔砌块

烧结多孔砖与多孔砌块是当前在工程中最常用的砌筑材料。它们是以黏土、页岩、煤矸石、粉煤灰、淤泥（江、河、湖淤泥）以及其他固体废弃物等为主要原料，经焙烧而制得，因此按主要原料不同产品分为：黏土砖和砌块（N）、页岩砖和砌块（Y）、煤矸石砖和砌块（M）、粉煤灰砖和砌块（F）、淤泥砖和砌块（U）以及固体废弃物砖和砌块（G）。

烧结多孔砖与多孔砌块在大面上有孔洞，孔的尺寸较小而数量多，烧结多孔砖的孔洞率不小于 28%，多孔砌块的孔洞率不小于 33%。使用时孔洞垂直于受压面，因其强度较高，主要用于建筑物的承重部位。

根据《烧结多孔砖和多孔砌块》GB 13544—2011 规定，多孔砖的规格尺寸有（mm）290、240、190、180、140、115、90；多孔砌块有（mm）490、440、390、340、290、240、190、180、140、115、90。

烧结多孔砖和多孔砌块的技术要求包括尺寸允许偏差、外观质量、密度等级、强度等级、孔型孔结构及孔洞率、泛霜、石灰爆裂、抗风化性能、不允许有欠火砖和酥砖及放射性核素限量等十项。密度等级应满足表 6-2 要求；根据抗压强度分为 MU30、MU25、MU20、MU15、MU10 五个强度等级，见表 6-3。

密度等级　GB 13544—2011　　　　　　　　表 6-2

密度等级		3 块砖或砌块干燥表观密度平均值
砖	砌块	
	900	≤900
1000	1000	900～1000
1100	1100	1000～1100
1200	1200	1100～1200
1300		1200～1300

强度等级　GB 13544—2011　　　　　　　　表 6-3

强度等级	抗压强度平均值 $\overline{f}$（MPa）	强度标准值 f_k（MPa）
MU30	30.0	22.0
MU25	25.0	18.0
MU20	20.0	14.0
MU15	15.0	10.0
MU10	10.0	6.5

烧结多孔砖和多孔砌块的产品标记采用产品名称、品种、规格、强度等级、密度等级和标准编号按顺序编写，如规格尺寸为 290mm×140mm×90mm、强度等级 MU25、密度 1200 的黏土烧结多孔砖记为：烧结多孔砖 N290×140×90MU251200GB13544。

（二）烧结空心砖和空心砌块

烧结空心砖和空心砌块为顶面有孔洞的砖或块，孔的尺寸大而数量少，其孔洞率不小于40％。由于孔洞大，自重轻，强度低，主要用于非承重部位。例如：多层建筑的内墙或框架结构的填充墙等。

按《烧结空心砖和空心砌块》GB 13545—2011规定，烧结空心砖和砌块的外形为直角六面体见图6-1，其尺寸有290mm×190mm×90mm和240mm×180mm×115mm两种；根据体积密度分级为800、900、1000、1100四个密度级别；根据其抗压强度分为MU2.5、MU3.5、MU5.0、MU7.5和MU10五个强度等级。每个密度级别根据孔洞及其排数、尺寸偏差、外观质量、强度等级和抗风化性能分为：优等品（A）、一等品（B）和合格品（C）三个等级，并按产品名称、规格尺寸、密度级别、产品等级和标准编号顺序编写标记。如尺寸290mm×190mm×90mm体积密度800级，优等品空心砖，标记为：空心砖（290×190×90）800A—GB 13545；又如：尺寸290mm×290mm×190mm，体积密度900级，一等品空心砌块，标记为：空心砌块（290×290×190）900B—GB 13545。

烧结空心砖和空心砌块的放射性物质应符合《建筑材料放射性核素限量》GB 656—2010的规定。

烧结砖除上述品种外，还有烧结保温砖、烧结复合保温砖、烧结装饰砖等。

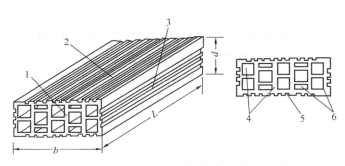

图 6-1　烧结空心砖的外形

1—顶面；2—大面；3—条面；4—肋；5—凹线槽；6—外壁

L—长度；b—宽度；d—高度

三、烧结瓦

烧结瓦是以黏土或其他无机非金属原料，经成型、烧结等工艺制成的瓦。是一种用于坡屋面的防水材料。按颜色分为青瓦和红瓦，按使用部位分为平瓦和脊瓦。

黏土平瓦的标准尺寸为（400×200）～（360×220）mm；15片平瓦的覆盖面积为1m^2；吸水后的质量不应超过55kg/m^2；单片瓦的最小抗折荷重应不小于0.6kN；应能满足抗冻性要求。

黏土脊瓦标准尺寸为长度≥300mm、宽度≥180mm；单块瓦最小抗折荷载不得低于0.7kN；抗冻性必须合格。

第二节　建　筑　陶　瓷

建筑陶瓷通常分为墙地砖、釉面砖、卫生陶瓷、园林陶瓷和耐酸陶瓷五大类。用于不同建筑部位及使用条件的陶瓷制品应具有不同的工程性质，这些性质主要取决于烧成后陶瓷制品坯体的性质。按坯体的性质不同，常将陶瓷材料分为陶质、炻质和瓷质。虽然每种制品都可以采用不同性质的坯体，但通常由于使用条件不同，每种制品均有一种与之相应的坯体，如表6-4。

陶瓷制品与胚体性质的关系 表6-4

胚体性质		吸水率（%）	制 品 种 类
瓷质	瓷质砖	$W \leqslant 0.5$	通体砖（玻化砖、防滑砖、抛光砖、渗花通体砖）
	炻瓷砖	$0.5 > W \leqslant 3$	陶瓷地砖、陶瓷马赛克、广场砖等
炻质	细炻砖	$3 > W \leqslant 6$	陶瓷地砖、外墙面砖、陶瓷锦砖等
	炻质砖	$6 > W \leqslant 10$	外墙面砖、陶瓷地砖、劈离砖、红地砖、琉璃制品、内墙面砖等
陶质	陶质砖	$10 > W \leqslant 21$	精陶：内墙面砖（釉面砖）、卫生陶瓷、日用陶瓷等 粗陶：砖、瓦、陶管等

一、陶瓷墙砖和陶瓷地砖

陶瓷墙、地砖通常为细炻质或炻质，质地致密坚实，吸水率小，具有较高的抗冻性、耐磨性及良好的大气稳定性。外墙面砖与地面砖虽然在概念上有区别，但是由于其性能相近，因此在多数情况下两者可以通用。

（一）陶瓷墙砖

陶瓷墙砖用于装饰与保护建筑物墙面，分为表面无釉的外墙贴面砖（又称墙面砖）和表面有釉的外墙贴面砖（又称彩釉砖）两类。面砖背面有肋纹，有助于与墙面的粘结。外墙面砖有白、浅黄、黄、红、蓝、绿等多种颜色。形状多为长方形，常用的尺寸有200mm×100mm×12mm、150mm×75mm×12mm。目前生产的外墙面砖坯体吸水率控制在不大于8%。

（二）陶瓷地砖

陶瓷地砖，是用于装饰与保护建筑物地面的板状陶瓷制品。地砖一般不上釉，颜色多为浅黄、暗红或带有彩色图案。有的地砖为了防滑，在其表面压有各种凸凹花纹。地面砖形状常为方形和长方形，常见规格有108mm×108mm×8mm、200mm×200mm×9mm、150mm×75mm×13mm等。

地砖主要用于人流较多的公共建筑的室内外地面，如售票厅、展览厅及车站站台等处，也可用作实验室、走廊、车间等地面。

常见的地面砖有陶瓷地砖、劈离砖、红地砖、通体砖（玻化砖、防滑砖、抛光砖、渗花通体砖）等。

（三）陶瓷锦砖

它是由多块面积不大于55cm² 的小砖经衬材拼贴成联的釉面砖。坯体一般为炻瓷质。有多种颜色及上釉与不上釉之分，目前使用的多为不上釉的。基本形状有正方形、长方形、六角形等。为了便于施工，将陶瓷锦砖拼成各种图案反贴在300mm×300mm的牛皮纸上成为一联，故又称皮纸砖。施工时将整联马赛克铺贴在墙面或地面的砂浆上，然后将纸用水润湿后揭下即露出锦砖花纹图案。

陶瓷锦砖花式繁多，质地坚实、经久耐用，具有吸水率小、耐磨、抗冻、耐腐蚀、易清洗、永不褪色等优点，是一种高级的内外墙及地面装饰材料。

二、釉面砖

釉面砖一般为吸水率大于 10％的陶质砖，主要用于厨房、卫生间、实验室等内墙面装饰，故将釉面砖称为内墙面砖。釉面砖坯体吸水率按标准规定应小于 21％。

釉面砖表面釉的种类有多种多样，有乳白釉、透明釉、光亮釉、珠光釉等；有多种颜色，并以浅色为多，如白、粉红、天蓝、米黄、浅绿等。釉面砖的形状分为正方形、长方形及其他配件（压顶条、阳角条、阴角条、阳三角、阴三角等），常用的尺寸有 108mm×108mm×5mm、152mm×152mm×5mm、152mm×75mm×5mm 等。

釉面砖还可以设计成陶瓷壁画，作为大型公共建筑的内部装饰。

三、卫生陶瓷

卫生陶瓷是用作卫生设施的表面带釉的陶瓷制品。它是用优质黏土作原料，经配制料浆，灌浆成型，上釉焙烧而制得的陶质制品。产品表面光洁、吸水率小、强度高、耐腐蚀强。

卫生陶瓷常用品种有洗面器、大小便器、水箱、洗涤槽、浴缸等。对卫生洁具一般要求设备配套、占地面积小、冲洗功能好、节约用水、造型新颖美观、色调协调，使用方便舒适。

四、琉璃制品

琉璃制品是以难熔黏土为原料，烧制而成的一种炻质的表面上釉的制品。釉色多为金黄色、宝蓝色及翠绿色。主要产品有琉璃砖、琉璃瓦、屋面装饰件（仙人、走兽）等。目前多用于园林建筑，故又称为园林陶瓷。

琉璃制品表面光泽度高、耐腐蚀、耐风化、耐污染，是我国首创的建筑艺术制品之一，历史悠久、造型古朴、富有民族特色。主要作为古建筑及园林建筑的屋面装饰材料以及室内外陈设用工艺制品。

第三节　建　筑　玻　璃

一、玻璃的组成

玻璃是指矿物熔融体经过冷却而得到的具有透光性的无定型结构的固体。当熔融体冷却时，在不存在其他成分的条件下，能单独形成玻璃的氧化物，称为形成玻璃的氧化物。建筑玻璃是以 SiO_2 为形成玻璃的氧化物。它是以石英砂、纯碱、石灰石等主要原料按比例配合，经高温熔融、成型、冷却后切割而成。

二、玻璃的性质

（一）脆性

玻璃是一种典型的脆性材料。脆性大小可用脆性指标来评定。即弹性模量与抗拉强度的比值（$E/f_{拉}$），脆性指标愈大，表示该材料的脆性愈大。玻璃的实际抗拉强度约为 30～60MPa，弹性模量为（6.0～7.5）×10^4MPa，脆性指标为 1300，而钢材 400～460，混凝土为 4200～9350。

（二）透明性

透明性是玻璃的重要光学性质，透明性用透光率表示，透光率越大，其透明性越好。透明性与玻璃的化学成分及厚度有关。质量好的 2mm 厚的窗用玻璃，其透光率可达 90％。

（三）温度稳定性

温度稳定性是指当温度骤变时，抵抗由于温度应力产生破坏的能力。普通玻璃的导热系数较低，[（0.4～0.82）W/m，K]，绝热性较好，而热胀系数却较大 [（9～15）× 10^{-6}/K]，因此当温度骤变时，受热局部与周围产生较大的温差，形成很大的温度应力，加之玻璃脆性较大，很容易导致玻璃破坏。所以普通玻璃的耐急冷急热性是相当低的。

（四）化学稳定性

玻璃具有较好的化学稳定性，耐酸性强，能抵抗除氢氟酸以外的多种酸类的侵蚀。

三、玻璃的主要品种

建筑玻璃常根据性能和用途不同分为平板玻璃、装饰玻璃、安全玻璃、建筑节能玻璃以及玻璃建筑制品五大类。

（一）平板玻璃

平板玻璃有普通平板玻璃（用垂直引上法或平拉法生产的玻璃）和浮法玻璃两种。普通平板玻璃有光学畸变较大的缺陷，常将其磨光制成磨光玻璃。浮法玻璃系在熔化的金属锡表面上成型而制得，其表面光洁平整、厚度均匀、光学畸变极小，是当前工程上使用玻璃的主要品种。它主要用于门窗，故又称窗用玻璃。平板玻璃以标准箱计量，厚度为 2mm 的平板玻璃，$10m^2$ 为一标准箱（重约 50kg）。其特点见表 6-5。

（二）装饰玻璃

装饰玻璃包括毛玻璃、花纹玻璃、有色玻璃、丝网印刷玻璃等，除透光外还具有装饰作用，见表 6-5。

平板玻璃及装饰玻璃的特点和用途　　　　　　　　表 6-5

品　种		工艺过程	特　点	用　途
普通窗用玻璃		未经研磨加工	透明度好，板面平整	用于建筑门窗装配
磨砂玻璃		用机械喷砂和研磨方法进行处理	表面粗糙，使光产生漫射，有透光不透视的特点	用于卫生间、厕所、浴室的门窗
压花玻璃		在玻璃硬化前用刻纹的滚筒面压出花纹	折射光线不规则，透光不透视，有使用功能又有装饰功能	用于宾馆、办公楼、会议室的门窗
彩色玻璃	透明彩色玻璃	在玻璃原料中加入金属氧化物而带色	耐腐蚀，抗冲，易清洗，装饰美观	用于建筑物内外墙面、门窗及对光波作特殊要求的采光部位
	不透明彩色玻璃	在一面喷以色釉，再经烘制而成		

（三）安全玻璃

安全玻璃常有钢化玻璃、夹丝玻璃、夹层玻璃、钛化玻璃等，详见表 6-6。

安全玻璃的特点和用途　　　　　　　表 6-6

品　种	工艺过程	特　点	用　途
钢化玻璃（平面钢化玻璃、弯钢化玻璃、半钢化玻璃、区域钢化玻璃）	加热到一定温度后迅速冷却或用化学方法进行钢化处理的玻璃	强度比普通玻璃大 3～5 倍，抗冲击性及抗弯性好，耐酸碱侵蚀	用于建筑的门窗、隔墙、幕墙、汽车窗玻璃、汽车挡风玻璃、暖房
夹丝玻璃	将预先编好的钢丝网压入软化的玻璃中	破碎时，玻璃碎片附在金属网上，具有一定防火性能	用于厂房天窗、仓库门窗、地下采光窗及防火门窗

品　种	工艺过程	特　点	用　途
夹层玻璃	两片或多片平板玻璃中嵌夹透明塑料薄片，经加热压粘而成的复合玻璃	透明度好、抗冲击机械强度高、碎后安全，耐火、耐热、耐湿、耐寒	用于汽车、飞机的挡风玻璃、防弹玻璃和有特殊要求的门窗、工厂厂房的天窗及一些水下工程

（四）建筑节能玻璃

建筑节能玻璃常有热反射玻璃、吸热玻璃、光至变色玻璃、中空玻璃等，详见表6-7。

建筑节能玻璃的特点和用途　　　　　　　　　　表 6-7

品　种	工艺过程	特　点	用　途
热反射玻璃	在玻璃表面涂以金属或金属氧化膜、非金属氧化膜	具有较高的热反射性能而又保持良好透光性能	多用于制造中空玻璃或夹层玻璃
吸热玻璃	在玻璃中引入有着色作用的氧化物，或在玻璃表面喷涂着色氧化膜	能吸收大量红外线辐射而又能保持良好可见光透过率	适用于需要隔热又需要采光的部位，如商品陈列窗、冷库、计算机房等
光致变色玻璃	在玻璃中加入卤化银，或在玻璃夹层中加入钼和钨的感光化合物	在太阳或其他光线照射时，玻璃的颜色随光线增强渐渐变暗，当停止照射又恢复原来颜色	主要用于汽车和建筑物上
中空玻璃	用两层或两层以上的平板玻璃，四周封严，中间充入干燥气体	具有良好的保温、隔热、隔声性能	用于需要采暖、空调、防止噪声及无直射光的建筑，广泛用于高级住宅、饭店、办公楼、学校，也用于汽车、火车、轮船的门窗

（五）建筑玻璃制品

建筑玻璃制品常有玻璃空心砖、玻璃锦砖等，详见表6-8。

玻璃制品的特点及用途　　　　　　　　　　表 6-8

品　种	工艺过程	特　点	用　途
玻璃空心砖	由两块压铸成凹型的玻璃经熔接或胶结而成的空心玻璃制品	具有较高的强度、绝热隔声、透明度高、耐火等优点	用来砌筑透光的内外墙壁、分隔墙、地下室、采光舞厅地面及装有灯光设备的音乐舞台等
玻璃锦砖	由乳浊状半透明玻璃质材料制成的小尺寸玻璃制品拼贴于纸上成联	具有色彩柔和、朴实典雅、美观大方、化学稳定性好、热稳定性好、耐风光，易洗涤等优点	适于宾馆、医院、办公楼、住宅等外墙饰面

思 考 题

1. 烧结普通砖有哪些品种？如何表示？
2. 欠火砖与过火砖有何特征？红砖与青砖有何差别？
3. 烧结普通砖的技术要求包括哪些内容？如何评定其抗风化性？
4. 采用烧结多孔砖及空心砖有何技术经济意义，它们各用于什么建筑部位？
5. 采用烧结多孔砖及空心砖有何技术经济意义？
6. 建筑陶瓷分为哪几类？种类与坯体性质有何关系？
7. 建筑玻璃具有哪些性质？熟悉各类玻璃的特点及用途。

第七章 天 然 石 材

天然岩石不经机械加工或经机械加工而得到的材料统称为天然石材。天然石材是古老的建筑材料，具有强度高、装饰性好、耐久性高、来源广泛等特点。由于现代开采与加工技术的进步，使得石材在现代建筑中，特别是在建筑装饰中得到了广泛的应用。

第一节 岩石的组成与形成

一、岩石的组成

天然岩石是矿物的集合体，组成岩石的矿物称为造岩矿物。大多数岩石是由多种造岩矿物组成的。岩石没有确定的化学组成和物理力学性质，同种岩石，产地不同，其各种矿物的含量、颗粒结构均有差异，因而颜色、强度、耐久性等也有差异。造岩矿物的性质及其含量决定着岩石的性质。建筑工程中常用岩石的主要造岩矿物有以下几种：

（1）石英 是二氧化硅（SiO_2）晶体的总称。无色透明至乳白色，密度为 $2.65g/cm^3$，莫氏硬度为 7，非常坚硬，强度高，化学稳定性及耐久性高。但受热时（$573℃$ 以上），因晶型转变会产生裂缝，甚至松散。

（2）长石 是长石族矿物的总称，包括正长石、斜长石等，为钾、钠、钙等的铝硅酸盐晶体。密度为 $2.5\sim2.7g/cm^3$，莫氏硬度为 6。坚硬、强度高、耐久性高，但低于石英，具有白、灰、红、青等多种颜色。长石是火成岩中最多的造岩矿物，约占总量的 2/3。

（3）角闪石、辉石、橄榄石 为铁、镁、钙等硅酸盐的晶体。密度为 $3\sim3.6g/cm^3$，莫氏硬度为 $5\sim7$。强度高、韧性好、耐久性好。具有多种颜色，但均为暗色，故也称暗色矿物。

（4）方解石 为碳酸钙晶体（$CaCO_3$）。白色，密度为 $2.7g/cm^3$，莫氏硬度为 3。强度较高、耐久性次于上述矿物，遇酸后分解。

（5）白云石 为碳酸钙和碳酸镁的复盐晶体（$CaCO_3 \cdot MgCO_3$）。白色，密度为 $2.9g/cm^3$，莫氏硬度为 4。强度、耐酸腐蚀性及耐久性略高于方解石，遇酸时分解。

（6）黄铁矿 为二硫化铁晶体（FeS_2）。金黄色，密度为 $5g/cm^3$，莫氏硬度为 $6\sim7$。耐久性差，遇水和氧生成游离硫酸，且体积膨胀，并产生锈迹。黄铁矿为岩石中的有害矿物。

（7）云母 是云母族矿物的总称，为片状的含水复杂硅铝酸盐晶体。密度为 $2.7\sim3.1g/cm^3$，莫氏硬度为 $2\sim3$。具有极完全解理（矿物在外力等作用下，沿一定的结晶方向易裂成光滑平面的性质称为解理，裂成的平面称为解理面），易裂成薄片，玻璃光泽，耐久性差，具有无色透明、白色、绿色、黄色、黑色等多种颜色。云母的主要种类为白云母和黑云母，后者易风化，为岩石中的有害矿物。

二、岩石的形成

岩石按其形成条件不同分为岩浆岩、沉积岩和变质岩三大类，它们具有显著不同的结构、构造和性质。

（一）岩浆岩

在地壳深处的物质部分熔融产生的高温黏稠的硅酸盐熔融体称为岩浆。岩浆具有很高的温度和很大的压力。由于构造运动，岩浆将会从地壳的薄弱处上升或喷出地表，经冷却凝固成岩石。

在地表深处缓慢冷却而形成的岩石称为深成岩，常见的有花岗岩；在地表浅处经冷却而形成的岩石称为浅成岩，常见的有玄武岩；以火山形式喷出地表冷凝形成岩石称喷出岩，常见的有火山灰、火山凝灰岩、浮石等。

由岩浆冷却形成的岩石统称岩浆岩（或火成岩）。它是组成地壳的主要岩石，按重量约为地壳总重的89%。

（二）沉积岩

在地表以上的各种岩石经过风化、搬运、沉积和成岩等一系列地质作用而形成的岩石称沉积岩（或称水成岩）。

按其搬运和沉积成岩方式不同沉积岩又分为机械沉积岩（如砂岩）、生物沉积岩（如石灰岩）和化学沉积岩（如石膏）。

沉积岩只占地壳的5%，但因其分布于地壳表面，因此它是一种重要的岩石。

（三）变质岩

组成地壳的岩石由于所处的地质环境的改变会发生矿物成分和结构构造等方面的改变所形成的新岩石，称变质岩。

一般将由岩浆岩变质成的岩石称正变质岩（如由花岗岩变质形成的片麻岩）。由沉积岩变质成的岩石称负变质岩（如由石灰岩变质形成的大理岩）。

第二节　常用天然石材

一、岩浆岩

（一）花岗岩

花岗岩属于深成岩，是岩浆岩中分布最广的岩石，其主要矿物组成为长石、石英和少量云母等组成。其结构致密，晶粒粗大，体积密度大，抗压强度高，吸水性小，耐久性高。为全晶质，有细粒、中粒、粗粒、斑状等多种构造，属块状构造，但以细粒构造性质为好。其结构致密，晶粒粗大，体积密度大，抗压强度高，吸水性小，耐久性高。通常有灰、白、黄、粉红、红、纯黑等多种颜色，具有很好的装饰性。

花岗岩的体积密度为 $2500 \sim 2800 kg/m^3$，抗压强度为 $120 \sim 300MPa$，孔隙率低，吸水率为 $0.1\% \sim 0.7\%$，莫氏硬度为 $6 \sim 7$，耐磨性好、抗风化性及耐久性高、耐酸性好，但不耐火。使用年限为数十年至数百年，高质量的可达千年以上。

花岗岩主要用于基础、挡土墙、勒脚、踏步、地面、外墙饰面、雕塑等，属高档材料。破碎后可用于配制混凝土。此外花岗岩还可用于耐酸工程。

（二）辉长岩、闪长岩、辉绿岩

辉长岩、闪长岩、辉绿岩亦属于深成岩。由长石、辉石和角闪石等组成。三者的体积密度均较大，为2800～3000kg/m³，抗压强度为100～280MPa，耐久性及磨光性好。常呈深灰、浅灰、黑灰、灰绿、黑绿色和斑纹。除用于基础等石砌体外，还可用作名贵的装饰材料。

（三）玄武岩

为岩浆冲破覆盖岩层喷出地表冷凝而成的岩石。

由辉石和长石组成。体积密度为2900～3300kg/m³、抗压强度为100～300MPa、脆性大、抗风化性较强。主要用于基础、桥梁等石砌体，破碎后可作为高强混凝土的骨料。

（四）火山碎屑岩

岩浆被喷到空气中，急速冷却而形成的岩石，又称火山碎屑。因喷到空气中急速冷却而成，故内部含有大量的气孔，并多呈玻璃质，有较高的化学活性。常用的有火山灰、火山渣、浮石等，主要用作轻骨料混凝土的骨料、水泥的混合材料等。

二、沉积岩

沉积岩的主要特征是呈层状构造，各层岩石的成分、构造、颜色、性能均不同，且为各向异性。与深成火成岩相比，沉积岩的体积密度小、孔隙率和吸水率较大、强度和耐久性较低。

（一）石灰岩

石灰岩俗称青石，属生物沉积岩为海水或淡水中的生物残骸沉积而成，主要由方解石组成，常含有一定数量的白云石、菱镁矿（碳酸镁晶体）、石英、黏土矿物等，分布极广。分为密实、多孔和散粒构造，密实构造的即为普通石灰岩。常呈灰、灰白、白、黄、浅红色、黑、褐红等颜色。

密实石灰岩的体积密度为2400～2600kg/m³、抗压强度为20～120MPa、莫氏硬度为3～4。当含有的黏土矿物超过3%～4%时，抗冻性和耐水性显著降低，当含有较多的氧化硅时，强度、硬度和耐久性提高。石灰岩遇稀盐酸时强烈起泡，硅质和镁质石灰岩起泡不明显。

石灰岩可用于大多数基础、墙体、挡土墙等石砌体。破碎后可用于混凝土。石灰岩也是生产石灰和水泥等的原料。石灰岩不得用于酸性水或二氧化碳含量多的水中，因方解石会被酸或碳酸溶蚀。

（二）砂岩

砂岩属机械沉积岩，主要由石英等胶结而成。根据胶结物的不同分为：

硅质砂岩：由氧化硅胶结而成。呈白、淡灰、淡黄、淡红色，强度可达300MPa，耐磨性、耐久性、耐酸性高，性能接近于花岗岩。纯白色硅质砂岩又称白玉石。硅质砂岩可用于各种装饰及浮雕、踏步、地面及耐酸工程。

钙质砂岩：由碳酸钙胶结而成，为砂岩中最常见和最常用的。呈白、灰白色，强度较大，但不耐酸。可用于大多数工程。

铁质砂岩：由氧化铁胶结而成。常呈褐色，性能较差，密实者可用于一般工程。

黏土质砂岩：由黏土胶结而成。易风化、耐水性差，甚至会因水作用而溃散。一般不用于建筑工程。

此外还有长石砂岩、硬砂岩，二者的强度较高，可用于建筑工程。

由于砂岩的性能相差较大，使用时需加以区别。

三、变质岩

（一）大理岩

由石灰岩或白云岩变质而成，主要矿物组成为方解石、白云石。具有等粒、不等粒、斑状结构。常呈白、浅红、浅绿、黑、灰等颜色（斑纹），抛光后具有优良的装饰性。白色大理石又称汉白玉。

大理岩的体积密度为 $2500 \sim 2800 kg/m^3$、抗压强度为 $100 \sim 300 MPa$、莫氏硬度为 $3 \sim 4$，易于雕琢磨光。城市空气中的二氧化硫遇水后对大理岩中的方解石有腐蚀作用，即生成易溶的石膏，从而使表面变得粗糙多孔，并失去光泽。故不宜用于室外，但吸水率小、杂质少、晶粒细小、纹理细密、质地坚硬，特别是白云岩或白云质石灰岩变质而成的某些大理岩也可用于室外，如汉白玉、艾叶青等。

大理岩主要用于室内的装修，如墙面、柱面及磨损较小的地面、踏步等。

（二）片麻岩

由花岗岩变质而成。呈片状构造，各向异性。在冰冻作用下易成层剥落。体积密度为 $2600 \sim 2700 kg/m^3$，抗压强度为 $120 \sim 250 MPa$（垂直解理方向）。可用于一般建筑工程的基础、勒角等石砌体，也做混凝土骨料。

（三）石英岩

由硅质砂岩变质而成。结构致密均匀、坚硬、加工困难、非常耐久、耐酸性好、抗压强度为 $250 \sim 400 MPa$。主要用于纪念性建筑等的饰面以及耐酸工程。使用寿命可达千年以上。

第三节　天然石材的性质与常用规格

一、天然石材的性质

（一）石材的物理性质

工程上一般主要对石材的体积密度、吸水率和耐水性等有要求。

大多数岩石的体积密度均较大，这主要与其矿物组成、结构的致密程度等有关。致密岩石的体积密度一般为 $2400 \sim 3200 kg/m^3$，常用致密岩石的体积密度为 $2400 \sim 2850 kg/m^3$，饰面用大理岩和花岗岩的体积密度须分别大于 $2300 kg/m^3$、$2560 kg/m^3$。同种岩石，体积密度越大，则孔隙率越低，强度越高。

岩石的吸水率与岩石的致密程度和岩石的矿物组成有关。深成岩和多数变质岩的吸水率较小，一般不超过 1%。二氧化硅的亲水性较高，因而二氧化硅含量高则吸水率较高，即酸性岩石（$SiO_2 \geqslant 63\%$）的吸水率相对较高。岩石的吸水率越小，则岩石的强度与耐久性越高。为保证岩石的性能有时限制岩石的吸水率，如饰面用大理岩和花岗岩的吸水率须分别小于 0.5% 和 0.6%。

大多数岩石的耐水性较高。当岩石中含有较多的黏土时，其耐水性较低，如黏土质砂岩等。

致密石材的导热系数较高，可达 $2.5 \sim 3.5 W/(m \cdot K)$；多孔石材的导热系数较低，如火山渣、浮石的导热系数为 $0.2 \sim 0.6 W/(m \cdot K)$，因而适合用于配制保温用轻骨料混凝土。

（二）石材的力学性质

1. 石材的抗压强度与强度等级

岩石的强度除与矿物组成有关外，还与岩石的结构有关。岩石的结构越致密、晶粒越细小，岩石的强度越高。具有层状构造的岩石，其垂直层理方向的强度较平行层理方向高。

砌筑用石材的抗压强度由饱水状态下边长为 70mm 的立方体试件进行测试，并以三个试件的平均值表示。石材的强度等级由抗压强度来划分，并用符号 MU 和抗压强度值来表示，划分有 MU100、MU80、MU60、MU50、MU40、MU30、MU20 七个等级。当试块为非标准尺寸时，按表 7-1 中的系数进行换算。

砌筑石材强度等级换算系数 GB 50003—2011   表 7-1

立方体边长（mm）	200	150	100	70	50
换算系数	1.43	1.28	1.14	1	0.86

装饰用石材的抗压强度采用边长为 50mm 的立方体试件来测试（GB 9966.1—2001）。饰面用大理岩和花岗岩的干燥抗压强度须分别大于 50MPa、100MPa。

公路工程岩石的抗压强度采用水饱和状态下的试件进行测试。桥梁工程采用边长为 70mm 的立方体试件；路面工程采用直径或边长和高度均为 50mm 的试件；公路工程建筑地基用石材的抗压强度采用直径为 50mm，高径比 h/d 为 2∶1 的试件，对于非标准尺寸需乘以换算系数。

2. 石材的其他力学性质

根据石材的用途，对石材的技术要求还有抗折强度、硬度、耐磨性、抗冲击性等。

石材的抗折强度一般为抗压强度的 1/10～1/20，属于脆性材料。装饰石材采用水饱和状态下 40mm×20mm×160mm 试件跨中单点加荷，饰面大理石和花岗岩的抗折强度须分别大于 8MPa、7MPa。

由石英、长石组成的岩石，其硬度和耐磨性大，如花岗岩、石英岩等。由白云石、方解石组成的岩石，其硬度和耐磨性较差，如石灰岩、白云岩等。石材的硬度常用莫氏硬度来表示，耐磨性常用磨损率来表示。

晶粒细小或含有橄榄石、角闪石的岩石具有较高的抗冲击性。

（三）耐久性

石材的耐久性主要包括抗冻性、抗风化性、耐火性、耐酸性等。

1. 抗冻性与抗风化性

水、冰、化学因素等造成岩石开裂或剥落，称为岩石的风化。孔隙率的大小对风化有很大的影响。深成岩及吸水率较小的岩石，其抗冻性和抗风化能力较强。一般认为当岩石的吸水率小于 0.50% 时，岩石的抗冻性合格。当岩石内含有较多的黄铁矿、云母时，风化速度快，此外由方解石、白云石组成的岩石在含有酸性气体的环境中也易风化。

防风化的措施主要有磨光石材的表面，防止表面积水；采用有机硅喷涂表面，对碳酸盐类石材可采用氟硅酸镁溶液处理石材的表面。

2. 耐火性

石材的耐火性与其化学组成和矿物组成有关。含有碳酸镁和碳酸钙的石材，在温度达到 600～900℃时开始分解破坏。石英含量较高的石材在受热达到 573℃时，因石英的体积膨胀致使石材开裂破坏。

3. 耐酸性

由石英、长石、辉石等组成的石材具有良好的耐酸性，如石英岩、花岗岩、辉绿岩、玄武岩等。含有碳酸盐的石材不耐酸，如白云岩、石灰岩、大理岩等。

二、建筑石材的常用规格

1. 料石

外形规则（毛料石除外），截面的宽度、高度不小于 200mm，且不小于长度的 1/4。通常用质地均匀的岩石，如砂岩和花岗岩加工而成。按加工程度的粗细，又分为：

（1）细料石　叠砌面的凹入深度不大于 10mm。

（2）半细料石　叠砌面的凹入深度不大于 15mm。

（3）粗料石　叠砌面的凹入深度不大于 20mm。

（4）毛料石　外形大致方正，一般不加工或稍加修正，高度不小于 200mm，叠砌面凹入深度不大于 25mm。

根据加工程度分别用于建筑物的外部装饰、勒脚、台阶、砌体、石拱等。

2. 毛石

形状不规则，中部厚度不小于 200mm 的石材。主要用于基础、挡土墙的砌筑及毛石混凝土。

3. 板材

装饰用石材多为板材，且主要为大理石板材（GB/T 19766—2005）和花岗石板材（GB/T 18601—2009）。按板材的形状分类，大理石板材主要有普型板（PX）和圆弧板（HM）；花岗石板材主要有毛光板（MG）、普型板（PX）、圆弧板（HM）、异形板（YX）。按板材的表面加工程度，分有以下三种（GB/T 19766—2005、GB/T 18601—2009）：

（1）粗面板材　表面平整粗糙，具有较规则的加工条纹的机刨板、剁斧板、锤击板、烧毛板等。

（2）细面板材　表面平整，光滑的板材。

（3）镜面板材　表面平整，具有镜面光泽的板材。大理石板材一般均为镜面板材。

板材的长度和宽度范围一般为 300~1200mm，厚度为 10~30mm。

板材还根据尺寸偏差、平面度允许极限偏差、角度允许极限偏差、外观质量、镜面光泽度等，分为优等品（A）、一等品（B）和合格品（C）三个等级。

粗面板和细面板一般只用于室外墙面、地面、台阶、柱面等，镜面板材既可用于室外，又可用于室内。但大理石板材只适合用于室内。

此外石材还有许多其他应用形式，如拳石、碎石、蘑菇石、柱头等。

思 考 题

1. 岩石按地质形成条件分为几类？各有何特性？

2. 试比较花岗岩、大理岩、石灰岩、砂岩的主要性质和用途有哪些异同点？

3. 为什么大理岩一般不宜用于室外？

第八章 建 筑 钢 材

钢材是以铁为主要元素，含碳量一般在2%以下，并含有其他元素的材料。

建筑钢材是指建筑工程中使用的各种钢材，包括钢结构用各种型材（如圆钢、角钢、工字钢、管钢）、板材，以及混凝土结构用钢筋、钢丝、钢绞线。

钢材是在严格的技术条件下生产的材料，它有如下的优点：材质均匀，性能可靠，强度高，具有一定的塑性和韧性，具有承受冲击和振动荷载的能力，可焊接、铆接或螺栓连接便于装配；其缺点是：易锈蚀，维修费用大，不燃但不耐火。

钢材的这些特性决定了它是经济建设部门所需要的重要材料之一。建筑上由各种型钢组成的钢结构安全性大，自重较轻，适用于大跨和高层结构。但由于各部门都需要大量的钢材，因此钢结构的大量应用在一定程度上受到了限制。而混凝土结构尽管存在着自重大等缺点，但用钢量大为减少，同时克服了因锈蚀而维修费用高的缺点，所以钢材在混凝土结构中得到了广泛的应用。

第一节 钢 材 的 分 类

钢材的分类有多种方法，可按化学成分；按主要质量等级；按脱氧方法；按用途；按加工方法等进行分类。

一、按化学成分分类

依据国标GB/T 13304—2008规定，钢按其化学成分分为：

(1) 非合金钢　即碳素钢，合金元素含量极少。

(2) 低合金钢　合金元素含量较低。

(3) 合金钢　为了改善钢材的某些性能，加入较多的合金元素。

二、按主要质量等级分类

按国标GB/T 13304规定，钢的质量等级分为：普通质量钢、优质钢和特殊质量钢。

三、按脱氧方法分类

炼钢的过程是把熔融的生铁进行氧化，使碳的含量降低到预定的范围，其他杂质降低到允许范围。

钢在熔炼过程中不可避免地产生部分氧化铁并残留在钢水中，降低了钢的质量，因此在铸锭过程中要进行脱氧处理。脱氧方法不同，钢材的性能就不同，因此，国标GB/T 700—2006规定，钢材按其脱氧方法不同，分为沸腾钢、镇静钢和特殊镇静钢。

(1) 沸腾钢　仅用弱脱氧剂锰铁进行脱氧，脱氧不够完全，钢水中残存的FeO与C化合生成CO，在铸锭时有大量的气泡外逸，状似沸腾，因此得名。其组织不够致密，有气泡夹杂，所以质量较差；但成品率高，成本低。

(2) 镇静钢与特殊镇静钢　用必要数量的硅、锰和铝等脱氧剂进行彻底脱氧。由于脱氧充分，在铸锭时钢水平静地凝固，因此得名。其组织致密，化学成分均匀，性能稳定，是质量较好的钢种。由于产率较低，因此成本较高，适用于承受振动冲击荷载或重要的焊接钢结构中。

四、按用途分类

钢材按用途可分为多种，如建筑钢材，铁道用钢、压力容器用钢……。建筑钢材按用途一般分为：钢结构用钢和混凝土结构用钢两种。

五、按压力加工方式分类

由于在冶炼、铸锭过程中，钢材中往往出现结构不均匀、气泡等缺陷，因此在工业上使用的钢材须经压力加工，使缺陷得以消除，同时具有要求的形状。压力加工可分为热加工和冷加工。

（1）热加工钢材　热加工是将钢锭加热至一定温度，使钢锭呈塑性状态进行的压力加工，如热轧、热锻等。

（2）冷加工钢材　是指在常温下进行加工的钢材，冷加工的方式很多，详见本章第三节。

第二节　钢材的性质

一、钢材的性质

钢材的性质包括强度、弹性、塑性、韧性以及硬度等内容。

（一）抗拉强度

建筑钢材的抗拉强度包括：屈服强度、极限抗拉强度、疲劳强度。

1. 屈服强度或称为屈服极限

钢材在静载作用下，开始丧失对变形的抵抗能力，并产生大量塑性变形时的应力。如图 8-1 所示，在屈服阶段，锯齿形的最高点所对应的应力称为上屈服点（$B_上$）；最低点对应的应力称为下屈服点（$B_下$）。因上屈服点不稳定，所以国标规定以下屈服点的应力作为钢材的屈服强度，用 σ_s 表示。中、高碳钢没有明显的屈服点，通常以残余变形为 0.2% 的应力作为屈服强度，用 $\sigma_{0.2}$ 表示，如图 8-2 所示。

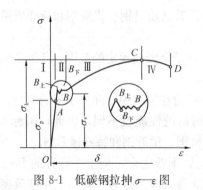

图 8-1　低碳钢拉抻 σ—ε 图　　　　图 8-2　硬钢的条件屈服点

屈服强度对钢材的使用有着重要的意义，当构件的实际应力达到屈服点时，将产生不可恢复的永久变形，这在结构中是不允许的，因此屈服强度是确定钢材容许应力的主要依据。

2. 极限抗拉强度（简称抗拉强度）

钢材在拉力作用下能承受的最大拉应力，如图 8-1 第Ⅲ阶段的最高点。抗拉强度虽然不能直接作为计算的依据，但抗拉强度和屈服强度的比值即强屈比，用 $\dfrac{\sigma_b}{\sigma_s}$ 表示，在工程上很有意义。强屈比越大，结构的可靠性越高，即防止结构破坏的潜力越大；但此值太小时，钢材强度的有效利用率太低，钢材的强屈比一般应大于 1.25。因此屈服强度和抗拉强度是钢材力学性质的主要检验指标。

3. 疲劳强度

钢材承受交变荷载的反复作用时，可能在远低于屈服强度时突然发生破坏，这种破坏称为疲劳破坏。钢材疲劳破坏的指标即疲劳强度，或称疲劳极限。疲劳强度是试件在交变应力作用下，不发生疲劳破坏的最大主应力值，一般把钢材承受交变荷载 $10^6 \sim 10^7$ 次时不发生破坏的最大应力作为疲劳强度。

（二）弹性

从图 8-1 可以看出，钢材在静荷载作用下，受拉的 OA 阶段，应力和应变成正比，这一阶段称为弹性阶段，具有这种变形特征的性质称为弹性。在此阶段中应力和应变的比值称为弹性模量，即 $E = \dfrac{\sigma}{\varepsilon}$，单位 MPa。

弹性模量是衡量钢材抵抗变形能力的指标，E 越大，使其产生一定量弹性变形的应力值也越大；在一定应力下，产生的弹性变形越小。在工程上，弹性模量反映了钢材的刚度，是钢材在受力条件下计算结构变形的重要指标。建筑常用碳素结构钢 Q235 的弹性模量 $E = (2.0 \sim 2.1) \times 10^5 \mathrm{MPa}$。

（三）塑性

建筑钢材应具有很好的塑性，在工程中，钢材的塑性通常用伸长率（或断面收缩率）和冷弯来表示。

（1）伸长率是指试件拉断后，标距长度的增量与原标距长度之比，符号 δ，常用％表示，如图 8-3 所示。

$$\delta = \frac{l_1 - l_0}{l_0} \cdot 100\%$$

（2）断面收缩率是指试件拉断后，颈缩处横截面积的减缩量占原横截面积的百分率，符号 φ，常以％表示。

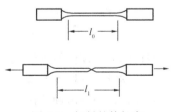

图 8-3　钢材的伸长率

为了测量方便，常用伸长率表征钢材的塑性。伸长率是衡量钢材塑性的重要指标，δ 越大，说明钢材塑性越好。伸长率与标距有关，对于同种钢材 $\delta_5 > \delta_{10}$。

（3）冷弯　钢材在常温下承受弯曲变形的能力。冷弯是通过检验试件经规定的弯曲程度后，弯曲处外面及侧面有无裂纹、起层、鳞落和断裂等情况进行评定的。一般用弯曲角度 α 以及弯心直径 d 与钢材厚度或直径 a 的比值来表示。如图 8-4 所示，弯曲角度越大，而 d 与 a 的比值越小，表明冷弯性能越好。

冷弯也是检验钢材塑性的一种方法，并与伸长率存在有机的联系，伸长率大的钢材，其冷弯性能必然好，但冷弯试验对钢材塑性的评定比拉伸试验更严格、更敏感。冷弯有助

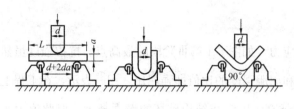

图 8-4　钢材冷弯试验

d—弯心直径；a—试件厚度或直径；α—冷弯角（90°）

于暴露钢材的某些缺陷，如气孔、杂质和裂纹等。在焊接时，局部脆性及接头缺陷都可通过冷弯而发现，所以钢材的冷弯不仅是评定塑性、加工性能的要求，而且也是评定焊接质量的重要指标之一。对于重要结构和弯曲成型的钢材，冷弯必须合格。

塑性是钢材的重要技术性质，尽管结构是在弹性阶段使用的，但其应力集中处，应力可能超过屈服强度，一定的塑性变形能力，可保证应力重新分配，从而避免结构的破坏。

（四）冲击韧性

冲击韧性是指钢材抵抗冲击荷载而不破坏的能力。规范规定是以刻槽的标准试件，在冲击试验的摆锤冲击下，以破坏后缺口处单位面积上所消耗的功来表示，符号 a_k，单位 J，如图 8-5 所示。a_k 越大，冲断试件消耗的能量越多，或者说钢材断裂前吸收的能量越多，说明钢材的韧性越好。

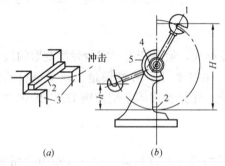

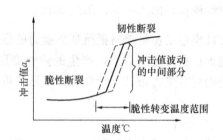

图 8-5　冲击韧性试验原理图

（a）试件装置；（b）摆冲式试验机工作原理图

1—摆锤；2—试件；3—试验台；

4—刻度盘；5—指针

图 8-6　温度对冲击韧性的影响

钢材的冲击韧性与钢的化学成分，冶炼与加工有关。一般来说，钢中的 P、S 含量较高，夹杂物以及焊接中形成的微裂纹等都会降低冲击韧性。

此外，钢的冲击韧性还受温度和时间的影响。常温下，随温度的下降，冲击韧性降低很小，此时破坏的钢件断口呈韧性断裂状；当温度降至某一温度范围时，a_k 突然发生明显下降，如图 8-6 所示，钢材开始呈脆性断裂，这种性质称为冷脆性，发生冷脆性时的温度（范围）称为脆性临界温度（范围）。低于这一温度时，a_k 降低趋势又缓和，但此时 a_k 值很小。在北方严寒地区选用钢材时，必须对钢材的冷脆性进行评定，此时选用的钢材的脆性临界温度应比环境最低温度低些。由于脆性临界温度的测定工作复杂，规范中通常是根据气温条件规定 $-20℃$ 或 $-40℃$ 的负温冲击值指标。钢的冲击韧性还会随时间的延长，发生缓慢的降低过程。

（五）硬度

硬度是在表面局部体积内，抵抗其他较硬物体压入产生塑性变形的能力，通常与抗拉强度有一定的关系。目前测定钢材硬度的方法很多，最常用的有布氏硬度，以 HB 表示。

建筑钢材常以屈服强度、抗拉强度、伸长率、冷弯、冲击韧性等性质作为评定牌号的依据。

二、钢材的组成对其性质的影响

（一）钢材的组成

钢是铁碳合金，除铁、碳外，由于原料、燃料、冶炼过程等因素使钢材中存在少量的其他元素，如硅、氧、硫、磷、氮等，合金钢是为了改性而有意加入一些元素，如锰、硅、钒、钛等。

钢材中铁和碳原子结合有三种基本形式：固溶体、化合物和机械混合物。固溶体是以铁为溶剂，碳为溶质所形成的固体溶液，铁保持原来的晶格，碳溶解其中；化合物是 Fe、C 化合成化合物（Fe_3C），其晶格与原来的晶格不同；机械混合物是由上述固溶体与化合物混合而成。所谓钢的组织就是由上述的单一结合形式或多种形式构成的，具有一定形态的聚合体。钢材的基本组织有铁素体、渗碳体和珠光体三种。

（1）铁素体是碳在铁中的固溶体，由于原子之间的空隙很小，对 C 的溶解度也很小，接近于纯铁，因此它赋予钢材以良好的延展性、塑性和韧性，但强度、硬度很低。

（2）渗碳体是铁和碳组成的化合物 Fe_3C，含碳量达 6.67%，性质硬而脆，是碳钢的主要强度组分。

（3）珠光体是铁素体和渗碳体的机械混合物，其强度较高，塑性和韧性介于上述二者之间。

三种基本组织的力学性质见表 8-1。

基本组织成分及力学性质 表 8-1

名　称	组　织　成　分	抗拉强度（MPa）	延伸率（%）	布氏硬度 HB
铁素体	钢的晶体组织中溶有少量碳的纯铁	343	40	80
珠光体	由一定比例的铁素体和渗碳体所组成（含碳量为 0.80%）	833	10	200
渗碳体	钢的晶体组织中的碳化铁（Fe_3C）晶粒	343 以下	0	600

当 C=0.8% 时全部具有珠光体的钢称为共析钢；当 C 含量低于 0.8% 时的钢称为亚共析钢；当 C 含量高于 0.8% 时的钢称为过共析钢。建筑钢材都是亚共析钢。钢材共析、含碳量与组织成分的关系见表 8-2。

共析与含碳量的关系 表 8-2

名　称	含碳量（%）	组　织　成　分
亚共析钢	<0.80	珠光体+铁素体
共析钢	0.80	珠光体
过共析钢	>0.80	珠光体+渗碳体

（二）化学成分对钢材性质的影响

1. 碳

碳是决定钢材性质的主要元素。

碳对钢材力学性质影响如图 8-7 所示。随着含碳量的增加，钢材的强度和硬度相应提高，而塑性和韧性相应降低。当含碳量超过 1% 时，钢材的极限强度开始下降。此外，含碳量过高还会增加钢的冷脆性和时效敏感性，降低抗大气腐蚀性和可焊性。

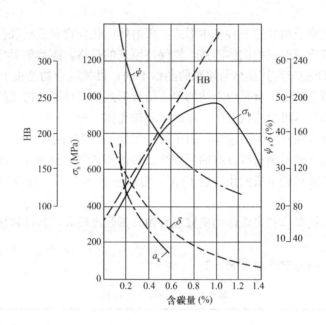

图 8-7　含碳量对热轧碳素钢性质的影响
σ_b—抗拉强度；α_k—冲击韧性；HB—硬度；δ—伸长率；φ—断面收缩率

2. 磷、硫

磷与碳相似，能使钢的屈服点和抗拉强度提高，塑性和韧性下降，显著增加钢的冷脆性，磷的偏析较严重，焊接时焊缝容易产生冷裂纹，所以磷是降低钢材可焊性的元素之一。因此在碳钢中，磷的含量有严格的限制，但在合金钢中，磷可改善钢材的抗大气腐蚀性和耐磨性，也可作为合金元素。

硫在钢材中以 FeS 形式存在，FeS 是一种低熔点化合物，当钢材在红热状态下进行加工或焊接时，FeS 已熔化，使钢的内部产生裂纹，这种在高温下产生裂纹的特性称为热脆性。热脆性大大降低了钢的热加工性和可焊性。此外，硫偏析较严重，降低了冲击韧性、疲劳强度和抗腐蚀性，可见，硫是一种对钢材有害而无利的元素，要严格限制钢中硫的含量。

3. 氧、氮

氧和氮都能部分溶于铁素体中，大部分以化合物形式存在，这些非金属夹杂物，降低了钢材的力学性质，特别是严重降低了钢的韧性，并能促进时效，降低可焊性，所以在钢材中氧和氮都有严格的限制。

4. 硅、锰

硅和锰是在炼钢时为了脱氧去硫而有意加入的元素。

由于硅与氧的结合能力很大，因而能夺取氧化铁中的氧形成二氧化硅进入钢渣中，其余大部分硅溶于铁素体中，当含量较低时（<1%），可提高钢的强度，对塑性、韧性影响不大。

锰对氧和硫的结合力分别大于铁对氧和硫的结合力，因此锰能使有害的 FeO、FeS 分别形成 MnO、MnS 而进入钢渣中，故可有效消除钢材的热脆性。其余的锰溶于铁素体中，使晶格歪扭阻止滑移变形，显著地提高了钢的强度。

总之，化学元素对钢材性能有着显著的影响，因此在钢材标准中都对主要元素的含量加以规定。化学元素对钢材性能影响见表 8-3。

化学元素对钢材性能的影响 表 8-3

化学元素	对 钢 材 性 能 的 影 响
碳（C）	C↑强度、硬度↑塑性、韧性↓可焊性、耐蚀性↓冷脆性、时效敏感性↑；C>1%，C↑强度↑
硅（Si）	Si<1%，Si↑强度↑；Si>1%，Si↑塑性韧性↓↓可焊性↓冷脆性↑
锰（Mn）	Mn↑强度、硬度、韧性↑耐磨、耐蚀性↑热脆性↓、Si、Mn 为主加合金元素
钛（Ti）	Ti↑强度↑↑韧性↑塑性、时效↓
钒（V）	V↑强度↑时效↓
铌（Nb）	Nb 强度↑塑性、韧性↑Ti、V、Nb 为常用合金元素
磷（P）	P↑强度↑塑性、韧性、可焊性↓↓偏析、冷脆性↑↑耐磨、耐蚀性↑
氮（N）	与 C、P 相似，在其他元素配合下 P、N 可作合金元素
硫（S）	偏析↑力学性能、耐蚀性、可焊性↓↓
氧（O）	力学性能、可焊性↓时效↓S、O 属杂质

注：本表中↑表示提高，↑↑表示显著提高。

第三节 冷加工、时效及焊接

一、冷加工

冷加工是钢材在常温下进行的加工，建筑钢材常见的冷加工方式有：冷拉、冷拔、冷轧、冷扭、刻痕等。

钢材在常温下超过弹性范围后，产生塑性变形强度和硬度提高，塑性和韧性下降的现象称为冷加工强化。如图 8-8 所示，钢材的应力——应变曲线为 OBKCD，若钢材被拉伸至 K 点时，放松拉力，则钢材将恢复至 O' 点，此时重新受拉后，其应力—应变曲线将为 O'KCD，新的屈服点（K）比原屈服点（B）提高，但伸长率降低。在一定范围内，冷加工变形程

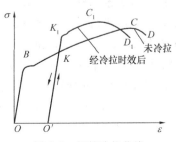

图 8-8 钢筋冷拉曲线

度越大，屈服强度提高越多，塑性和韧性降低得越多。

二、时效

钢材随时间的延长，强度、硬度提高，而塑性、韧性下降的现象称为时效。钢材在自然条件下的时效过程是非常缓慢的，若经过冷加工或使用中经常受到振动、冲击荷载作用时，时效将迅速的发展。钢材经冷加工后，在常温下搁置 15～20 天或加热至 100～200℃保持 2h 以内，钢材的屈服强度、抗拉强度及硬度都进一步提高，而塑性、韧性继续降低，前者称为自然时效，后者称为人工时效。如图 8-8 所示，经冷加工和时效后，其应力—应变曲线为 $O'K_1C_1D_1$，此时屈服强度（K_1）和抗拉强度（C_1）比时效前进一步提高。一般强度较低的钢材采用自然时效，而强度较高的钢材则采用人工时效。

因时效而导致钢材性能改变的程度称为时效敏感性。时效敏感性大的钢材，经时效后，其韧性、塑性改变较大。因此，承受振动、冲击荷载作用的重要性结构（如吊车梁、桥梁等），应选用时效敏感性小的钢材。

建筑用钢筋，常利用冷加工、时效作用来提高其强度，增加钢筋的品种规格，节约钢材。

三、焊接

焊接是使钢材组成结构的主要形式。焊接的质量取决于焊接工艺、焊接材料及钢的可焊性能。

可焊性是指在一定的焊接工艺条件下，在焊缝及附近过热区不产生裂缝及硬脆倾向，焊接后的力学性能，特别是强度不得低于原钢材的性能。

可焊性主要受化学成分及其含量的影响，当含碳量超过 0.3％时，或含有较多的硫时，杂质含量高时以及合金元素含量较高时钢材的可焊性都将下降。

一般，焊接结构用钢应选用含碳量较低的氧气转炉或平炉的镇静钢，对于高碳钢及合金钢，为了改善焊接后的硬脆性，焊接时一般要采用焊前预热及焊后热处理等措施。

第四节　建筑钢材的标准与选用

一、钢结构用钢

目前国内钢结构用钢的品种主要是普通碳素结构钢和普通低合金高强度结构钢。并制作成各种型钢、钢板及钢管等。

（一）碳素结构钢

1. 牌号及其表示方法

国标《碳素结构钢》（GB/T 700—2006）中规定，牌号由代表屈服点的字母、屈服点数值、质量等级符号、脱氧方法四部分按顺序组成。其中，以"Q"代表屈服点；屈服点数值共分 195、215、235 和 275MPa 四种；质量等级以硫、磷等杂质含量由多到少，分别由 A、B、C、D 符号表示；脱氧方法以 F 表示沸腾钢、Z 和 TZ 表示镇静钢和特殊镇静钢，Z 和 TZ 在钢的牌号中予以省略。

例如：Q235 A·F 表示屈服点为 235MPa 的 A 级沸腾钢。

2. 技术要求

各牌号钢的化学成分应符合表 8-4 的规定。各牌号钢的力学性质、工艺性质应符合表

8-5 和表 8-6 规定。

碳素结构钢的化学成分 GB/T 700—2006　　　　　　　　　　　表 8-4

牌号	统一数字代号	等级	厚度（或直径）/mm	脱氧方法	化学成分（质量分数）/%，不大于				
					C	Si	Mn	P	S
Q195	U11952	—	—	F、Z	0.12	0.30	0.50	0.035	0.040
Q215	U12152	A	—	F、Z	0.15	0.35	1.20	0.045	0.050
	U12155	B							0.045
Q235	U12352	A		F、Z	0.22	0.35	1.40	0.045	0.050
	U12355	B		F、Z	0.20			0.045	0.045
	U12358	C		Z	0.17			0.040	0.040
	U12359	D		TZ				0.035	0.035
Q275	U12752	A	—	F、Z	0.24	0.35	1.50	0.045	0.050
	U12755	B	≤40	Z	0.21			0.045	0.045
			>40	Z	0.22				
	U12758	C	—	Z	0.20			0.040	0.040
	U12759	D	—	TZ				0.035	0.035

碳素结构钢的力学性质 GB/T 700—2006　　　　　　　　　　　表 8-5

牌号	等级	屈服强度* R_{eH}（N/mm²），不小于						抗拉强度b R_m/(N/mm²)	断后伸长率 A/%，不小于					冲击试验（V形缺口）	
		厚度（或直径）/mm							厚度（或直径）/mm					温度/℃	冲击吸收功（纵向）/J 不小于
		≤16	>16~40	>40~60	>60~100	>100~150	>150~200		≤40	>40~60	>60~100	>100~150	>150~200		
Q195	—	195	185	—	—	—	—	315~430	33						
Q215	A	215	205	195	185	175	165	335~450	31	30	29	27	26	—	—
	B													+20	27
Q235	A	235	225	215	215	195	185	370~500	26	25	24	22	21	—	—
	B													+20	27
	C													0	
	D													−20	
Q275	A	275	265	255	245	225	215	410~540	22	21	20	18	17	—	—
	B													+20	27
	C													0	
	D													−20	

碳素结构钢的工艺性质 GB/T 700—2006　　　　　　　　　　　表 8-6

牌号	试样方向	冷弯试验 180° B=2a	
		钢材厚度（或直径）/mm	
		≤60	>60~100
		弯心直径 d	
Q195	纵	0	—
	横	0.5a	
Q215	纵	0.5a	1.5a
	横	a	2a
Q235	纵	a	2a
	横	1.5a	2.5a
Q275	纵	1.5a	2.5a
	横	2a	3a

3. 选用

钢材的选用一方面要根据钢材的质量、性能及相应的标准；另一方面要根据工程使用条件对钢材性能的要求。

国标将碳素结构钢分为五个牌号，每个牌号又分为不同的质量等级。一般来讲，牌号数值越大，含碳量越高，其强度、硬度也就越高，但塑性、韧性越低，平炉钢和氧气转炉钢质量均较好，硫、磷含量低的D、C级钢质量优于B、A级钢的质量。特殊镇静钢优于镇静钢质量，更优于沸腾钢，当然质量好的钢成本较高。

工程结构的荷载类型、焊接情况及环境温度等条件对钢材性能有不同的要求，选用钢材时必须满足。一般情况下，沸腾钢在下述情况下是限制使用的：①在直接承受动荷载的焊接结构。②非焊接结构而计算温度等于或低于−20℃时。③受静荷载及间接动荷载作用，而计算温度等于或低于−30℃时的焊接结构。

建筑钢结构中，主要应用的是碳素钢Q235，即用Q235轧成的各种型材、钢板和管材。Q235钢的强度、韧性和塑性以及可加工等综合性能好，且冶炼方便，成本较低。由于Q235—D含有足够的形成细粒结构的元素，同时对硫、磷元素控制较严格，其冲击韧性好，抵抗振动、冲击荷载能力强，尤其在一定负温条件下，较其他牌号更为合理。A级钢一般仅适用于承受静荷载作用的结构。

Q215钢强度低、塑性大、受力产生变形大，经冷加工后可代替Q235钢使用。

Q275钢虽然强度高，但塑性较差，有时轧成带肋钢筋用于混凝土中。

（二）低合金高强度结构钢

1. 牌号及表示方法

国家标准《低合金高强度结构钢》GB/T 1591—2008规定，低合金高强度结构钢有Q345、Q390、Q420、Q460、Q500、Q550、Q620和Q690八种牌号。钢的牌号由代表屈服强度的汉语拼音字母、屈服强度数值、质量等级符号三个部分组成。例如：Q345D。其中：Q—钢的屈服强度的"屈"字汉语拼音的首位字母；

345—屈服强度数值，单位MPa；

D—质量等级为D级。

当需方要求钢板具有厚度方向性能时，则在上述规定的牌号后加上代表厚度方向（Z向）性能级别的符号，例如：Q345DZ15。

2. 技术性能

低合金高强度结构钢的化学成分应符合表8-7的规定，力学性能应符合表8-8的规定。

低合金高强度结构钢的化学成分 GB/T 1591—2008　　　　　　　　表8-7

牌号	质量等级	化学成分（质量分数）/%													
		C	Si	Ma	P	S	Nb	V	Ti	Cr	Ni	Cu	N	Mo	B	Al₂
					不大于											不小于
Q345	A	≤0.20	≤0.50	≤1.70	0.035	0.035	0.07	0.15	0.20	0.20	0.50	0.30	0.012	0.10	—	—
	B				0.035	0.035										
	C				0.030	0.030										
	D	≤0.18			0.030	0.025										0.015
	E				0.025	0.020										

牌号	质量等级	化学成分（质量分数）/%														
		C	Si	Ma	P	S	Nb	V	Ti	Cr	Ni	Cu	N	Mo	B	Al₂
							不大于									不小于
Q390	A	≤0.20	≤0.50	≤1.70	0.035	0.035	0.07	0.20	0.20	0.30	0.50	0.30	0.015	0.10	—	—
	B				0.035	0.035										
	C				0.030	0.030										
	D				0.030	0.025										0.015
	E				0.025	0.020										
Q420	A	≤0.20	≤0.50	≤1.70	0.035	0.035	0.07	0.20	0.20	0.30	0.80	0.30	0.015	0.20	—	—
	B				0.035	0.035										
	C				0.030	0.030										
	D				0.030	0.035										0.015
	E				0.025	0.020										
Q460	C	≤0.20	≤0.60	≤1.80	0.030	0.030	0.11	0.20	0.20	0.30	0.80	0.55	0.015	0.20	0.004	0.015
	D				0.030	0.025										
	E				0.025	0.020										
Q500	C	≤0.18	≤0.60	≤0.18	0.030	0.030	0.11	0.12	0.20	0.60	0.80	0.55	0.015	0.20	0.004	0.015
	D				0.030	0.025										
	E				0.025	0.020										
Q550	C	≤0.18	≤0.60	≤2.00	0.030	0.030	0.11	0.12	0.20	0.80	0.80	0.80	0.015	0.30	0.004	0.015
	D				0.030	0.025										
	E				0.025	0.020										
Q620	C	≤0.18	≤0.60	≤2.00	0.030	0.030	0.11	0.12	0.20	1.00	0.80	0.80	0.015	0.30	0.004	0.015
	D				0.030	0.025										
	E				0.025	0.020										
Q690	C	≤0.18	≤0.60	≤2.00	0.030	0.030	0.11	0.12	0.20	1.00	0.80	0.80	0.015	0.30	0.004	0.015
	D				0.030	0.025										
	E				0.025	0.020										

3. 性能与应用

由于合金元素的强化作用，使低合金结构钢不但具有较高的强度，且具有较好的塑性、韧性和可焊性。Q345 钢的综合性能较好，是钢结构的常用牌号，Q390 也是推荐使用的牌号。与碳素结构钢 Q235 相比，低合金高强度结构钢 Q345 的强度和承载力更高，并具有良好的承受动荷载和耐疲劳性能，但价格稍高。用低合金高强度结构钢代替碳素结构钢 Q235 可节省钢材 15%～25%，并减轻结构的自重。

低合金高强度结构钢广泛应用于钢结构和混凝土结构中，特别是大型结构、重型结构、大跨度结构、高层建筑、桥梁工程、承受动力荷载和冲击荷载的结构。

低合金高强度结构钢的拉伸性能 GB/T 1591—2008

表 8-8

牌号	质量等级	下屈服强度（R$_d$）/MPa 以下公称厚度（直径，边长）								抗拉强度（R$_a$）/MPa 以下公称厚度（直径，边长）					断后伸长率（A）/% 公称厚度（直径，边长）				
		≤16mm	≥335	≥225	≥315	≥105	≥235	≥275	≥355										
Q345	A	≥345								470~630	470~630	470~630	470~610	450~600	≥20	≥19	≥19	≥18	—
	B														≥21	≥20	≥20	≥19	≥18	≥17
	C																		
	D																	≥17	≥17
	E							≥355	450~600	450~500					≥18	≥17
Q395	A	≥390	≥370	≥550	≥330	≥310				490~650	490~650	492~650	490~650	450~620	≥20	≥19	≥19	≥18	—
	C																		
	D																		
	E																		
Q420	A	≥420	≥400	≥280	≥360	≥100	≥340			520~680	520~680	520~650	520~630	500~650	≥19	≥18	≥18	—
	B									630~660									
	C																		
	D																		
	E																		
Q450	C	≥460	≥440	≥420	≥450	≥400	≥380			550~720	550~720	550~720	500~720	500~700	≥17	≥16	≥16	≥16
	D																		
	E																		
Q500	C	≥500	≥500	≥183	≥530	≥520	≥500	≥440		600~760	600~760	550~750	550~720	540~730	550~730	≥17	≥17	—
	D																		
	E																		
Q550	C	≥550	≥550	≥500	≥560	≥570	≥450			670~830	690~830	710~830	710~830	550~780	≥16	≥16	—
	D																		
	E																		
Q520	C	≥620	≥500	≥570	≥660	≥640				710~830	690~830	670~565			≥15	≥15	—
	D									410~770	400~700								
	E																		
Q550	C	≥500	≥500	≥570						770~940	750~920	730~900	770~920		≥14	≥14	—
	D																		
	E																		

a　当屈服点不明显时，可测量 $R_{p0.2}$ 代替下屈服强度。

b　宽度不小于 600mm 扁平材，型材及棒材取纵向试样，宽度小于 600mm 的扁平材，拉伸试验取横向试样，断后伸长率最小值相应提高 1½（绝对值）。

c　厚度>250mm~400mm 的数值通用于扁平材。

二、钢筋混凝土结构用钢

目前混凝土结构用钢主要有：热轧钢筋、冷轧带肋钢筋、冷拔低碳钢丝、冷轧扭钢筋、预应力混凝土用钢丝及钢绞线。

（一）热轧钢筋

混凝土结构用热轧钢筋应有较高的强度，具有一定的塑性、韧性、冷弯和可焊性。热轧钢筋主要有用 Q235 轧制的光圆钢筋和用合金钢轧制的带肋钢筋两类。

1. 热轧钢筋的标准

国家标准《钢筋混凝土用钢第 1 部分：热轧光圆钢筋》（GB 1499.1—2008）规定，热轧光圆钢筋牌号及含义见表 8-9，其性能应符合表 8-10 的规定。

国家标准《钢筋混凝土用钢第 2 部分：热轧带肋钢筋》（GB 1499.2—2007）规定，热轧带肋钢筋的牌号及含义见表 8-9。钢筋的屈服强度 R_{eL}、抗拉强度 R_m、断后伸长率 A、最大力总伸长率 A_{gt} 等力学性能特征值应符合表 8-10 的要求。

钢筋牌号的构成及其含义 GB 1499.1—2008　　　　表 8-9

产品名称	牌　　号	牌号构成	英文字母含义
热轧光圆钢筋	HPB235	由 HPB＋屈服强度特征值构成	HPB—热轧光圆钢筋的英文（Hot rolled Plain Bars）缩写
	HPB300		
普通热轧钢筋	HRB335	由 HRB＋屈服强度特征值构成	HRB—热轧带肋钢筋的英文（Hot rolled Ribbed Bars）缩写
	HRB400		
	HRB500		
细晶粒热轧钢筋	HRBF335	由 HRBF＋屈服强度特征值构成	HRBF—在热轧带肋钢筋的英文缩写后加"细"的英文（Fine）首位字母
	HRBF400		
	HRBF500		

热轧钢筋的性质 GB 1499.1—2008，GB 1499.2—2007　　　　表 8-10

牌　号	R_{eL}/MPa	R_m/MPa	A/%	A_{gt}/%	冷弯试验 180° d—弯芯直径 a—钢筋公称直径	
	不小于					
HPB235	235	370	25.0	10.0	$d＝a$	
HPB300	300	420				
HRB335 HRBF335	335	455	17		6～25	3d
					28～40	4d
					>40～50	5d
HRB400 HRBF400	400	540	16	7.5	6～25	4d
					28～40	5d
					>40～50	6d
HRB500 HRBF500	500	630	15		6～25	6d
					28～40	7d
					>40～50	8d

2. 热轧钢筋的选用

普通混凝土非预应力钢筋可根据使用条件选用 HPB235、HPB300 钢筋或 HRB335、HRB400 钢筋；预应力混凝土应优先选用 HRB500 钢筋，也可选用 HRB400 或 HRB335 钢筋。热轧钢筋除 HPB235、HPB300 是光圆钢筋，其余为带肋钢筋，粗糙的表面可提高混凝土与钢筋之间的握裹力。

（二）冷轧带肋钢筋

冷轧带肋钢筋是热轧圆盘条经冷轧后，在其表面带有沿长度方向均匀分布的三面或两面横肋的钢筋。国标《冷轧带肋钢筋》（GB 13788—2008）规定，冷轧带肋钢筋牌号由 CRB 和钢筋的抗拉强度最小值构成，分别为冷轧（Cold rolled）、带肋（Ribbed）、钢筋（Bars）三个词的英文首位字母，冷轧带肋钢筋分为 CRB550、CRB650、CRB800、CRB970 四个牌号。CRB550 为普通钢筋混凝土用钢筋，其他牌号为预应力混凝土用钢筋。钢筋的力学性质、工艺性质应符合表 8-11、表 8-12 的规定。

冷轧带肋钢筋的性质 GB 13788—2008　　　　表 8-11

牌　号	$R_{p0.2}$/MPa 不小于	R_m/MPa 不小于	伸长率/% 不小于		弯曲试验 180°	反复弯曲 次数	应力松弛 初始应力应相当于公称抗拉强度的70% 1000h松弛率/% 不大于
			$A_{13.3}$	A_{100}			
CRB550	500	550	8.0	—	$D=3d$	—	—
CRB550	585	650	—	4.0	—	3	8
CRB800	720	800	—	4.0	—	3	8
CRB970	875	900	—	4.0	—	3	8

反复弯曲试验的弯曲半径（mm）　　　　表 8-12

钢筋公称直径	4	5	6
弯曲半径	10	15	15

（三）冷拔低碳钢丝

冷拔低碳钢丝是将直径为 6.5～8mm 的 Q235（或 Q215）圆盘条通过截面小于钢筋截面的钨合金拔丝模而制成。经受一次或多次的拔制而得的钢丝，其屈服强度可提高 40%～60%，且已失去了低碳钢的性质，变得硬脆，属硬钢类钢丝，国标行业标准《混凝土制品用冷拔低碳钢丝》（JCT 540—2006）规定，冷拔低碳钢丝按力学强度分为两极：甲级为预应力钢丝，乙级为非预应力钢丝。混凝土制品工厂自行冷拔时，应对钢丝的质量严格控制，对其外观要求分批抽样，表面不准锈蚀、油污、伤痕、皂渍、裂纹等，逐盘检查其力学、工艺性质并符合表 8-13 的规定。凡伸长率不合格者，不准用于预应力混凝土构件中。

（四）冷轧扭钢筋

冷轧扭钢筋又称麻花钢筋，是将低碳钢热轧圆盘条（Q235）经调直、冷轧、冷扭一次成型，具有规定截面形状和节距的连续螺旋状钢筋。它具有强度高，握裹力好等特点。按抗拉强度划分为 CTB550 和 CTB650 两个级别。其技术要求见表 8-14。

冷轧扭钢筋主要适用于工业与民用房屋及一般构筑物和先张法的中、小型预应力混凝土构件；对抗震设防区的非抗侧力构件如现浇和预制楼板、次梁、楼梯、基础及其他构件均可采用冷轧扭钢筋制作。

冷拔低碳钢丝的性能 JCT 540—2006　　　　　　　　　　　表 8-13

级　别	公称直径 d（mm）	抗拉强度 R_a（MPa）不小于	断后伸长率 A_{100}（%）不小于	反复弯曲次数/（次/180）不小于
甲级	5.0	650	3.0	4
		600		
	4.0	700	2.5	
		650		
乙级	3.0、4.0、5.0、6.0	550	2.0	

注：甲级冷拔低碳钢丝作预应力筋用时，如经机械调直则抗拉强度标准值应降低 50MPa。

冷轧扭钢筋的力学性能 JG 190—2006　　　　　　　　　　　表 8-14

级　别	型　号	抗拉强度 f_{sk}（N/mm²）	伸长率 A（%）	180°弯曲　弯心直径＝3d
CTB550	Ⅰ	≥550	$A_{11.3}≥4.5$	受弯部位钢筋表面不得产生裂纹
	Ⅱ		$A≥10$	
	Ⅲ		$A≥12$	
CTB650	Ⅲ	≥650	$A_{100}≥4$	

注：1. d 为冷轧扭钢筋的标志直径。

2. A、$A_{11.3}$ 分别表示以标距 $5.65\sqrt{S}$。式 11.3 $\sqrt{S_0}$（S_0 为试样原始截面面积）的试样拉断伸长率，A_{100} 表示标距为 100mm 的试样拉断伸长率。

（五）预应力混凝土用钢丝及钢绞线

它们是钢厂用优质碳素结构钢经冷加工、再回火、冷轧或绞捻等加工而成的专用产品，也称为优质碳素钢丝及钢绞线。

预应力混凝土用钢丝分为冷拉钢丝（WCD）和消除应力钢丝两类；消除应力钢丝按松弛性能分为低松弛级钢丝（WLR）和普通松弛级钢丝（WNR）；按外形分为光圆（P）、螺旋肋（H）、刻痕（I）三种。冷拉钢丝直径有 3、4、5mm 三种规格，消除应力钢丝直径有 4、5、6、7、8、9mm 六种规格。其力学性能应满足国标《预应力混凝土用钢丝》GB/T 5223—2002 要求。

钢绞线是由二、三或七根钢丝经绞捻热处理制成的。其力学性能应符合《预应力混凝土用钢绞线》GB/T 5224—2003 的要求。

钢丝和钢绞线均具有强度高、柔性好，使用时不需接头等优点，尤其适用于需要曲线配筋的预应力混凝土结构、大跨度或重荷载的屋架等。

第五节　钢材的防腐蚀与防火

一、钢材的腐蚀与防止

钢材表面与周围环境接触，在一定条件下，可发生相互作用而使钢材表面腐蚀。腐蚀不仅造成钢材的受力截面减小，表面不平整导致应力集中，降低了钢材的承载能力；还会使疲劳强度大为降低，尤其是显著降低钢材的冲击韧性，使钢材脆断。混凝土中的钢筋腐蚀后，产生体积膨胀，使混凝土顺筋开裂。因此为了确保钢材在工作过程中不产生腐蚀，必须采取防腐措施。

（一）钢材腐蚀的原因

根据钢材表面与周围介质的不同作用，一般把腐蚀分为下列两种：

1. 化学腐蚀

由非电解质溶液或各种干燥气体（如 O_2、CO_2、SO_2、Cl_2 等）所引起的一种纯化学性质的腐蚀，无电流产生。这种腐蚀多数是氧化作用，在钢材表面形成疏松的氧化物，在干燥环境下进展很缓慢，但在温度和湿度较高的条件下，这种腐蚀进展很快。

2. 电化学腐蚀

钢材与电解质溶液相接触而产生电流，形成原电池作用而发生的腐蚀。钢材中含有铁素体、渗碳体、非金属夹杂物，这些成分的电极电位不同，也就是活泼性不同，有电解质存在时，很容易形成原电池的两个极。钢材与潮湿介质空气、水、土壤接触时，表面覆盖一层水膜，水中溶有来自空气中的各种离子，这样便形成了电解质。首先钢中的铁素体失去电子即 $Fe \rightarrow Fe^{2+} + 2e$ 成为阳极，渗碳体成为阴极。在酸性电解质中 H^+ 得到电子变成 H_2 跑掉；在中性介质中，由于氧的还原作用使水中含有 OH^-，随之生成不溶于水的 $Fe(OH)_2$，进一步氧化成 $Fe(OH)_3$ 及其脱水产物 Fe_2O_3，即红褐色铁锈的主要成分。

（二）钢材腐蚀的防止

1. 钢结构工程的防护

防止钢材腐蚀的主要方法有三种。

（1）保护膜法

利用保护膜使钢材与周围介质隔离，从而避免或减缓外界腐蚀性介质对钢材的破坏作用。例如在钢材的表面喷刷涂料、搪瓷、塑料等；或以金属镀层作为保护膜，如锌、锡、铬等。

（2）电化学保护法

无电流保护法是在钢铁结构上接一块较钢铁更为活泼的金属如锌、镁，因为锌、镁比钢铁的电位低，所以锌、镁成为腐蚀电池的阳极遭到破坏（牺牲阳极），而钢铁结构得到保护。这种方法对于那些不容易或不能覆盖保护层的地方，如蒸汽锅炉、轮船外壳、地下管道、港工结构、道桥建筑等常被采用。

外加电流保护法是在钢铁结构附近，安放一些废钢铁或其他难熔金属，如高硅铁及铅银合金等，将外加直流电源的负极接在被保护的钢铁结构上，正极接在难溶的金属上，通电后则难熔金属成为阳极而被腐蚀，钢铁结构成为阴极得到保护。

（3）合金化

在碳素钢中加入能提高抗腐蚀能力的合金元素，如镍、铬、钛、铜等制成不同的合金钢。

2. 钢筋混凝土结构中钢筋的防腐

防止混凝土中钢筋的腐蚀可以采用上述的方法，但最经济而有效的方法是提高混凝土的密实度和碱度。并保证钢筋有足够的保护层厚度。

在水泥水化产物中，有 1/5 左右的 $Ca(OH)_2$ 产生，介质的 pH 值达到 13 左右，使钢筋表面产生钝化膜，因此混凝土中的钢筋是不易生锈的。但大气中的 CO_2 以扩散方式进入混凝土中，与 $Ca(OH)_2$ 作用而使混凝土中性化。当 pH 值降低到 11.5 以下时，钝化膜可能破坏，使钢材表面呈活化状态，此时若具备了潮湿和供氧条件，钢筋表面即开始发生电化学腐蚀作用，由于铁锈的体积比钢大 2～4 倍，则可导致混凝土顺筋开裂。因为 CO_2 是以扩散方式进入混凝土内部进行碳化作用的，所以提高混凝土的密实度就十分有效地减缓了碳化过程。

由于 Cl^- 有破坏钝化膜的作用，因此在配制钢筋混凝土时还应限制氯盐的使用量。

二、钢材的防火

钢材是不燃材料，但钢材也是不耐火的材料。当钢结构受火焰作用 15～20min 时其结构就会迅速变软，失去承载能力造成结构破坏。钢的使用温度应在 350℃ 以下。

（一）钢结构的防火措施

1. 外包法　即在钢结构的外表加做外包层，可采用现浇成型或采用喷涂法。其外包层材料可以采用保温隔热砂浆或轻质混凝土及其预制板材等。

2. 充水法　在空心型钢结构内部充水是抵御火灾最有效的防护措施。它可使钢结构在火灾时保持较低的温度。

3. 屏蔽法　采用耐火材料组成的墙体或顶棚将钢结构包藏起来，使钢结构远隔火源。

4. 防火涂料法　采用钢结构防火涂料。

（二）钢筋混凝土结构中钢筋的防护措施

由于钢筋混凝土结构要求钢筋必须有一定的防锈作用的混凝土保护层厚度，同时，它对钢筋的防火也起到一定的作用。由于混凝土既不燃烧，又有一定的隔热能力，因此钢筋混凝土的防火性能要比钢结构好得多。通常可采用上述的外包法及防火涂料法。

思　考　题

1. 何为钢材？何为建筑钢材？钢材有哪些特性？

2. 钢材一般从哪几方面分类？各分几类？建筑钢材一般如何分类？

3. 钢材是怎样生产的？生产方式对钢材的性质有何影响？

4. 建筑钢材有哪些技术性质？每种性质用何种指标表示？有何实际意义？如何测定？

5. 何为冷加工、时效？冷加工、时效后钢材的性质发生了哪些变化？

6. 钢材的基本组织有哪些？各有何特性？化学元素对钢材的性质有何影响？

7. 碳素结构钢、低合金高强度结构钢的牌号是如何表示的？

8. 在钢结构中，为什么 Q235 及低合金结构钢能得到普遍应用？

9. 混凝土结构工程中常用的钢筋、钢丝、钢绞线有哪些种？每种如何选用？

10. 建筑钢材锈蚀有哪些种？如何防锈？

第九章 木材及其制品

木材作为建筑材料已有悠久的历史，虽然近些年来出现了许多新型建筑材料，但目前木材仍是一种重要的建筑材料。它广泛应用于房屋建筑、矿井建筑、铁路交通和通信工程等，在土木工程中，木材可用作桁架、梁、柱、门窗、地板、桥梁、脚手架、混凝土模板和室内、外装修等。

木材作为建筑材料具有轻质高强、良好的弹性和韧性能承受冲击和振动荷载；良好的绝热性、装饰性；易于加工等优点。同时也存在着一些缺点：构造不均匀、各向异性；有天然缺陷；含水率变化时引起变形显著，导致强度改变；易腐朽与虫害；易于燃烧等。但经过一定的加工和处理，这些缺点可以得到相当程度的减轻。

建筑工程中使用的木材是由树木加工而成，树木的种类不同，木材的性质及应用就不同，一般树木分为：针叶树和阔叶树，各自的特点及用途如表 9-1 所示。

树木的分类和特点　　　　　　　　　　　　　　　表 9-1

种类	特点	用途	树种
针叶树	树叶细长、成针状，树干直而高大，木质较软，易于加工。强度较高，体积密度小，胀缩变形小	是建筑工程中主要使用的树种。多用于承重构件、门窗等	松树、杉树、柏树等
阔叶树	树叶宽大呈片状，大多为落叶树。树干通直部分较短，木质较硬，加工较困难。体积密度较大，易于胀缩，翘曲，裂缝	常用作内部装饰次要的承重构件和胶合板等	榆树、桦树、水曲柳等

第一节 木材的构造与组成

一、木材的宏观构造

木材的宏观构造是指用肉眼和放大镜能观察到的组织。木材的三个切面即横切面、径切面和弦切面的构造，如图 9-1 所示。从横切面可以看出：木材是由树皮、髓心和木质部组成的，木质部是建筑材料使用的主要部分，在木质部中靠近中心颜色较深的部分称为心材；靠近树皮颜色较浅的部分称为边材，一般心材比边材利用价值大一些。

从横切面上看到的深浅相间的同心圆环即所谓年轮，在同一年轮内，较紧密且颜色较深的部分是夏天生长的，称为夏材（晚材）；较疏松且颜色较浅的部分是春天生成的，称为春材（早材）。夏材部分越多，年轮越密且均匀，木材质量越好。

树干的中心称为髓心，其质松软、强度低、易腐朽和虫害。从髓心向外的射线称为髓线，干燥时易沿此开裂。

从弦切面可以看出，包含在树干或主枝木材中的枝条部分称为节子，节子与周围木材紧密连生、构造正常称为活节；由枯死枝条形成的节子称为死节。节子破坏木材构造的均匀性和完整性，对木材的性能有重要的影响。

从径切面可以看出，木材中纤维排列与纵轴方向不一致所出现的倾斜纹理称为斜纹，斜纹主要降低木材的强度。

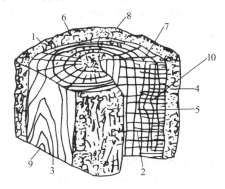

图 9-1　树干的三个切面
1—横切面；2—径切面；3—弦切面；4—树皮；
5—木质部；6—年轮；7—髓线；
8—髓心；9—节子；10—斜纹

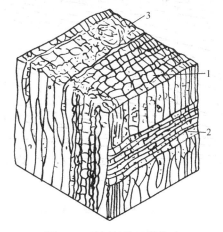

图 9-2　马尾松的显微构造
1—管胞；2—髓线；3—树脂道

二、木材的微观构造与组成

微观构造是指借助显微镜才能见到的组织。针叶树和阔叶树在微观构造上是有差别的，但它们具有许多共同的特征。由图 9-2 可以看出，木材是由无数管状细胞组成的，且绝大部分是纵向排列的。每个细胞都由细胞壁和细胞腔组成，细胞壁由若干层纤维组成，决定了木材的力学性质；纤维之间纵向连接比横向连接牢固，所以木材具有各向异性；细胞腔、细胞间存在着大量的孔隙，决定了木材具有明显的吸湿性。

细胞中存在的水，可分为自由水和吸附水：自由水是存在于细胞腔、细胞间隙的水分，对木材的性能影响较小；吸附水是存在于细胞壁内被木纤维吸附的水分，对木材的性能影响较大。木材内无自由水，而细胞壁内饱和，即仅含有吸附水的最大含水率称为纤维饱和点，其数值因树种而异，一般重量百分比介于 25%～35% 之间，纤维饱和点是水分对木材性能影响的转折点。

木材中除纤维、水以外，尚有树脂、色素、糖分、淀粉等有机物，这些组分决定了木材的腐朽、虫害、燃烧等性能。

第二节　木　材　的　性　质

一、吸湿性

由于木材中存在大量的孔隙，潮湿的木材在干燥的空气中能失去水分，干燥的木材能从周围的空气中吸收水分，这种性能称为木材的吸湿性，木材的吸湿性用含水率表示。当木材在某种介质中放置一段时间后，木材的含水率基本稳定即从介质中吸入的水分和放出的水分相等，木材的含水率与周围介质的湿度达到了平衡状态，此时的含水率称为平衡含水率。木材的平衡含水率与气温及空气相对湿度有关如图 9-3 所示。

木材在纤维饱和点以内的含水率变化对变形、强度等物理力学性能有明显的影响，因

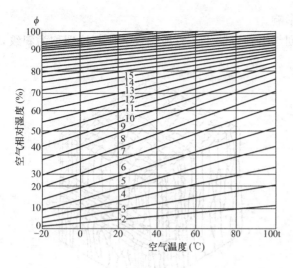

图 9-3　木材的平衡含水率图

此木材在加工、使用之前将其干燥至使用条件下的平衡含水率是十分必要的。

二、干湿变形

吸附水含量的变化将会导致木纤维之间距离的改变，使细胞壁的厚度及细胞体积发生改变，在宏观上表现为木材具有显著的干燥收缩、吸湿膨胀性能。由此可见，木材的干湿变形仅在纤维饱和点以内的含水率变化时发生，若含水率超过纤维饱和点，多余的水分将存在于细胞腔和细胞间隙中，含水率的变化对变形就没有影响了，只会使木材的体积密度及燃烧等性能发生变化。

木材的干湿变形随树种、构造不均而有差异，一般体积密度大，夏材含量多，变形就大。不同含水率在不同方向的变形如图 9-4 所示。可见顺纹方向变形最小；径向变形较大；弦向变形最大。因此，潮湿木材干燥后，其截面尺寸和形状会发生明显的变化，如图 9-5 所示。

木材的变形对其使用有严重的影响，它能使木材产生裂纹、翘曲和扭曲，以致引起木结构的接合松弛或凸起，装饰部件的破坏等，在工程中使用潮湿木材应尤其注意。

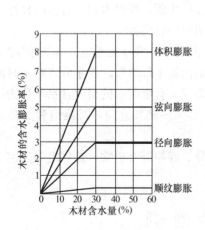

图 9-4　松木的含水膨胀

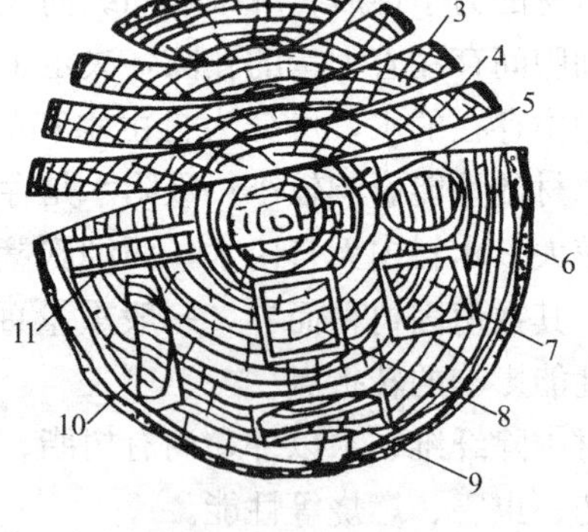

图 9-5　木材干燥后截面形状的改变
1—弓形成橄榄核状；2、3、4—成反翘；
5—通过髓心经锯板两头缩小成纺锤形；
6—圆形成椭圆形；7—分年轮成对角线的
正方形变菱形；8—两边与年轮平行的正方
形变长方形；9、10—长方形板的翘曲；
11—边材经锯板较均匀

三、强度

木材的构造的方向性决定了木材的各种强度都具有明显的方向性，木材的拉、压、弯、剪强度都有顺纹和横纹的区别，各种强度的对比如表 9-2 所示。

木材的强度主要取决于受力方向、树种、缺陷、含水率，还与持荷时间、温度等因素。

树种不同，纤维之间的结合力及孔隙率不同，所以强度也不同，一般阔叶树木材强度高于针叶树木材。

木材各项强度值的比较（以顺纹抗拉强度为1）　　　　　　　表 9-2

抗 压		抗 拉		抗 弯	抗 剪	
顺 纹	横 纹	顺 纹	横 纹		顺 纹	横纹切断
1	$\frac{1}{10} \sim \frac{1}{3}$	$2 \sim 3$	$\frac{1}{20} \sim \frac{1}{3}$	$1\frac{1}{2} \sim 2$	$\frac{1}{7} \sim \frac{1}{3}$	$\frac{1}{2} \sim 1$

　　木材的缺陷如节子、裂纹、腐朽、虫害、斜纹等对木材的强度有明显的影响，不同的缺陷对不同的强度影响也不同，如木节可显著降低木材的顺纹抗拉强度，但对顺纹抗压强度影响较小；斜纹可使木材的顺纹抗压强度降低，对顺纹抗拉、抗弯强度的影响更为严重。一般来讲，缺陷越多，木材的强度越低。

　　木材的含水率低于纤维饱和点时，由于吸附水能软化细胞壁，所以强度随含水率的增加而降低；含水率超过纤维饱和点时，自由水存在于细胞腔及间隙中，含水率的变化对强度几乎没有影响。含水率在纤维饱和点以内变化时，对不同方向的不同强度影响也不同，其中影响最大的是顺纹抗压强度，其次是抗弯强度，对顺纹抗剪强度影响较小，而对顺纹抗拉强度几乎没有影响，如图9-6所示。

　　木材在长期荷载作用下不致引起破坏的最大强度称为持久强度。木材的持久强度为短时极限强度的50%～60%，这是由于木材在荷载长期作用下，产生了等速徐变的结果。

　　木材受热时，纤维的胶结物会逐渐软化，因而强度降低；当长期在50℃以上条件下使用时木材会

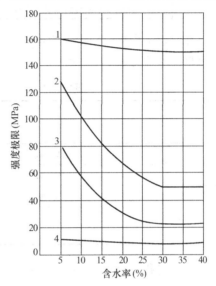

图 9-6　含水率对木材强度的影响
1—顺纹受拉；2—弯曲；
3—顺纹受压；4—顺纹受剪

发生缓慢的碳化作用，从而降低强度。若木材受冻，其水分结冰，木材缓慢密实，其强度有所增长，但木质变得硬脆，一旦解冻，其各种强度都低于未冻时的强度。

第三节　常用木材及制品

一、木材的种类与规格

　　木材按其加工程度和用途的不同，常分为：原条、原木、锯材和枕木四种，其说明及用途见表9-3所示。

木材的分类　　　　　　　　　　表 9-3

分类名称	说　明	主　要　用　途
原　条	系指除去皮、根、树梢的木料，但尚未按一定尺寸加工成规定直径和长度的材料	建筑工程的脚手架、建筑用材、家具等

分类名称	说　　明	主　要　用　途
原　木	系指已经除去皮、根、树梢的木料，并已按一定尺寸加工成规定直径和长度的材料	1. 直接使用的原木：用于建筑工程（如屋架、檩、椽等）、桩木、电杆、坑木等 2. 加工原木：用于胶合板、造船、车辆、机械模型及一般加工用材等
锯　材	系指已经加工锯解成材的木料。凡宽度为厚度三倍或三倍以上的，称为板材，不足三倍的称为枋材	建筑工程、桥梁、家具、造船、车辆、包装箱板等
枕　木	系指按枕木断面和长度加工而成的成材	铁道工程

在建筑工程中应用较多的是锯材，国家标准 GB/T 153—2009、GB/T 4817—2009 规定锯材的尺寸见表 9-4 所示。

锯材尺寸表 GB/T 153—2009、GB/T 4817—2009　　　　表 9-4

树种类	锯材分类	厚　度（mm）	宽　度（mm）	
			尺寸范围	进　级
针叶树	薄　板	12、15、18、21	30～300	10
	中　板	25、30、35		
	厚　板	40、45、50、60		
阔叶树	方　材	25×20，25×25、30×30、40×30、60×40、60×50、100×55、100×60		

针叶树和阔叶树锯材按缺陷进行分等，其等级标准见表 9-5 所示。

针叶树（阔叶树）锯材分等标准 GB/T 153—2009、GB/T 4817—2009　　表 9-5

缺陷名称	检量方法	允许限度			
		特等	一等	二等	三等
活节、死节	最大尺寸不得超过材宽的	15%	30%	40%	不限
	任意材长 1m 范围内的个数不得超过	4（3）	8（6）	12（8）	
腐　朽	面积不超过所在材面面积的	不许有	2%	10%	30%
裂纹、夹皮	长度不得超过材长的	5%（10）	10%（15）	30%（40）	不限
虫　眼	任意材长 1m 范围内的个数不得超过	1	4（2）	15（8）	不限
钝　棱	最严重缺角尺寸，不得超过材宽的	5%（15）	10%	30%	40%
弯　曲	横弯不得超过内曲水平长的	0.3%（0.5）	0.5%（1）	2%	3%（4）
	顺弯不得超过内曲水平长的	1%	2%	3%	不限
斜　纹	斜纹倾斜高不得超过水平长的	5%	10%	20%	不限

注：1. 长度不足 1m 的不分等级，其缺陷允许限度不低于三等。
　　2. 括号内数值为阔叶树锯材的要求，没有括号的为两种锯材要求相同。

二、人造板材

人造板材是利用木材或含有一定量纤维的其他植物为原料,采用一般的物理和化学方法加工而成的。这类板材与天然木材相比,板面宽、表面平整光洁,没有节子、虫眼和各方异性等缺点,不翘曲、不开裂,经加工处理后还具有防火、防水、防腐、防酸等性能,因此在许多行业中得到了广泛的应用。

常用的人造板材品种有:热固性树脂浸渍纸高压装饰层积板、胶合板、纤维板和刨花板等。

(一)热固性树脂浸渍纸高压装饰层积板(HPL)

热固性树脂浸渍纸高压装饰层积板是由专用纸浸渍氨基树脂(主要是三聚氰胺树脂)、酚醛树脂经热压(压力不低于 4.9MPa)制成的板材。按用途分为平面(P)、立面(L)和平衡面(H);按外观、特性分为:有光(Y)、柔光(R)、双面(S)和滞燃(Z)。各种规格的装饰板其技术条件应满足《热固性树脂装饰层压板》GB 7911—87 的要求。

在建筑工程中,装饰板主要用于建筑室内装饰。

(二)胶合板

由三层或三层以上的单板按对称原则、相邻层单板纤维方向互为直角组坯胶合而成的板材称为胶合板,通常其表板和内层板对称地配置在中心层或板芯的两侧。一般分为两类即普通胶合板和特种胶合板;普通胶合板按特性分为三类,各类板的特性及适用范围如表9-6所示。

普通胶合板的技术条件应符合《普通胶合板通用技术条件》GB/T 9846.3—2004 的要求。

胶合板分类、特性及适用范围 GB/T 9846.3—2004　　　　表 9-6

分 类	名 称	胶 种	特 性	适用范围
Ⅰ类	耐气候、耐沸水胶合板	酚醛树脂胶或其他性能相当的胶	耐久、耐煮沸或蒸汽处理、耐干热、抗菌	室外工程
Ⅱ类	耐水胶合板	脲醛树脂或其他性能相当的胶	耐冷水浸泡及短时间热水浸泡、不耐煮沸	室外工程
Ⅲ类	不耐潮胶合板	豆胶或其他性能相当的胶	有一定胶合强度但不耐水	室内工程一般常态下使用

(三)纤维板

纤维板是以木材或其他植物纤维为原料,经分离成纤维,施加或不施加添加剂,成型热压而成的板材。因成型时温度和压力的不同纤维板分为硬质、半硬质、软质三种。纤维板构造均匀,而且完全克服了木材的各种缺陷,不易变形、翘曲和开裂,各方面强度一致并有一定的绝缘性。

硬质纤维板是以植物纤维为原料,加工成密度大于 $0.8g/cm^3$ 的纤维板,其技术条件应符合国标《硬质纤维板技术要求》(GB 12626.2—90)的要求,硬质纤维板可代替木材用于室内墙面、顶棚、地板等;软质纤维板可用于保温、吸声材料。

(四)刨花板

刨花板是将木材或非木材植物加工成刨花碎料,并施加胶粘剂和其他添加剂热压而成的板材。

按表面状况分为：未砂光板、砂光板、涂饰板、装饰材料饰面板四种；按用途分为在干燥状态下使用的普通用板、家具及室内装饰用板、结构用板、增强结构用板；在潮湿条件下使用的结构用板、增强结构用板。其技术性质应符合《刨花板》GB/T 4897.1—GB/T 4897.6—2003 的要求。

刨花板密度小，材质均匀，花纹美，可用于保温、吸声或室内装饰等工程。

第四节　木材的防腐与防火

一、木材的腐朽与防止

中国木工有句名言："干千年、湿千年、干干湿湿二三年。"这句话表明了木材若处理不好是极易腐朽的，在工程中一定给予注意。

（一）木材的腐朽

木材由于木腐菌的侵入，逐渐改变其颜色和结构，使细胞壁受到破坏，物理力学性质随之发生变化，最后变得松软易碎，呈筛孔状或粉末状等形态，即称为腐朽。

木材的腐朽是由真菌侵害而引起的，引起木材腐朽的真菌有三种：腐朽菌、变色菌及霉菌。霉菌只寄生在木材表面，通常叫发霉；变色菌是以细胞腔内含物为养料，并不破坏细胞壁，所以这两种菌类对木材的破坏作用是很小的；而腐朽菌是以细胞壁为养料，供自身生长繁殖，致使木材腐朽破坏。

木腐菌生存繁殖必须同时具备下列四个条件：

（1）水分　木材的含水率在18％以上即能生存；含水率在30％～60％之间更为有利。

（2）温度　在2～35℃即能生存，最适宜的温度是15～25℃，高出60℃无法生存。

（3）氧气　有5％的空气即足够存活使用。

（4）营养　以木质素、储藏的淀粉、糖类及分解纤维素葡萄糖为营养。表9-7是按树脂及特殊气味定出木材的自然防腐等级。

木材的自然防腐等级　　　　　　　　　　　　　　　　　　　　表9-7

级　　别	树　种　举　例	用　　途
第一级（最耐腐）	侧柏、梓、桑、红豆杉、杉……	可做室外用材
第二级（耐腐）	槐、青岗、小叶栎、栗、银杏、马尾松、樟、榉……	可做室外用材，最好做保护处理
第三级（尚可）	合欢、黄榆、白栎、三角枫、核桃木、枫杨、梧桐……	适用保护处理或防腐处理的室外、定内用
第四级（最差）	柳、杨木、南京椴、毛泡桐、乌桕、椰榆、枫香……	非经防腐处理不适于室外使用

注：选自《木材防腐》1981第1期。

（二）木材的防腐

防止木材腐朽的方法有两种：一种是创造条件使木材不适于真菌寄生和繁殖。具体办法是将木材干燥至含水率在20％以下，或在干燥窑中干燥处理，使其含水率小于12％。

在储存和使用木材时，要注意通风排湿，对于木构件表面应刷以油漆，要保证木结构经常处于干燥状态；另一种是将木材变为有毒物质，使其不适于作真菌的养料。具体办法是用化学防腐剂对木材进行处理，处理方法有：表面涂刷法、表面喷涂法、浸渍法、冷热槽浸透法、压力渗透法等。常用防腐剂有水溶性防腐剂和油质防腐剂两种。水溶性防腐剂有：氯化锌、氟化钠、氟硅酸钠、硼铬合剂、硼酸合剂等。油质防腐剂有：煤焦油、蒽油、林丹五氯酸合剂等。

二、木材的防火

木材是由木纤维、树脂、色素、糖分、淀粉等多种有机物组成。当环境温度高于100℃时，将产生热分解放出可燃性气体。当温度达到450℃以上时，木材就会自燃起火，形成固相燃烧。

为了防止木材发生火灾，在火灾易发的结构部位，应对木材进行必要的防火处理。木材防火处理的方法常有阻燃剂浸渍法和表面涂覆法。

（一）阻燃剂浸渍法

即采用阻燃剂浸渍木材，常用的阻燃剂有：

1. 磷—氮系阻燃剂：磷酸铵、磷酸氢二胺、磷酸二氢胺、聚磷酸铵、磷酸双氢铵、三聚氰胺、甲醛—磷酸树脂等。

2. 硼化物系阻燃剂：硼酸、硼砂、硼酸锌、五硼酸盐等。

3. 卤素系阻燃剂：氯化铵、溴化铵、氯化石蜡等。

（二）表面涂覆法

即在木材表面涂刷或覆盖防火涂料。无机涂料有硅酸盐类或石膏等；有机涂料有四氟苯酐醇树脂防火涂料、膨胀型丙烯酸乳胶防火涂料等。

思 考 题

1. 名词解释
①髓心，②斜纹，③自由水，④吸附水，⑤纤维饱和点，⑥平衡含水率

2. 树木构造有哪些特点？这些特点是如何影响木材性能的？

3. 木材的含水率对变形和强度都有什么影响？如何影响的？

4. 影响木材强度的主要因素有哪些？

5. 何谓木材的闪点、燃点？在建筑工程中通常如何防火？

6. 何为锯材？锯材是根据什么进行等级划分的？分为几等？

7. 何为热固性浸渍纸高压树脂装饰层积板、胶合板、纤维板、刨花板？每种板材有何特性及应用？

8. 何谓木材的腐朽？产生腐朽的原因是什么？在建筑工程中通常采取什么办法来防腐？

第十章 合成高分子材料

高分子材料是指以高分子化合物为主要组分的材料。按来源不同高分子材料可分为天然的（如棉、木、橡胶、树脂、沥青等）及合成的（如合成塑料、合成纤维、合成橡胶）两种。由于合成高分子材料的原料（煤、石油、天然气等）来源广泛，化学合成效率高，产品具有多种建筑功能且质轻、强韧、耐化学腐蚀、易加工成型等优点，已成为一类最年轻的新型建筑材料，被越来越广泛地应用于建筑领域。

第一节 高分子化合物的基本知识

一、高分子化合物的定义及制备方法

（一）定义

高分子化合物是由千万个原子彼此以共价键连接的大分子化合物，常简称为高分子或大分子又称高聚物或聚合物。它的分子量很大（$10^4 \sim 10^6$），但其化学组成却比较简单，一个大分子往往是由许多相同的、简单的结构单元通过共价键重复连接而成。它是生产建筑塑料、胶粘剂、建筑涂料、高分子防水材料等材料的主要原料。

（二）制备方法

由低分子单体制备高分子化合物可通过加聚反应或缩聚反应来实现。

加聚反应是由相同或不相同的低分子化合物，相互加合成聚合物而不析出低分子副产物的反应，其生成物称加聚物。常见的加聚物有聚乙烯、聚氯乙烯、聚苯乙烯等。

缩聚反应是由许多相同或不同低分子化合物相互缩合成聚合物并析出低分子副产物的反应，其生成物称缩聚物。常见的缩聚物有酚醛树脂、环氧树脂、有机硅等。

二、高分子化合物的分类

高分子化合物分类方法很多，常见的有以下两种。

（一）按分子链的几何形状

高分子化合物按其链节在空间排列的几何形状，可分为线型聚合物和体型聚合物。线型聚合物各链节连接成一长链［图 10-1，（a）］，或带有支链［图 10-1（b）］，如聚氯乙烯。这种聚合物可以溶解在一定的溶剂中，可以软化，以至熔化，强度、硬度低，弹性模量较小，变形较大，耐热、耐

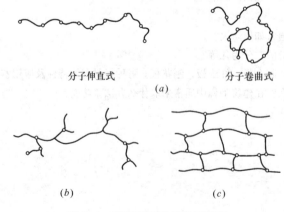

分子伸直式　　　　　分子卷曲式
（a）

（b）　　　　　　　　　（c）

图 10-1　高聚物 3 种结构示意图

（a）线型结构；（b）支链型结构；（c）网状体型结构

腐蚀性较差。体型聚合物是线型大分子间相互交联，形成网状的三维聚合物［图 10-1

（c）］，如酚醛树脂。这种聚合物加热时不软化，也不能流动，一般不溶于有机溶剂，强度、硬度、脆性较高，弹性模量较大塑性较差，耐热、耐腐蚀性较好只有少数的具有溶胀性。

（二）按热性质

高分子化合物按其在热作用下所表现的性质不同，可分为热塑性聚合物和热固性聚合物。

热塑性聚合物具有受热时软化，冷却时凝固而不起化学变化的性质，经多次重复仍能保持这种性能。建筑上常用的热塑性聚合物有：聚乙烯、聚丙烯、聚氯乙烯、聚苯乙烯、聚甲基丙烯酸甲酯等。

热固性聚合物在初次加热可软化，具有可塑性，若继续加热将发生化学反应，使相邻分子互相连接而固化变硬，最终成为不溶不熔的聚合物。建筑上常用的热固性聚合物有：酚醛树脂、环氧树脂、有机硅、脲醛树脂等。

线型结构的聚合物为热塑性聚合物，它的密度及熔点都很低，它包括所有的加聚物和部分缩聚物。

体型结构的聚合物为热固性聚合物，它的密度及熔点都较高，其特点是：坚硬脆性大，缺乏弹性和塑性。它包括大部分缩聚物。

三、高分子化合物的主要性质

（一）物理力学性质

高分子化合物的密度小，导热性很小，是一种很好的轻质保温隔热材料。它的电绝缘性好，是极好的绝缘材料。它的比强度高，是极好的轻质高强材料。由于它的减震、消音性好，一般可制成隔热、隔声和抗震材料。

（二）化学及物理化学性质

1. 老化

在光、热、大气作用下，高分子化合物的组成和结构发生变化，致使其性质变化如失去弹性、出现裂纹、变硬、脆或变软、发粘失去原有的使用功能，这种现象称为老化。

目前采用的防老化措施主要有改变聚合物的结构；涂防护层的物理方法和加入各种防老剂的化学方法。

2. 耐腐蚀性

一般的高分子化合物对侵蚀性化学物质（酸、碱、盐溶液）及蒸汽的作用具有较高的稳定性。但有些聚合物在有机溶液中会溶解或溶胀，使几何形状和尺寸改变，性能恶化，使用时应注意。

3. 可燃性及毒性

聚合物一般属于可燃的材料，但可燃性受其组成和结构的影响有很大差别。如聚苯乙烯遇明火会很快燃烧起来，而聚氯乙烯则有自熄性，离开火焰会自动熄灭。一般液态状态的聚合物几乎全部有不同程度的毒性，而固化后的聚合物多半是无毒的。

第二节　建　筑　塑　料

塑料是以合成或天然高分子有机化合物为主要原料，在一定条件下塑化成型，在常温常压下产品能保持形状不变的材料。

一、塑料的基本组成

塑料根据组成材料种类的多少，可分为单组分塑料和多组分塑料。单组分塑料基本上由一种树脂组成或加少量着色剂而制成。多数塑料是多组分的，组成除树脂外，还含有各种添加剂，改变添加剂的品种和数量，则塑料性质也随之改变。

（一）合成树脂

合成树脂是塑料的基本组成材料，它在塑料中起胶粘剂作用，它不仅能自身胶结，还能将塑料中的其他组分胶粘成一个整体，并具有加工成型的性能。合成树脂种类、性质、用量不同，塑料的物理、力学性能也不同。在多组分塑料中合成树脂的含量一般在30%以上。

（二）添加剂

为了改善塑料的某些性能，常加入一些添加剂。常用的有：

（1）填料（填充料）　它的作用是调节塑料的物理力学性能如提高强度、硬度和耐热性，降低成本，扩大使用范围。加入不同的填料可以得到不同性质的塑料。常用的填料有：云母、滑石粉、各类纤维材料、木粉、纸屑等。塑料中填料掺量一般为40%～70%。

（2）增塑剂　它的作用是提高成型时的流动性和可塑性，降低塑料的脆性和硬度，提高韧性和弹性。常用的有樟脑、磷酸酯类、二苯甲酮等。

（3）固化剂（硬化剂）　它的主要作用是使聚合物中的线型分子交联成体型分子，从而使树脂具有热固性。常用的有胺类、酸酐类和高分子类。

其他还有加入稳定剂以提高塑料在光、热等作用下的稳定性；加入着色剂以使塑料制品具有鲜艳的色彩和光泽；加入阻燃剂以提高塑料的耐燃性等。

二、塑料的主要性质

塑料是具有可塑性的高分子材料，在建筑上可作为装饰材料、绝热材料、吸声材料、防水与密封材料、管道及卫生洁具等，它除了具有一般高分子化合物的性质外，还具有如下的特性。

（一）质轻，比强度高

塑料的相对密度一般在0.8～2.2之间，约为钢材的$1/8～1/4$，铝的$1/2$，混凝土的$1/3$，比强度高于混凝土，可以大大减轻建筑物的自重。

（二）孔隙率可控制

塑料的孔隙率生产时可在很大范围内加以控制。如塑料薄膜、有机玻璃实际是没有孔隙的，而泡沫塑料的孔隙率可达95%～98%。

（三）变形性较大

塑料的弹性模量较低，约为钢的$1/10$，同时具有徐变特性，因而塑料受力时有较大的变形。

（四）装饰性好

塑料可制成完全透明的，或掺入不同的着色剂制成各种颜色的制品，可以用先进的印刷或压花技术进行印刷和压花。

（五）热膨胀较大

塑料的膨胀系数较大，比金属大3～10倍，因此使用塑料时，尤其与其他材料结合时，必须注意。

（六）隔热性好

塑料的导热系数小[$(0.024\sim0.81)$W/m·K]，约为金属的$1/500\sim1/600$，是良好的绝热材料。

（七）电绝缘性好

一般，塑料都是电的不良导体，绝缘性能良好。

三、常用的建筑塑料及制品

（一）常用的建筑塑料

建筑上常用的塑料有聚氯乙烯（PVC）、聚乙烯（PE）、聚苯乙烯（PS）、聚丙烯（PP）、聚甲基丙烯酸甲酯（PMMA）、酚醛树脂（PF）、环氧树脂（EP）、有机硅树脂（SL）、玻璃纤维增强塑料（GRP）、脲醛塑料等，其性能及主要用途见表10-1。

建筑上常用塑料的性能与用途 表10-1

种 类		特 性	主 要 用 途	备 注
热塑性塑料	聚乙烯	质轻、耐低温性好，耐化学腐蚀及有机溶剂，电绝缘性好，耐水，不易碎裂，强度不高	各种板材，管道包装，薄膜，电绝缘材料，冷水箱，零配件和日常生活用品等	耐热性差（使用温度<50℃），耐老化性差。避免强光照射，不能长期与煤油、汽油接触
	聚氯乙烯	耐腐蚀、电绝缘性好，高温和低温强度不高	薄板、薄膜、壁纸、地毯、地面卷材、零配件等	热敏性聚合物，成型时避免受热时间长和多次受热
	聚苯乙烯	耐化学腐蚀，电绝缘性好，无色透明而坚硬，耐水，性脆，易燃，无毒无味	水箱、泡沫塑料、零配件、电绝缘材料，各种仪器中的透明装置等	脆性大，耐油性差，切忌与有机溶剂和樟脑接触
	聚丙烯	轻，刚性、延性、耐热性好，耐腐蚀，不耐磨、无毒、易燃	化工容器、管道、建筑零件耐腐蚀衬板等	耐油性差、耐紫外线差、易老化，受重力冲击易碎裂
热固性塑料	酚醛塑料（电木）	耐热、耐寒性能好，受热不熔化，遇冷不发脆，表面硬度不高，不易传热，耐腐蚀性好，绝缘性好	各种层压板，绝热材料，玻璃纤维增强塑料等	韧性差，色泽单调，敲击易碎裂
	脲醛塑料（电玉）	电绝缘性好，耐弱酸、碱、无色、无味、无毒，着色力好，不易燃烧	胶合板和纤维板，泡沫塑料，绝缘材料，装饰品等	耐热性差，耐水性差，不利于复杂造型
	有机硅塑料	耐高温、耐腐蚀、电绝缘性好、耐水、耐光、耐热	防水材料、粘结剂、电工器材、涂料等	固化后的强度不高

（二）常用的建筑塑料制品

建筑工程中塑料制品主要用于装饰、装修，结构材料和防水密封及其他用途的塑料制品。

1. 玻璃纤维增强塑料及制品

它是用玻璃纤维增强酚醛树脂、环氧树脂、不饱和聚酯树脂等胶结材料而得到的复合材料，通常称作玻璃钢。它具有优良的耐水性，耐有机溶剂，耐热性和抗老化性，轻质高强，易于加工成型等特点。缺点是变形大，不耐浓酸、浓碱的侵蚀。

玻璃钢在建筑上主要用作装饰材料，屋面及墙体围护材料，防水材料及各种容器、管道、浴缸、水箱等。

2. 钙塑材料及其制品

钙塑材料又称合成木材，是将无机填料混合在有机树脂中，经一定的工艺过程而合成的一种新型材料，由于使用的无机填料是无机钙盐，而有机树脂又是生产塑料的主要原料，所以通常称为钙塑材料。

钙塑材料耐水性好，吸湿性小，尺寸稳定，变形小，易于加工。其缺点是由于加入了大量填料，其制品的光泽性较差，韧性较低，抗拉强度低于木材顺纹的抗拉强度。

钙塑材料用途很广，其制品主要有管道、门窗、墙板、百叶窗、钙塑壁纸、天棚装饰板以及绝热材料等。

3. 有机玻璃制品

它是以聚甲基丙烯酸甲酯为基本成分的单组分塑料，又称有机玻璃。有机玻璃可透过90%以上的太阳光，透过紫外线的能力达73%，是目前透明性最好的热塑性塑料，可分为无色和有色两大类。在树脂中加入颜料、染料、稳定剂和填充料时，可制成光洁漂亮的制品，用作装饰材料；用玻璃纤维增强树脂可浇注成面盆、浴缸及其他建筑制品。它具有良好的机械强度、耐化学腐蚀性、电绝缘性及着色性，缺点是较脆、易开裂。

4. 木塑复合材料及其制品

木塑复合材料是指利用聚乙烯、聚丙烯和聚氯乙烯等作为树脂胶黏剂，与超过50%以上的木粉、稻壳、秸秆等植物纤维混合而成的新型复合木质材料。再经挤压、模压或注射成型等塑料加工工艺，生产的板材、型材或制品。它集木材和塑料的优点于一身，有木材的外观，且克服了木材的不足，具有防潮、防腐、防虫蛀、尺寸稳定性高、不开裂、不翘曲等优点；它比塑料硬度高，加工性好，可锯、可钉、可粘结或采用螺栓连接。可代替木材和塑料，且可涂漆。常用于建材、家具、物流包装等。

第三节 建筑胶粘剂

胶粘剂（又称粘合剂、粘结剂）是一种能在两个物体表面间形成薄膜并能把它们紧密地胶接起来的材料。其中用合成高分子材料（合成树脂、合成橡胶）配制的胶粘剂，其胶接强度等性能均优于天然胶粘剂，广泛用于建筑工程中，包括地板、墙板、吸声板等的胶接、釉面砖、水磨石、壁纸等的铺贴，混凝土裂缝和破损的修补，以及复合材料的胶接等。

一、胶粘剂的组成与分类

（一）组成

目前使用的合成胶粘剂，大多数是由多种组分物质组成，主要有胶料、固化剂、填料和稀释剂等。

胶料是胶粘剂的基本组分，它是由一种或几种聚合物配制而成，对胶粘剂的性能（胶粘强度、耐热性、韧性、耐老化等）起决定性作用，主要有合成树脂和橡胶。

固化剂可以增加胶层的内聚强度，它的种类和用量直接影响胶粘剂的使用性质和工艺性能，如胶接强度、耐热性、涂胶方式等，主要有胺类、高分子类等。

填料的加入可以改善胶粘剂的性能，如提高强度，提高耐热性等，常用的填料有金属及其氧化物粉末、水泥、玻璃及石棉纤维制品等。

稀释剂用于溶解和调节胶粘剂的粘度。主要有环氧丙烷、丙酮等。

为了提高胶粘剂的某些性能还可加入其他添加剂如：防老剂、防霉剂、防腐剂等。

（二）分类

胶粘剂品种繁多，分类方法较多，最为常见的是按基料组成成分分类。

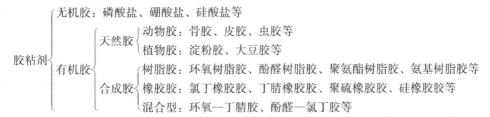

此外，还可按固化后强度特性分为结构型、次结构型和非结构型；按固化条件分为室温固化胶粘剂、高温固化胶粘剂、低温固化胶粘剂、光敏固化胶粘剂和电子束固化胶粘剂等。

二、常用建筑胶粘剂

（一）结构胶

1. 建筑结构胶

建筑结构胶应有足够的粘结强度，能长期承受较大的荷载，具有良好的耐介质性、耐老化性。主要用于钢件与钢件之间、钢材与混凝土之间等受力构件的粘结。从而达到对建筑物加固、密封、修复及改造的目的。

根据不同的应用状态、部位、受力状况，建筑结构胶分为：粘钢结构胶、粘钢灌注胶、植筋胶、化学灌浆用胶、粘碳纤维胶等。工程中常用的结构胶有：改性环氧树脂胶、改性酚醛树脂胶、不饱和聚酯树脂胶等。

2. 幕墙结构胶

用于玻璃幕墙结构，用来粘结玻璃与玻璃、铝材与玻璃，承受风力、地震、温度变化等作用。同时也起到幕墙的密封作用。因此幕墙结构胶应具有良好的抗拉伸粘结性能、优良的密封性能以及良好的耐候性。玻璃幕墙用结构胶主要是硅酮密封胶。

（二）非结构胶

非结构胶用于胶接受力不大的制件；用作定位作用；或起密封作用。常有：地板胶、瓷砖胶、石料胶、壁纸胶、塑料管道胶、竹木胶及密封胶等。

工程中常用的结构胶有：聚乙烯醇胶粘剂、酚醛树脂胶粘剂、脲醛树脂胶粘剂、呋喃树脂胶粘剂等。

建筑上常用胶粘剂的性能及应用见表10-2。

种类		特 性	主 要 用 途
热塑性树脂胶粘剂	聚乙烯缩醛胶粘剂	108 胶粘接强度高，抗老化，成本低，施工方便	粘贴塑胶壁纸、瓷砖、墙布等。加入水泥砂浆中改善砂浆性能，也可配成地面涂料
	聚醋酸乙烯酯胶粘剂	粘附力好，水中溶解度高，常温固化快，稳定性好，成本低，耐水性、耐热性差	粘接各种非金属材料、玻璃、陶瓷、塑料、纤维织物、木材等
	聚乙烯醇胶粘剂	水溶性聚合物，耐热、耐水性差	适合胶接木材、纸张、织物等。与热固性胶粘剂并用
热固性树脂胶粘剂	环氧树脂胶粘剂	万能胶，固化速度快，粘接强度高，耐热、耐水、耐冷热冲击性能好。使用方便	粘接混凝土、砖石、玻璃、木材、皮革、橡胶、金属等，多种材料的自身粘接与相互粘接。适应于各种材料的快速胶接，固定和修补
	酚醛树脂胶粘剂	粘附性好，柔韧性好，耐疲劳	粘接各种金属、塑料和其他非金属材料
	聚氨酯胶粘剂	较强粘接力，良好的耐低温性与耐冲击性。耐热性差，自身强度低	适于胶接软质材料和热膨胀系数相差较大的两种材料
合成橡胶胶粘剂	丁腈橡胶胶粘剂	弹性及耐候性良好，耐疲劳、耐油、耐溶剂性好，耐热，有良好的混溶性。粘着性差，成膜缓慢	适用于耐油部件中橡胶与橡胶、橡胶与金属、织物等的胶接。尤其适用于粘接软质聚氯乙烯材料
	氯丁橡胶胶粘剂	粘附力、内聚强度高，耐燃、耐油、耐溶液性好。储存稳定性差	用于结构粘接或不同材料的粘接。如橡胶、木材、陶瓷、金属、石棉等不同材料的粘接
	聚硫橡胶胶粘剂	很好的弹性、粘附性。耐油、耐候性好，对气体和蒸汽不渗透，防老化性好	作密封胶及用于路面、地坪、混凝土的修补、表面密封和防滑。用于海港、码头及水下建筑物的密封
	硅橡胶胶粘剂	良好的耐紫外线、耐老化性，耐热耐腐蚀性，粘附性好，防水防震	用于金属陶瓷、混凝土、部分塑料的粘接。尤其适用于门窗玻璃的安装以及隧道、地铁等地下建筑中瓷砖、岩石接缝间的密封

第四节 建筑油漆与建筑涂料

涂料是指涂于物体表面能形成具有保护、装饰或其他特殊功能（防水、防火、吸声、隔声、保温隔热、绝缘、标志等）的固体涂膜的一类液体或固体材料，包括油性漆、水性漆、粉末涂料。它具有经济、方便、不增加建筑物自重、施工效率高、翻新维修方便等优点。

一、涂料的分类

根据 GB/T 2705—2003《涂料产品分类与命名》规定，主要以涂料产品成膜物为主线，并辅以产品的主要用途，将涂料分类为建筑涂料、工业涂料、其他涂料及辅助材料。

建筑涂料按用途可分为油漆涂料（用于木材或金属表面的传统涂料，亦称油漆）和建筑涂料（用于建筑物内、外墙面、顶棚及地面作为装饰用的新型涂料）。

按成膜物质不同可分为无机涂料、有机涂料和有机无机复合涂料。有机涂料又分为油料类与树脂类

按分散介质不同可分为水溶型涂料、溶剂型涂料和水乳型涂料。

二、涂料的组成

涂料的基本组分有主要成膜物、次要成膜物与辅助成膜物三大部分。

（一）主要成膜物（基料）

1. 油料

油料是油料类涂料（亦称油漆）的主要成分，按其能否干结成膜及成膜速度分为干性油、半干性油和不干性油，制造油漆主要采用干性油作为成膜物。

干性油能在空气中发生氧化和聚合作用，经一段时间（一周内）形成坚硬的漆膜，耐水且具有弹性。属干性油的有亚麻油、桐油、梓油、苏籽油等。

2. 树脂

树脂是树脂类涂料的主要成分，按其来源分为天然树脂、人造树脂和合成树脂三类。

（1）天然树脂　如虫胶、松香、沥青等；

（2）人造树脂　是由天然有机高分子化合物经加工而成，如松香甘油酯、硝化纤维等；

（3）合成树脂　由有机化合物单体经聚合或缩聚而制得，如聚氯乙烯树脂、醇酸树脂等。利用合成树脂制成的涂料性能优异，是现代涂料生产量最大、品种最多、应用最广的涂料。

（二）次要成膜物

次要成膜物主要指涂料中所用的颜料。当涂料成膜后，颜料可使涂膜具有颜色；可增加涂膜的强度；可起骨架作用，减少涂膜的固化收缩；阻止紫外线穿透，提高涂膜的耐久性；或者带来其他特殊效果。次要成膜物不能单独成膜。按其主要作用分为着色颜料、体质颜料和防锈颜料。

1. 着色颜料　在涂膜中起着色和遮盖作用。着色颜料有无机颜料（主要是各种金属的氧化物或盐类）和有机颜料。

2. 体质颜料　又称填充料，可增加涂膜厚度，加强涂膜的体质；可提高涂膜的耐磨性和耐久性，但由于其遮盖力较差，不能阻止光线透过涂膜。主要有重晶石粉（$BaSO_4$）、碳酸钙、滑石粉、瓷土等。

3. 防锈颜料　主要起防止金属锈蚀作用。常有红丹（Pb_3O_4）、铁红（Fe_2O_3）及银粉（即铝粉）等。

（三）辅助成膜物

辅助成膜物主要包括溶剂与辅助材料。

1. 溶剂　它对涂料的成膜过程、施工过程起到一定的作用。常用松香水、酒精、汽

油、甲苯、二甲苯以及水（乳胶型涂料用）等。

2. 辅助材料　作用显著，各有所长；常有增塑剂、催干剂、固化剂、抗氧剂、紫外线吸收剂、防霉剂等。

三、建筑油漆

油漆涂料漆膜坚韧，并具有较好的耐酸性、耐碱性、耐油性、耐水性、耐溶剂性、耐磨性、耐候性、耐老化性等性能。

（一）天然漆

天然漆是以漆树汁为原料经过滤而成的涂料。又称大漆、生漆、国漆等，为我国著名特产。

天然漆不溶于水，而能溶于多种有机溶剂如酒精、石油醚、甲醇、丙酮、四氯化碳、汽油等。其粘性较高，不易施工。大漆应在 20℃～30℃，相对湿度 80%～90% 条件下干燥，不宜加催干剂。

天然漆漆膜坚硬，富有光泽，而且具有独特的耐久性、抗渗性、耐磨性、耐油性、耐化学腐蚀性、耐水性、绝缘性、耐热性（使用温度≤250℃）等优良性能。但漆膜色深，性脆，挠性与抗曲性差，耐强氧化剂和强碱性能差，不耐阳光直射。而且有毒性，施工时会使人发生皮肤过敏。

天然漆主要用于古建筑中的油漆彩画；现代园林建筑、工艺美术品、高级木器等。

（二）油料类油漆涂料

油料类油漆涂料是以某些植物油作为成膜物的涂料。一般主要采用干性油如亚麻油、桐油、梓油、苏籽油等。其主要产品有清油、厚漆、调和漆等。

1. 清油　由精制干性油加入催干剂制得的油漆涂料称清油，主要用作防潮基层或用来调制厚漆与调和漆。

2. 厚漆　由清油与颜料配制而成的油漆涂料称厚漆，俗称"铅油"，属最低级的油漆涂料。

3. 调和漆　由清油与体质颜料及溶剂等调制而成的油漆涂料称调和漆，亦称"油性调和漆"，调和漆使用时，不需重新调和，可直接使用，施工方便。而且，它有一定的耐久性。

油料类油漆涂料虽然价格便宜，使用方便，但由于各种性能不能满足较高的要求，因此已基本为树脂类油漆涂料所替代。

（三）树脂类油漆涂料

树脂类油漆涂料是以树脂（天然、人造、合成树脂）为成膜物的油漆涂料。

1. 清漆　由树脂加入挥发性溶剂（汽油、酒精）制成清漆，它主要用作调制磁漆与磁性调和漆，当木门窗油漆后需显露木纹时，应采用清漆。

2. 磁漆　由清漆加入颜料制得磁漆，磁漆按树脂种类不同，有酚醛树脂漆、醇酸树脂漆、硝基树脂漆等，磁漆适用于室内、室外、木材及金属表面。

3. 调和漆　由清漆加入颜料、溶剂、催干剂制得调和漆，亦称"磁性调和漆"。使用时不需重新调和，可直接使用。

4. 光漆　由硝化棉、天然树脂、溶剂制得光漆，亦称"腊克"或"硝基木质清漆"它适用于木装修表面。

（四）工程上常用油漆涂料 见表 10-3

工程上常用油漆涂料　　　　　　　　　　　　　　　　　　表 10-3

油漆涂料种类	主要优点	缺　　点	主要用途
油脂漆（油料类）	耐气候性良好，可室内用与室外用，作底漆或面漆	干性慢，机械性能不高，水膨胀性大，不能打磨、抛光	室内外金属、木材表面室内墙面
天然树脂漆	干燥快，短油坚硬易打磨，长油有弹性，耐气候性好	短油耐气候性差，长油不能打磨	室内木材表面、家具等
酚醛树脂漆	干燥快，漆膜坚硬，耐水、耐化学腐蚀，能绝缘	颜色易泛黄、变深，漆膜较脆	绝缘、金属防腐、耐酸防腐、室内外金属、木装饰
沥青漆	耐水、耐酸、耐碱、能绝缘	颜色黑，不宜做浅色漆，对日光稳定性差，耐溶剂性差	防潮、防水、防腐、耐碱、耐热、绝缘
醇酸树脂漆	耐候性优良，保光性好，耐久	漆膜较软，耐碱性和耐水性差	耐油、耐热、保色、保光、绝缘涂层
硝基纤维漆	干燥迅速，耐油，坚韧耐磨，耐气候性良好	易燃，清漆不抗紫外线，不能在 60℃ 以上使用	耐油、保光、木器家具、金属装饰，不宜作防腐用
丙烯酸树脂漆	漆膜无色，耐热、耐候性优良，保色性良好，耐化学腐蚀好	固体分低，耐溶剂性差，外观较差	耐热、耐大气、木器涂装，内外墙地坪涂装
环氧树脂漆	附着力强，抗化学腐蚀性好，漆膜坚韧，能绝缘	保光性差，室外暴晒易粉化	耐酸碱、耐油、耐水、耐磨、耐溶剂、绝缘、金属防腐、地坪、
聚氨酯漆	耐磨性强，耐水性好，耐化学腐蚀性好，能绝缘	遇潮起泡，漆膜易粉化、泛黄	耐酸碱、耐水、耐磨、耐溶剂、绝缘、外墙、地坪涂料、工业涂料
过氯乙烯漆	耐酸、碱，耐高温、高湿，耐久性好	涂层层数须多，较不经济	外墙涂料、地坪涂料及各类建筑物防腐蚀

四、建筑涂料

按 GB/T 2705—2003 规定，建筑涂料可分为墙面涂料、防水涂料、地坪涂料及功能性建筑涂料。

（一）墙面涂料

墙面涂料有合成树脂乳胶内墙涂料、合成树脂乳胶外墙涂料、溶剂型外墙涂料及其他墙面涂料。

1. 内墙涂料

内墙涂料亦可用作顶棚涂料，对于内墙涂料除应具有质地细腻，色彩丰富，良好的装饰效果外，还应具有良好的透气性、耐碱、耐水、耐粉化、耐污染等性能。此外，还应便于涂刷，容易维修，价格合理。内墙涂料主要采用水乳型涂料。

水乳型（亦称乳液、乳胶型）涂料是成膜物微滴借助于乳化剂均匀的悬浮于水中而形成。以水为稀释剂，施工方便，待水分蒸发后，成膜物破乳成膜；具有透气性好、耐候性好、耐久性好等优良性能；

合成树脂乳胶内墙涂料按照基材的不同，分为聚醋酸乙烯乳液和丙烯酸乳液两大类。

（1）聚醋酸乙烯乳液　它是以聚醋酸乙烯为成膜物的内墙涂料，无毒、无味、不燃、附着力强、耐水性好、耐碱性好、颜色鲜艳、透气性好、易于施工，属中档内墙涂料。

（2）乙丙内墙乳胶漆　它是由醋酸乙烯和丙烯酸酯共聚而成，无毒、无味、不燃，有良好的耐水性、保色性和耐久性。适用于较高级的内墙面装饰，也可用于木质门窗。

2. 外墙涂料

外墙涂料除应具有质地细腻，色彩丰富，良好的装饰效果外，还应具有良好的耐水性、耐污染性、耐候性等性能。此外，还应便于涂刷，容易清洗与维修。

常用外墙涂料有聚合物水泥涂料、乳液型涂料、溶剂型涂料和无机硅酸盐涂料等四类。

（1）聚合物水泥涂料　即将有机高分子材料掺入水泥中，组成有机、无机复合的聚合物水泥涂料。常用的有聚醋酸乙烯乳液，其掺量一般为水泥重量的 20%～30%。

（2）合成树脂乳胶外墙涂料　由合成树脂乳液加入颜料、填料以及助剂等经研磨或分散处理后制成乳液涂料。按其装饰质感可分为乳胶漆（薄型乳液涂料）、厚质涂料和彩色砂壁状涂料。

（3）溶剂型外墙涂料　溶剂型涂料是以高分子合成树脂为主要成膜物质，有机溶剂为稀释剂加入一定量颜料、填料、助剂等经混合、搅拌溶解研磨而成的一种挥发性涂料。涂刷后，溶剂挥发、成膜物等形成涂膜。溶剂型涂料漆膜紧密，一般都有较好的硬度、光泽、耐水性、耐化学腐蚀性和一定的耐久性。且成膜块，但漆膜透气性差。施工时须基底干燥，而且有机溶剂挥发，浪费能源污染环境。一般说，外墙涂料均可用作内墙装饰，但溶剂型涂料却不宜用于内墙。

（4）外墙无机建筑涂料　它是以水溶性碱金属硅酸盐或水分散性二氧化硅胶体为主要成膜物的一种建筑涂料。其具有对光、热及放射线的稳定性，有优良的耐热性和耐老化性，有较好的耐污染性，不易吸灰，能保持良好的装饰效果。其缺点是漆膜的耐水性较差。目前，国内的主要产品有硅酸钠（或硅酸钾）水玻璃涂料和硅溶胶无机外墙涂料两大类产品。

（二）防水涂料

能形成具有抗水性涂层，可保护基层不被水渗透或湿润的涂料称防水涂料。防水涂料可分为沥青类、高聚物改性沥青类和合成高分子类。主要用于特殊结构的屋面及管道较多的厕浴间的防水。

（三）地坪涂料

地坪涂料是用于室内水泥地面进行装饰的一种涂料，其主要功能是装饰与保护室内地面。它与传统的地面砖、水磨石、陶瓷锦砖、大理石、花岗岩等相比，使用寿命短，但也有工期短、造价低、自重轻、维修更新方便等优点。

地坪涂料应该具有以下特点：耐碱性良好，因为地坪涂料主要涂刷在带碱性的水泥砂浆基层上；与水泥砂浆有较好的粘接性能；有良好的耐水性、耐擦洗性；有良好的耐磨性；有良好的抗冲击力；涂刷施工方便；价格合理。

地坪涂料分为薄质涂料和厚质涂料两类。常用地坪涂料有过氯乙烯地面涂料、苯乙烯地面涂料、环氧树脂地面涂料、聚氨酯地面涂料、聚醋酸乙烯水泥地面涂料等。

（四）功能性建筑涂料

建筑涂料除用于内墙面（包括顶棚）、外墙面、地面之外，还有既可以有装饰功能，还具有某些特殊功能的涂料如防水、防火、防霉、防腐保温隔热等，称为功能性建筑涂料。这种涂料常以聚氨酯类、环氧树脂类、丙烯酸酯类等为成膜物配制而成。

思　考　题

1. 何谓高分子化合物？高分子化合物的主要性质有哪些？
2. 塑料的主要组成有哪些？各组成成分有何作用？
3. 胶粘剂的组成及各组成的作用是什么？
4. 试举三种建筑常用胶粘剂，并说明它们的用途。
5. 建筑涂料的功能有哪些？
6. 涂料的组成材料及各自的作用是什么？

第十一章 防 水 材 料

防水材料是建筑工程不可缺少的主要建筑材料之一，它在建筑物中起防止雨水，地下水与其他水分渗透的作用。防水材料同时也用于其他工程之中，如公路桥梁、水利工程等。建筑工程防水技术按其构造做法可分为两大类，即构件自身防水和采用不同材料的防水层防水。采用不同材料的防水层做法又可分为刚性防水和柔性防水，前者采用涂抹防水的砂浆、浇筑掺入外加剂的混凝土或预应力混凝土等做法，后者采用铺设防水卷材、涂敷各种防水涂料等做法。多数建筑物采用柔性材料防水做法。目前国内外最常用的主要是沥青类防水材料。随着科学技术的进步，防水材料的品种、质量都有了很大发展。一些防水功能差，使用寿命短或有损于环境质量的旧防水材料逐步被淘汰，如纸胎沥青油毡、焦油型聚氨酯防水涂料等；一些防水效果好，寿命长且不污染环境的新型防水材料，如高聚物改性沥青防水卷材、涂料和合成高分子类防水卷材、涂料不断涌现并得到推广。

第一节 沥 青 材 料

沥青是一种憎水性的有机胶结材料，不仅本身构造致密，且能与石料、砖、混凝土、砂、木料、金属等材料牢固地粘结在一起。以沥青或以沥青为主要组成的材料和制品，都具有良好的隔潮、防水、抗渗及耐化学腐蚀、电绝缘等性能，主要用于屋面、地下以及其他防水工程、防腐工程和道路工程。

一、石油沥青

石油沥青是石油原油经蒸馏等提炼出各种石油产品（如汽油、煤油、柴油、润滑油等）以后的残留物，或再经加工而得的产品。它能溶于二硫化碳、氯仿、苯等有机溶剂中，在常温下呈褐色或黑褐色的固体、半固体或粘稠液体状态，受热后变软，甚至具有流动性。

（一）石油沥青的组分

石油沥青是由碳及氢组成的多种碳氢化合物及其衍生物的混合体。由于石油沥青的化学组成复杂，因此从使用角度，将沥青中化学特性及物理、力学性质相近的化合物划分为若干组，这些组即称为"组分"。石油沥青的性质随各组分含量的变化而改变。

1. 油分

油分是沥青中最轻组分（密度小于 1）的淡黄色液体，能溶于大多数有机溶剂，但不溶于酒精，在石油沥青中油分含量为 $40\% \sim 60\%$。它赋予沥青以流动性，其含量越大，沥青的黏度越小，越便于施工。

2. 树脂（沥青脂胶）

树脂为密度大于 1 的黄色至黑褐色的粘稠半固体，能溶于汽油中，在石油沥青中含量为 $15\% \sim 30\%$，它赋予沥青黏性与塑性，其含量增加，沥青的塑性增大。

3. 地沥青质（沥青质）

地沥青质为密度大于 1 的深褐色至黑色固体粉末，是石油沥青中最重的组分，能溶于二硫化碳和三氯甲烷，但不溶于汽油和酒精，在石油沥青中含量为 5%～30%。它决定石油沥青温度敏感性并影响黏性的大小，其含量越多，则温度敏感性愈小，黏性愈大，也愈硬脆。

此外石油沥青中还存在石蜡，它会降低石油沥青的黏性、塑性和温度敏感性。《公路沥青路面施工技术规范》JTGF 40—2004 规定，蒸馏法测得的含蜡量应不大于 3%。

（二）石油沥青的技术性质

石油沥青的技术性质主要包括黏性、塑性、温度敏感性、大气稳定性，以及耐蚀性等。

1. 黏性（黏滞性）

黏性是指石油沥青在外力作用下，抵抗变形的能力，是沥青的主要技术性质之一。黏性大小与组分含量及温度有关。地沥青质含量多，同时有适量树脂，而油分含量较少时，黏性大。在一定温度范围内，温度升高，黏度降低，反之，黏度提高。

对于液态沥青，或在一定温度下具有流动性的沥青，用标准黏度计测定黏度。对于半固态或固态的黏稠石油沥青的黏度是用针入度仪测定其针入度值来表示，以 1/10mm 为单位表示，每 1/10mm 为 1 度（详见实验部分）。针入度值越小，表明沥青黏度越大。

2. 塑性

塑性是指石油沥青受到外力作用时，产生不可恢复的变形而不破坏的性质，是沥青的主要技术性质之一。当石油沥青中油分和地沥青质适量时，树脂含量愈多，沥青膜层越厚，塑性越大，温度升高，塑性增大。沥青之所以能制出性能良好的柔性防水材料，很大程度上取决于沥青的塑性，塑性大的沥青防水层能随建筑物变形而变形，防水层不致破裂，若一旦破裂，由于其塑性大，具有较强的自愈合能力。

石油沥青的塑性用延度表示，以 cm 为单位（详见实验部分）。延度越大，表明沥青的塑性越大。

3. 温度敏感性

温度敏感性是指石油沥青的粘性和塑性随温度的升降而变化的性能，是评价沥青质量的重要性质之一。变化程度小，即温度敏感性小；反之，温度敏感性大。用于防水工程的沥青，要求具有较小的温度敏感性，以免高温下流淌，低温下脆裂。

沥青的温度敏感性用软化点表示，采用"环球"法，以℃为单位（详见实验部分）。软化点愈高，沥青温度敏感性愈小。

4. 大气稳定性

大气稳定性是指石油沥青在大气综合因素长期作用下抵抗老化的性能，也是沥青材料的耐久性。大气稳定性好的石油沥青可以在长期使用中保持其原有性质；反之，由于大气长期作用，某些性能降低，使石油沥青使用寿命减少。

造成大气稳定性差的主要原因是在热、阳光、氧气和水分等因素的长期作用下，石油沥青中低分子组分向高分子组分转化，即沥青中油分和树脂相对含量减少，地沥青质逐渐增多，从而使石油沥青的塑性降低，黏度提高，逐渐变得脆硬，直至脆裂，失去使用功能，这个过程称为"老化"。

沥青的大气稳定性以加热损失的百分率为指标，通常用沥青材料在 160℃保温 5h 损失的质量百分率表示。如损失少，则表示性质变化小，耐久性高。也可用沥青材料加热前后针入度的比值表示。

以上四种性质是石油沥青材料的主要性质，针入度、延度、软化点是评价沥青质量的主要指标，是决定沥青牌号的主要依据。此外，石油沥青施工中安全操作的温度用闪点、燃点表示。

闪点是指沥青加热至挥发出可燃气体，与火焰接触闪火时的最低温度。燃点是表示若继续加热，一经引火，燃烧就将继续下去的最低温度。施工熬制沥青的温度不得超过闪点。

5. 耐蚀性

耐蚀性是石油沥青抵抗腐蚀介质侵蚀的能力。石油沥青对于大多数中等浓度的酸、碱和盐类都有较好的抵抗能力。

6. 防水性

石油沥青是憎水性材料，几乎完全不溶于水，它本身的构造致密，与矿物材料表面有很好的粘结力，能紧密粘附于矿物材料表面，形成致密膜层。同时，它还有一定的塑性，能适应材料或构件的变形，所以石油沥青具有良好的防水性，广泛用作建筑工程的防潮、防水、抗渗材料。

（三）石油沥青的分类及选用

根据我国现行标准，石油沥青分为道路石油沥青、建筑石油沥青和普通石油沥青，各品种按技术性质划分为多种牌号，各牌号石油沥青的技术要求列于表 11-1 和表 11-2。

道路石油沥青技术指标（NB/SH/T 0522—2010）　　　　　表 11-1

项　　目	质量指标				
	200 号	180 号	140 号	100 号	60 号
针入度 25℃，100g，5s/（1/10mm）	200~300	150~200	110~150	80~110	50~80
延度注（25℃/cm）≥	20	100	100	90	70
软化点/℃	30~48	35~48	38~51	42~55	45~58
溶解度/%≥	99.0				
闪点（开口）/℃≥	180	200	230		
密度（25℃）/（g/cm³）	报告				
蜡含量/%≤	4.5				
薄膜烘箱试验（163℃，5h）质量变化%≤	1.3	1.3	1.3	1.2	1.0
针入度比/%	报告				
延度（25℃/cm）	报告				

注：如 25℃延度达不到，15℃延度达到时，也认为是合格的，指标要求与 25℃延度一致

184

项 目	技 术 指 标		
	40 号	30 号	10 号
针入度（25℃，100g，5s）/（1/10mm）	36～50	26～35	10～25
针入度（46℃，100g，5s）/（1/10mm）	报告[a]		
针入度（0℃，200g，5s）/（1/10mm） ≥	6	6	3
延度（25℃，5cm/min）/cm ≥	3.5	2.5	1.5
软化点（环球法）/℃ ≥	60	75	95
溶解度（三氯乙烯）/% ≥	99.0		
蒸发后质量变化（163℃，5h）/% ≤	1		
蒸发后 25℃针入度比[b]/% ≥	65		
闪点（开口杯法）/℃ ≥	260		

a　报告应为实测值

b　测定蒸发损失后样品的 25℃针入度与原 25℃针入度之比乘以 100 后，所得的百分比，称为蒸发后针入度比

从表 11-1 和表 11-2 可以看出，石油沥青是按针入度指标来划分牌号的，同时保证相应的延度和软化点等。针入度、延度和软化点是衡量沥青材料性能的三项重要指标。同一品种石油沥青中，牌号越大，材料越软，针入度值越大（即黏度越小），延度越大（即塑性越大），软化点越低（即温度敏感性越大）。

选用沥青材料时，应根据工程性质（房屋、道路、防腐）及当地气候条件，所处工作环境（屋面、地下）来选择不同牌号的沥青（或选取两种牌号沥青混合使用）。在满足使用要求的前提下，尽量选用较大牌号的石油沥青，以保证在正常使用条件下，石油沥青有较长的使用年限。

一般情况下，屋面沥青防水层不但要求黏度大，以使沥青防水层与基层牢固粘结，更主要的是按其温度敏感性选择沥青牌号。由于屋面沥青层蓄热后的温度高于气温，因此选用时要求其软化点要高于当地历年来达到的最高气温 20℃以上。对于夏季气温高，而坡度又大的屋面，常选用 10 号、30 号石油沥青，或者 10 号与 30 号或 60 号掺配调整性能的混合沥青。但在严寒地区一般不宜直接选用 10 号石油沥青，以防冬季出现冷脆破裂现象。

用于地下防潮、防水工程时，一般对软化点要求不高，但其塑性要好，粘性较大，使沥青层能与建筑物粘结牢固，并能适应建筑物的变形，而保持防水层完整，不遭破坏。

建筑石油沥青多用于建筑工程和地下防水工程以及作为建筑防腐材料。道路石油沥青多用于拌制沥青砂浆和沥青混凝土，用于道路路面及厂房地面等。普通石油沥青含蜡量高，性能较差，在建筑工程中一般不使用。如用于一般或次要的路面工程，可与其他沥青掺配使用。

二、改性沥青

建筑上使用的沥青要求具有一定的物理性质和粘附性，即低温下有弹性和塑性；高温下有足够的强度和稳定性；加工和使用条件下有抗"老化"能力；与各种矿料和结构表面有较强的粘附力；对构件变形的适应性和耐疲劳性。通常石油加工厂制备的沥青不能满足

这些要求，为此，常采用以下方法对石油沥青进行改性。

（一）橡胶改性沥青

橡胶是以生胶为基础加入适量的配合剂组成的具有高弹性的有机高分子化合物。即使在常温下它也具有显著的高弹性能，在外力作用下产生很大的变形，除去外力后能很快恢复原来的状态。橡胶在阳光、热、空气或机械力的反复作用下，表面会出现变色、变硬、龟裂或变软发粘，同时机械强度降低，这些现象叫老化。为防止橡胶老化，一般加入防老化剂，如蜡类等。

橡胶是沥青的重要改性材料，它和沥青有很好的混溶性，并能使沥青具有橡胶的优点，如高温变形性小，低温柔性好等，沥青中掺入橡胶后，可使其性能得到很好的改善，如耐热性、耐腐蚀性、耐候性等得以提高。

橡胶改性沥青可制成卷材、片材、胶粘剂、密封材料和涂料等，用于道路路面工程、密封材料和防水材料等。常用的品种有：氯丁橡胶改性沥青、丁基橡胶改性沥青和再生橡胶改性沥青等。

（二）树脂改性沥青

用树脂对石油沥青进行改性，使沥青的耐寒性、耐热性、粘结性和不透气性提高，如石油沥青加入聚乙烯树脂改性后可制成冷粘贴防水卷材等。常用的品种有：古马隆树脂改性沥青、聚乙烯树脂改性沥青、聚丙烯树脂改性沥青、酚醛树脂改性沥青等。

（三）橡胶和树脂改性沥青

橡胶和树脂同时用于改善沥青的性质，使沥青具有橡胶和树脂的特性，如耐寒性，且树脂比橡胶便宜，橡胶和树脂又有较好的混溶性，故效果较好。橡胶和树脂改性沥青主要有卷材、片材、密封材料和防水涂料等。

（四）稀释沥青（冷底子油）

冷底子油是用稀释剂对沥青稀释的产物，它是将沥青熔化后，用汽油或煤油、轻柴油、苯等溶剂（稀释剂）溶合而配成的沥青涂料。由于它多在常温下用于防水工程的底层，故名冷底子油。它的流动性好，便于喷涂，将冷底子油涂刷在混凝土、砂浆或木材等基面后，能很快渗透进基面，溶剂挥发后，便与基面牢固结合，并使基面有憎水性，为粘结同类防水材料创造了有利条件。

冷底子油通常随用随配，若贮存时，应使用密闭容器，以防止溶剂挥发。

（五）沥青玛瑞脂

沥青玛瑞脂是在沥青中掺入适量粉状或纤维状矿质填充料经均匀混合而制成。它与沥青相比，具有较好的粘性、耐热性和柔韧性，主要用于粘贴卷材、嵌缝、接头、补漏及做防水层的底层。沥青玛瑞脂中掺入填充料，不仅可以节省沥青，更主要的是为了提高沥青玛瑞脂的粘结性、耐热性和大气稳定性，填充料主要有粉状的，如滑石粉、石灰石粉、普通水泥和白云石粉等；还有纤维状的，如石棉粉、木屑粉等。填充料加入量一般为 $10\%\sim30\%$，由试验决定。

沥青玛瑞脂有热用及冷用两种。在配制热沥青玛瑞脂时，应待沥青完全熔化脱水后，再慢慢加入填充料，同时应不停的搅拌至均匀为止，要防止粉状填充料沉入锅底。填充料在掺入沥青前应干燥并宜加热。冷用沥青玛瑞脂是将沥青熔化脱水后，缓慢地加入稀释剂，再加入填充料搅拌而成，它可在常温下施工，改善劳动条件，同时减少沥青用量，但成本较高。

（六）沥青的掺配

某一种牌号的石油沥青往往不能满足工程技术要求，因此需用不同牌号沥青进行掺配。

进行两种沥青掺配时，首先按下述公式计算，然后再进行试配调整：

$$较软沥青掺量（\%）=\frac{较硬沥青软化点-要求的软化点}{较硬沥青软化点-较软沥青软化点}\times100$$

较硬沥青掺量（%）＝100－较软沥青掺量

【例 11-1】 某工程需用软化点为 85℃ 的石油沥青，现有 10 号及 60 号两种，由试验测得，10 号石油沥青软化点为 95℃；60 号石油沥青软化点为 45℃。应如何掺配以满足工程需要？

【解】 计算掺配用量：

$$60 号石油沥青用量（\%）=\frac{95℃-85℃}{95℃-45℃}\times100=20$$

10 号石油沥青用量（%）＝100－20＝80

试配调整将应根据计算的掺配比例和其邻近的比例（±5%～10%）进行试配（混合熬制均匀），测定掺配后沥青的软化点，然后绘制"掺配比—软化点"曲线，即可从曲线上确定所要求的掺配比例。

如用三种沥青时，可先求出两种沥青的配比，再与第三种沥青进行配比计算，然后再试配。同样也可对针入度指标按上法进行计算及试配。

第二节　防　水　卷　材

卷材是一种用来铺贴在屋面或地下防水结构上的防水材料。防水卷材分为有胎卷材和无胎卷材两类，凡用厚纸、石棉布、玻璃布、棉麻织品等作为胎料，浸渍石油沥青、改性石油沥青或合成高分子聚合物等制成的卷状材料，称有胎卷材（亦称浸渍卷材）；以沥青、橡胶或树脂为主体材料，配入填充料改性材料等添加料，经混炼、压延或挤出成型而制得的卷材称无胎卷材。

防水卷材按其基材种类分为沥青基防水卷材、改性沥青防水卷材和合成高分子防水卷材三大类。目前我国最常见的防水卷材是改性沥青防水卷材类。

一、沥青防水卷材

（一）油纸及油毡

油纸是以熔化的低软化点的沥青浸渍原纸所制成的一种无涂盖层的纸胎防水卷材。

油毡是用较高软化点的热沥青，涂盖油纸的两面，然后再涂或撒隔离材料所制成的一种纸胎防水卷材。

油毡按所用隔离材料分为粉状面油毡和片状面油毡，表示为"粉毡"和"片毡"。油毡按所用纸胎每平方米的质量（g/m²）分为 200 号、350 号和 500 号三种标号，并按浸渍材料总量和物理性质分为合格品、一等品、优等品三个等级。油纸分为 200 号、350 号两种标号。

油纸适用于建筑防潮和包装，也可用于多层防水层的下层；油毡适用于多层防水层的各层和面层。

（二）其他有胎卷材

沥青玻璃布油毡　它是以玻璃纤维织成的布作胎基，直接用高软化点沥青浸涂玻璃布两面，撒上滑石粉或云母粉而成。这种油毡的抗拉强度，柔韧性，耐腐蚀性均优于纸胎沥青油毡，适用于防水性、耐水性、耐腐蚀性要求较高的工程，是重要工程中常用的防水卷材，也常用于金属管道（热管道除外）防腐保护层等。

其他有胎卷材还有以麻布、合成纤维等为胎基，经浸渍、涂敷、撒布制成的石油沥青麻布油毡、沥青玻璃纤维油毡等。它们的性能均好于纸胎沥青油毡，更适合用于地下防水、屋面防水层、化工建筑防腐工程等。

二、改性沥青防水卷材

我国过去一直沿用石油沥青油毡做建筑防水，存在污染环境和容易起鼓、老化、渗漏等工程质量问题。随着科学技术的进步，从沥青中提取的东西越来越多，使得沥青的组分变化很大，耐热性下降，石油沥青油毡屋面防水层的使用寿命缩短。为此，除提高和改进已有产品的质量和数量，改性沥青防水卷材就是为了满足这些要求应运而生的。

改性沥青防水卷材分弹性体改性沥青防水卷材和塑性体改性沥青防水卷材两大类。

（一）弹性体改性沥青防水卷材

弹性体改性沥青防水卷材的性能要求见表 11-3。

弹性体改性沥青防水卷材的物理力学性能 GB 18242—2008   表 11-3

序号	项目		指标				
			I		II		
			PY	G	PY	G	PYG
1	可溶物含量 /（g/m²）≥	3mm	2100				—
		4mm	2900				—
		5mm	3500				
		试验现象	—	胎基不燃	—	胎基不燃	
2	耐热性	℃	90		105		
		≤mm	2				
		试验现象	无流淌、滴落				
3	低温柔性/℃		—20		—25		
4	不透水性：30min		0.3MPa	0.2MPa	0.3MPa		
5	拉力	最大峰拉力/（N/50mm）≥	500	350	800	500	900
		次高峰拉力/（N/50mm）≥					800
		试验现象	拉伸过程中，试件中部无沥青涂盖层开裂或与胎基分离现象				

序号	项目		指 标				
			I		II		
			PY	G	PY	G	PYG
6	延伸率	最大峰时延伸率/%≥	30	—	40	—	—
		次高峰时延伸率/%≥	—	—	—	—	15
7	浸水后质量增加/%≤	PE、S	1.0				
		M	2.0				
8	热老化	拉力保持率/%≥	90				
		最大峰时延伸率保持率/%≥	80				
		低温柔性/℃	−15		−20		
			无裂缝				
		尺寸变化率/%≤	0.7	—	0.7	—	0.3
		质量损失/%≤	1.0				
9	渗油性，张数≤		2				
10	接缝剥离强度/（N/mm）≥		1.5				
11	钉杆撕裂强度 a/N≥		—				300
12	矿物粒料粘附性 b/g≤		2.0				
13	卷材下表面沥青涂盖层厚度 c/mm≥		1.0				
14	人工气候加速老化	外观	无滑动、流淌、滴落				
		拉力保持率/%≥	80				
		低温柔性/℃	−15		−20		
			无裂缝				

注：1. 仅适用于单层机械固定施工方式卷材

2. 仅适用于矿物粒料表面的卷材

3. 仅适用于热熔施工的卷材

弹性体改性沥青防水卷材是热塑性弹性体改性沥青（简称弹性体沥青）涂盖在经沥青浸渍后的胎基两面，上表面撒以细砂、矿物粒（片）料或覆盖聚乙烯膜，下表面撒以细砂或覆盖聚乙烯膜所制成的防水卷材。胎基材料主要为聚酯无纺布、玻璃纤维毡，也可使用麻布或聚乙烯膜。

目前，国内生产的主要为 SBS（苯乙烯—丁二烯—苯乙烯）热塑性弹性体改性沥青柔性防水卷材。

SBS 改性沥青柔性防水卷材，具有良好的不透水性和低温柔韧性，在−15℃～−25℃下仍保持其柔韧性；同时还具有抗拉强度高、延伸率较大、耐腐蚀性及高耐热性等优点。

弹性体沥青防水卷材适用于建筑屋面、地下及卫生间等的防水防潮，以及游泳池、隧道、蓄水池等的防水工程，尤其适用于寒冷地区建筑物防水，并可用于Ⅰ级防水工程。

弹性体沥青防水卷材施工时可用热熔法施工，也可用胶粘剂进行冷粘贴施工。包装、贮运基本与石油沥青油毡相似。

（二）塑性体改性沥青防水卷材

塑性体改性沥青防水卷材是热塑性树脂改性沥青（简称塑性体改性沥青）涂盖在经沥青浸渍后的胎基两面，在上表面撒以细砂、矿物粒（片）料或覆盖聚乙烯膜，下表面撒以细砂或覆盖聚乙烯膜所制成的一种沥青防水卷材。胎基材料有玻纤毡、聚酯毡等。

与弹性体改性沥青防水卷材相比，塑性体改性防水卷材具有更高的耐热性，但低温柔韧性较差，其他性质基本相同。塑性体改性沥青防水卷材除了与弹性体改性沥青防水卷材的适用范围基本一致外，尤其适用于高温或有强烈太阳辐射地区的建筑物防水，目前生产的主要为 APP（无规聚丙烯）塑性体改性沥青防水卷材。

塑性体改性沥青防水卷材的性能要求见表 11-4。

塑性体改性沥青防水卷材的物理力学性能 GB 18243—2008　　　　表 11-4

序号	项　　目		指　　标				
			Ⅰ		Ⅱ		
			PY	G	PY	G	PYG
1	可溶物含量 /（g/m²）≥	3mm	2100				—
		4mm	2900				—
		5mm	3500				
		试验现象	—	胎基不燃	—	胎基不燃	
2	耐热性	℃	110		130		
		≤mm	2				
		试验现象	无流淌、滴落				
3	低温柔性/℃		—7		—15		
			无裂缝				
4	不透水性：30min		0.3MPa	0.2MPa	0.3MPa		
5	拉力	最大峰拉力/（N/50mm）≥	500	350	800	500	900
		次高峰拉力/（N/50mm）≥					800
		试验现象	拉伸过程中，试件中部无沥青涂盖层开裂或与胎基分离现象				
6	延伸率	最大峰时延伸率/%≥	25	—	40	—	—
		第二峰时延伸率/%≥					15
7	浸水后质量增加/%≤	PE、S	1.0				
		M	2.0				

序号	项目		指标				
			I		II		
			PY	G	PY	G	PYG
8	热老化	拉力保持率/%≥	90				
		最大峰时延伸率保持率/%≥	80				
		低温柔性/℃			−2		−10
			无裂缝				
		尺寸变化率/%≤	0.7	—	0.7	—	0.3
		质量损失/%≤	1.0				
9	接缝剥离强度/（N/mm）≥		1.0				
10	钉杆撕裂强度/N≥		—				300
11	矿物粒料粘附性 b/g≤		2.0				
12	卷材下表面沥青涂盖层厚度 c/mm≥		1.0				
13	人工气候加速老化	外观	无滑动、流淌、滴落				
		拉力保持率/%≥	80				
		低温柔性/℃			−2		−10
			无裂缝				

注：1. 仅适用于单层机械固定施工方式卷材

2. 仅适用于矿物粒料表面的卷材

3. 仅适用于热熔施工的卷材

三、高分子防水卷材

随着合成高分子材料的发展，出现以合成橡胶或塑料为主的高效能防水卷材及其他品种为辅的防水材料体系，由于它们具有使用寿命长、低污染、技术性能好等特点，因而得到广泛地开发和应用。

高分子防水卷材系以橡胶或高聚物为主要原料，掺入适量填料、增塑剂等改性剂经混炼造粒、压延等工序制成的防水卷材。

高分子防水卷材具有抗拉强度高、断裂延伸率大、自重轻（2kg/m²）、使用温度范围宽（−40℃～120℃）、耐腐蚀、可冷施工等优点，主要缺点是耐穿刺性差（厚度 1mm～2mm）、抗老化能力弱。所以其表面常施涂浅色涂料（少吸收紫外线）或以水泥砂浆、细石混凝土、块体材料作卷材的保护层。

高分子防水卷材的种类较多，其分类见表 11-5。

高分子防水卷材的性能要求见表 11-6～表 11-8。

表 11-5

高分子防水卷材的分类 GB 18173.1—2006

分 类		代号	主 要 原 材 料
均质片	硫化橡胶类	JL1	三元乙丙橡胶
		JL2	橡胶（橡塑）共混
		JL3	氯丁橡胶、氯磺化聚乙烯、氯化聚乙烯等
		JL4	再生胶
	非硫化橡胶类	JF1	三元乙丙橡胶
		JF2	橡胶（橡塑）共混
		JF3	氯化聚乙烯
	树脂类	JS1	聚氯乙烯等
		JS2	乙烯乙酸乙烯、聚乙烯等
		JS3	乙烯乙酸乙烯改性沥青共混等
复合片	硫化橡胶类	FL	三元乙丙、丁基、氯丁橡胶、氯磺化聚乙烯等
	非硫化橡胶类	FF	氯化聚乙烯、三元乙丙、丁基、氯丁橡胶、氯磺化聚乙烯等
	树脂类	FS1	聚氯乙烯等
		FS2	聚乙烯、乙烯乙酸乙烯等
点粘片	树脂类	DS1	聚氯乙烯等
		DS2	乙烯乙酸乙烯、聚乙烯等
		DS3	乙烯乙酸乙烯改性沥青共混物等

均质片的物理力学性能 GB 18173.1—2006

表 11-6

项 目			指 标								
			氯化橡胶类				非硫化橡胶类			树脂类		
			JL1	JL2	JL3	JL4	JF1	JF2	JF3	JS1	JS2	JS3
断裂拉伸强度 /MPa	常温	≥	7.5	6.0	6.0	2.2	4.0	3.0	5.0	10	16	14
	60℃	≥	2.3	2.1	1.8	0.7	0.8	0.4	1.0	4	6	5
扯断伸长率/%	常温	≥	450	400	300	200	400	200	200	200	550	500
	−20℃	≥	200	200	170	100	200	100	100	15	350	300
撕裂强度/（kN/m）		≥	25	24	23	15	18	10	10	40	60	60
不透水性（30min）			0.3MPa 无渗漏			0.2MPa 无渗漏		0.3MPa 无渗漏		0.2MPa 无渗漏		0.3MPa 无渗漏
低温弯折温度/℃		≤	−40	−30	−30	−20	−30	−20	−20	−20	−35	−35
加热伸缩量 /mm	延伸	≤	2	2	2	2	2	4	4	2	2	2
	收缩	≤	4	4	4	4	4	6	10	6	6	6
热空气老化 （80℃×168h）	断裂拉伸强度保持率/%	≥	80	80	80	80	90	60	80	80	80	80
	扯断伸长率保持率/%	≥	70	70	70	70	70	70	70	70	70	70
耐碱性(饱和 Ca(OH)₂ 溶液 常温×168h)	断裂拉伸强度保持率/%	≥	80	80	80	80	80	70	70	80	80	80
	扯断伸长率保持率/%	≥	80	80	80	80	90	80	70	80	90	90

项目		指标									
		氯化橡胶类				非硫化橡胶类			树脂类		
		JL1	JL2	JL3	JL4	JF1	JF2	JF3	JS1	JS2	JS3
臭氧老化 (40℃×168h)	伸长率40% 500×10⁻⁸	无裂纹	—	—	—	无裂纹	—	—	—	—	—
	伸长率20% 500×10⁻⁸	—	无裂纹	—	—	—	—	—	—	—	—
	伸长率20% 100×10⁻⁸	—	—	无裂纹	无裂纹	—	无裂纹	无裂纹	—	—	—
人工气候老化	断裂拉伸强度保持率/% ≥	80	80	80	80	80	70	80	80	80	80
	扯断伸长率保持率/% ≥	70	70	70	70	70	70	70	70	70	70
粘结剥离强度 (片材与片材)	N/mm（标准试验条件） ≥	1.5									
	浸水保持率(常温×168h)/% ≥	70									

注：1. 人工气候老化和粘合性能项目为推荐项目；

2. 非外露使用可以不考虑臭氧老化、人工气候老化、加热伸缩量、60℃断裂拉伸强度性能。

复合片的物理力学性能 GB 18173.1—2006　　　　　　表 11-7

项目		指标			
		硫化橡胶类 FL	非硫化橡胶类 FF	树脂类	
				FS1	FS2
断裂拉伸强度 (N/cm)	常温 ≥	80	60	100	60
	60℃ ≥	30	20	40	30
扯断伸长率/%	常温 ≥	300	250	150	400
	−20℃ ≥	150	50	10	10
撕裂强度/N	≥	40	20	20	20
不透水性（0.3MPa，30min）		无渗漏	无渗漏	无渗漏	无渗漏
低温弯折温度/℃	≤	−35	−20	−30	−20
加热伸缩量/mm	延伸 ≤	2	2	2	2
	收缩 ≤	4	4	2	4
热空气老化 (80℃×168h)	断裂拉伸强度保持率/% ≥	80	80	80	80
	扯断伸长率保持率/% ≥	70	70	70	70
耐碱性（质量分数为 10%的 Ca(OH)₂ 溶液，常温×168h）	断裂拉伸强度保持率/% ≥	80	60	80	80
	扯断伸长率保持率/% ≥	80	60	80	80
臭氧老化（40℃×168h）200×10⁻⁸		无裂纹	无裂纹	—	—
人工气候老化	断裂拉伸强度保持率/% ≥	80	70	80	80
	扯断伸长率保持率/% ≥	70	70	70	70

项 目			指　标			
			硫化橡胶类 FL	非硫化橡胶类 FF	树脂类	
					FS1	FS2
粘结剥离强度 （片材与片材）	N/mm（标准试验条件）	≥	1.5	1.5	1.5	1.5
	浸水保持率（常温×168h）/%	≥	70	70	70	70
复合强度（FS2 型表层与芯层）/（N/mm）			—	—	—	1.2

注：1. 人工气候老化和粘合性能项目为推荐项目；

　　2. 非外露使用可以不考虑臭氧老化、人工气候老化、加热伸缩量、60℃断裂拉伸强度性能。

点粘片的物理力学性能 GB 18173.1—2006　　　　　　　　表 11-8

项 目			指　标		
			DS1	DS2	DS3
断裂拉伸强度/MPa	常温	≥	10	16	14
	60℃	≥	4	6	5
扯断伸长率/%	常温	≥	200	550	500
	−20℃	≥	15	350	300
撕裂强度/（kN/m）		≥	40	60	60
不透水性（30min）			0.3MPa 无渗漏		
低温弯折温度/℃		≤	−20	−35	−35
加热伸缩量/mm	延伸	≤	2	2	2
	收缩	≤	6	6	6
热空气老化 （80℃×168h）	断裂拉伸强度保持率/%	≥	80	80	80
	扯断伸长率保持率/%	≥	70	70	70
耐碱性（质量分数为100%的 Ca(OH)₂ 溶液，常温×168h）	断裂拉伸强度保持率/%	≥	80	80	80
	扯断伸长率保持率/%	≥	80	90	90
人工气候老化	断裂拉伸强度保持率/%	≥	80	80	80
	扯断伸长率保持率/%	≥	70	70	70
粘结点	剥离强度/（kN/m）	≥	1		
	常温下断裂拉伸强度/（N/cm）	≥	100	60	
	常温下扯断伸长率/%	≥	150	400	
粘结剥离强度 （片材与片材）	N/cm（标准试验条件）	≥	1.5		
	浸水保持率（常温×168h）	≥	70		

注：1. 人工气候老化和粘合性能项目为推荐项目；

　　2. 非外露使用可以不考核人工气候老化、加热伸缩量、60℃断裂拉伸强度性能。

目前国内应用较广的高分子防水卷材主要有三元乙丙橡胶防水卷材、氯丁橡胶防水卷材和聚氯乙烯防水卷材。

（一）三元乙丙橡胶防水卷材

三元乙丙橡胶防水卷材是以三元乙丙橡胶为主体，掺入适量的填充料、硫化剂等添加剂，经密炼、压延或挤出成型及硫化而制成。

三元乙丙橡胶卷材具有优良的耐老化性，耐低温、耐化学腐蚀及电绝缘性，而且具有重量轻、抗拉强度大、延伸率大等特点，但遇机油时易溶胀。

三元乙丙橡胶是一种合成橡胶，因而三元乙丙橡胶卷材宜用合成橡胶胶粘剂粘贴，粘贴可采用全粘贴或局部粘贴等多种方式。它适用于屋面、地下、水池防水，化工建筑防腐等。

（二）氯丁橡胶防水卷材

氯丁橡胶防水卷材是以氯丁橡胶为主体，掺入适量的填充剂、硫化剂、增强剂等添加剂，在经过密炼、压延或挤出成型及硫化而制成。

氯丁橡胶卷材的抗拉性能、延伸率、耐油性、耐日光、耐臭氧、耐气候性很好，与三元乙丙橡胶卷材相比，除耐低温性稍差外，其他性能基本相似。

氯丁橡胶卷材宜用氯丁橡胶胶粘剂粘贴，施工方法用全粘法。它适用于屋面、桥面、蓄水池及地下室混凝土结构的防水层等。

（三）聚氯乙烯防水卷材

聚氯乙烯防水卷材是以聚氯乙烯为主体，掺入填充料、软化剂、增塑剂及其他助剂等，经混炼、压延或挤出成型而成。聚氯乙烯本身的低温柔性和耐老化性较差，通过改性之后，性能得到改善，可以满足建筑防水工程的要求。

聚氯乙烯卷材具有质轻、低温柔性好、尺寸稳定性、耐腐蚀性和耐细菌性好等优点。粘贴时可采用多种胶粘剂，施工方法采用全粘法或局部粘贴法。它除适用地下、屋面等防水外，尤其适用特殊要求防腐工程。

第三节　防水涂料与防水油膏

一、防水涂料

能形成具有抗水性涂层，可保护物料不被水渗透或湿润的涂料，称为防水涂料。它除了具有防水卷材的基本功能外，还具有施工简便，容易维修等特点，特别适用于特殊结构的屋面和管道较多的厕浴间防水。

防水涂料按分散介质的不同分为溶剂型涂料（以汽油或煤油、甲苯等有机溶剂为分散介质）和水乳型涂料（以水为分散介质）。溶剂型涂料主要有沥青橡胶防水涂料、油基沥青防水涂料、合成树脂防水涂料；水乳型涂料主要有乳化沥青、水乳型沥青橡胶涂料。

（一）水乳型防水涂料

1. 乳化沥青

乳化沥青是石油沥青微粒（粒径 $1\mu m$ 左右）分散在有乳化剂的水中而成的乳胶体。它的主要组成材料为沥青、水和乳化剂。其中沥青是决定乳化沥青性质的基本成分，水是乳化沥青的溶剂，乳化剂是决定沥青分散性和稳定性的成分。乳化沥青涂刷于材料基面，或与砂、石材料拌和成型后，水分蒸发，沥青微粒靠拢将乳化剂膜挤裂，相互团聚而粘结成连续的沥青膜层，这个过程称为乳化沥青成膜。成膜后的乳化沥青与基层粘结形成防水层起到防水作用。

乳化沥青制作时，首先在水中加入少量乳化剂，再将沥青热熔后缓缓倒入，同时高速搅拌，使沥青分散成微小颗粒，均匀分散于水中。冷却过筛去杂质而制得乳化沥青。

乳化沥青可作防潮、防水涂料；可粘贴玻璃纤维毡片（或布）作屋面防水层；可拌制冷用沥青砂浆和混凝土铺筑路面。

乳化沥青的贮存期不能过长（一般三个月左右），否则容易引起凝聚分层而变质。贮存温度不得低于 0℃，不宜在 -5℃ 以下施工，以免水分结冰而破坏防水层，也不宜在夏季烈日下施工，因水分蒸发过快，乳化沥青结膜快，膜内水分蒸发不出而产生气泡。

2. 橡胶沥青防水涂料

橡胶沥青防水涂料分为溶剂型和水乳型橡胶沥青防水涂料。水乳型橡胶沥青防水涂料是以废橡胶为主要材料加入水中用高速分散的方法而制成胶乳，与乳化沥青混合后，经过改性，沥青吸收了橡胶的弹性和耐低温性，有助于克服本身热淌冷脆的缺点；橡胶则依靠沥青的高度防水与粘结性，牢固地粘附在基层上，而具有高温下不流淌，低温下不脆裂，以及耐老化等性能，达到良好的防水效果。这种防水涂料适用于大面积屋面、地下室、冷库等的防水层、隔气层。

（二）溶剂型防水涂料

1. 氯丁橡胶沥青防水涂料

氯丁橡胶沥青涂料是氯丁橡胶溶液和沥青溶液混溶后配制而成。由于氯丁橡胶的掺入，克服了单用沥青的塑性低、冷脆性大及大气稳定差等缺点。这种防水涂料具有成膜快，强度高，弹塑性好，抗老化性强等优点，它适用于屋面、混凝土板、隔热板等部位。

2. 聚氨酯防水涂料

聚氨酯防水涂料可以是双组分，也可以是单组分的。主要采用聚丙二醇、聚乙二酸油脂等作主剂，以多元醇等必要组分作固化剂，在常温下施工，常温下固化，形成没有接缝的防水涂膜。

聚氨酯防水涂料可以常温下施工、固化，操作方便，涂层粘结力强，具有良好的物理机械性能和优异的防水、耐酸、耐碱、耐老化性能。适用于造型复杂的屋面防水工程。

聚氨酯防水涂料目前使用量最大，国产聚氨酯防水涂料多为双组分反应型。值得注意的是，在国内市场上，常用的聚氨酯防水涂料很大一部分是煤焦油产品，而煤焦油对人体极为有害，故这类涂料严禁用于冷库内壁及饮水池等防水工程。

二、防水油膏

防水油膏是表面能够成膜的粘结膏状材料，广泛用于钢筋混凝土大型屋面板和墙板的接缝处，作为嵌缝之用，也叫密封材料。油膏除了应有较高的粘结强度外，还必须具备良好的弹性、柔韧性、耐冻性和一定的抗老化性，以适应屋面板和墙板的热胀冷缩、结构变形、高温不流淌、低温不脆裂的要求，保证接缝处不渗漏、不透气的密封作用。

（一）氯丁橡胶油膏

氯丁橡胶油膏是以氯丁橡胶和丙烯系塑料为主体材料，掺入少量增塑剂、硫化剂、增韧剂、防老剂、溶剂填充料配制而成的一种粘稠膏状体。

它是一种弹塑性密封材料，具有良好的粘结力，优良的延伸和回弹性能，抗老化、耐热和耐低温性能和气候稳定性均良好，能适应由于工业厂房振动、沉降、冲击及温度所引起的各种变化。它主要用于屋面及墙板的嵌缝，也可用于垂直面纵向缝、水平缝和各种异形变形缝等。

（二）沥青建筑油膏

沥青建筑油膏是以石油沥青为基料，加入改性材料、稀释剂及填充料混合制成的冷用膏状材料。改性材料有废橡胶粉和硫化鱼油。稀释剂有重松节油、机油。填充料有石棉绒和滑石粉等。

这种油膏粘结性好、耐热、耐寒、耐酸碱、造价低、施工简便，但耐溶剂（如汽油等）性差。它适用于预制屋面板的接缝及各种大型墙板拼缝的防水处理。

使用油膏嵌缝时，应保证板缝洁净干燥，先涂刷冷底子油一道，待其干燥后即嵌填油膏。油膏表面可加石油沥青、油毡、砂浆、塑料为覆盖层。

此外，建筑中还可采用嵌缝条密封伸缩缝和施工缝。嵌缝条是采用塑料或橡胶挤出成型制成的一类软质带状制品，所用材料有软质聚氯乙烯、氯丁橡胶、EPDM、丁苯橡胶等。

第四节　其他防水材料

一、防水剂

防水剂是由化学原料配制而成的一种能起到速凝和提高水泥砂浆或混凝土不透水性的外加剂。按其化学成分分为硅酸钠（水玻璃类）防水剂、氯化物金属盐类防水剂和金属皂类防水剂。

（一）有机硅防水剂

有机硅防水剂为有机硅酸钠的水溶液，涂布于建筑物表面，由于钠盐被空气中的碳酸气分解而生成不溶解性的有机硅聚合物的防潮防水涂膜。适用于一般建筑物排水防潮涂饰，尤其适用于潮湿物表面涂饰，能防止由于风化及冷热循环而引起的开裂，并能减少污染。

（二）氯化铁防水剂

氯化铁防水剂主要由氯化亚铁、三氯化铁及少量的氯化钙、氯化铝、盐酸以及用来改善其性能的其他外加剂。将氯化铁防水剂掺入水泥砂浆或混凝土中，能增加砂浆或混凝土的密实性，能显著提高抗渗性（抗水和抗汽油）并能提高强度。此种防水剂可用于配制防水砂浆和防水混凝土，适用于地下室、水池、水塔及设备基础的刚性防水，以及其他结构物的防水、堵漏等。

（三）金属皂类防水剂

它是采用碳酸钠、氢氧化钾等碱金属化合物，掺入氨水、硬脂酸和水配制而成的一种乳白色浆体，掺入水泥后能生成不溶性的物质，堵塞硬化后混凝土内的各种毛细孔隙，形成憎水性壁膜，因而能显著提高砂浆或混凝土的密实性和不透水性，适用于民用建筑屋面、地下室、水池、水塔等的防水抹面砂浆或拌制防水混凝土。

二、粉体防水材料

近年来，国内建筑市场出现了一种粉状防水材料（拒水粉或防水粉），它与刚性、柔性防水的观念、理论及其应用技术有着根本的不同。它是利用矿物粉或其他粉料与有机憎水剂、抗老剂和其他助剂等采用机械力化学原理，使基料中的有效成分与添加剂经过表面化学反应和物理吸附作用，生成链状或网状结构的拒水膜，包裹在粉料的表面，使粉料由亲水材料变为憎水材料，达到防水效果。

粉状防水材料目前主要有两种类型。一种是以轻质碳酸钙为基料，通过与脂肪酸盐作用形成长碳链憎水膜包裹在粉料表面；另一种是以工业废渣（炉渣、矿渣、粉煤灰等）为基料，利用其中有效成分与添加剂发生反应，生成网状结构拒水膜，包裹其表面。这两种粉末即为拒水粉。

粉体防水材料施工时是将其以一定厚度铺于屋面，利用其颗粒本身的憎水性和粉体的反毛细管压力，达到防水目的，再覆盖隔离层和保护层即可组成松散型防水体系，见图11-1。这种防水体系具有三维自由变形特点，不会发生其他防水材料由于变形引起本身开裂而丧失抗渗性能的现象。但必须精心施工，铺洒均匀以保证质量。

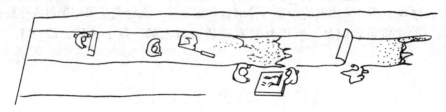

图 11-1　屋面防水工程施工流水线示意图
滚压抹光—抹平—上混凝土料—铺隔离纸—铺建筑拒水粉

粉状防水材料具有松散、应力分散、透气不透水、不燃、抗老化、性能稳定等特点，适用于屋面防水、地面防潮，地铁工程的防潮、抗渗等。它的缺点是，露天风力过大时施工困难，建筑节点处理稍难，立面防水不好解决。如果解决这几方面的不足，或配以复合防水，提高设防能力，粉状防水材料还是很有发展前途的。

思　考　题

1. 试述石油沥青的主要组分及其性质，各相对含量的变化对沥青的性质有何影响？
2. 石油沥青的牌号如何划分？牌号大小与沥青的性质有何关系？
3. 什么叫沥青的老化？
4. 什么叫冷底子油？什么叫乳化沥青？它们在使用上有何不同？
5. 什么叫有胎卷材？什么叫无胎卷材？各举一例常用的卷材？
6. 说出几种新型防水卷材和常用的防水涂料。
7. 与传统沥青防水卷材相比，合成高分子防水卷材有哪些优点？
8. 为满足防水要求，防水卷材应具有哪些技术性能？

第十二章　建筑材料的功能分类与常用品种

按建筑材料的主要功能，可将建筑材料分为建筑结构材料、建筑围护材料、绝热材料、防水材料、吸声材料与隔声材料、装饰材料等。本章只介绍其中的常用品种与应用，对前面各章未涉及到的材料作简要介绍，为了加强建筑材料与工程应用的联系，对前面所学知识作了简要归纳、总结与复习。

需要指出的是按功能分类只是一种大致的划分，因为许多建筑材料的功能并不单一，往往具有两种以上的较为突出的性能或功能。因此在按功能分类时，同一建筑材料可以出现在不同类别中，如烧结普通砖既可以作为结构材料来使用，也可作为围护材料来使用。

第一节　建筑结构材料

在建筑结构中承担各类荷载作用的结构，称为承重结构，如各种基础、承重墙、梁、柱、楼板、屋架等。构成这些结构的材料称为建筑结构材料。

建筑工程对结构材料的主要要求有：具有较高的强度，一定的弹性模量、冲击韧性、抗疲劳性等；具有较小的温度变形和干湿变形等；根据使用条件的不同还应具有一定的抗冻性、抗渗性、耐水性、耐腐蚀性、耐候性、防火性、耐火性等耐久性。

常用的结构材料有普通混凝土及其制品（如空心砌块等）、轻骨料混凝土及其制品（如空心砌块等）、烧结普通砖、烧结多孔砖、灰砂砖、各种建筑钢材、钢筋混凝土及其制品（梁、柱、板等）、石材、木材等。

第二节　建筑围护材料

建筑结构中用于遮阳、避雨、挡风、保温隔热、隔声、吸声、隔断光线等的结构称为建筑围护结构，如外墙、内墙、屋面、隔断、楼板等。用于建筑围护结构的材料称为建筑围护材料。这类材料往往具有多种功能，按其主要应用部位或主要功能分有墙体材料、防水材料、绝热保温材料、装饰材料、吸声材料、隔声材料等。

建筑工程对围护材料的主要要求是适应使用条件、满足使用功能，如具有一定的强度，较好或很高的隔热保温性、隔声性、抗冻性、耐候性，此外还可能要求具有一定的抗渗性、耐水性、防火性、耐火性、装饰性、抗裂性、透光性或不透光性、透视性或不透视性等要求。

常用的围护材料有烧结普通砖、多孔砖、空心砖、灰砂砖、各种混凝土空心砌块、混凝土墙板、复合墙板、屋面板、门窗、吊顶、玻璃及制品等。本节只介绍墙体材料，其他材料详见相应各节。常用墙体材料的主要组成、特性和应用见表12-1。

品 种	主要组成材料	主 要 性 质	主 要 应 用
烧结普通砖（包括黏土砖、粉煤灰砖、页岩砖、煤矸石砖等）	黏土质材料经烧结而得	抗压强度 10～30MPa、体积密度 1550～1800kg/m³、导热系数 0.78 W/（m·K）、抗冻性 15 次	墙体、基础、柱体、砖拱等
烧结多孔砖		抗压强度 10～30MPa、体积密度 1100～1300kg/m³、抗冻性 15 次	保温承重墙体
烧结空心砖		抗压强度 2～5.0MPa、体积密度 800～1100kg/m³、抗冻性 15 次	非承重墙体、保温墙体
灰砂砖	磨细硅质砂、石灰、水等经压蒸养护而得	抗压强度 10～25 MPa、体积密度 1800～1900kg/m³，外观规整、呈灰白色，也可制成彩色砖。不耐流水长期作用，也不耐腐蚀	用途与烧结普通砖基本相同，但不宜用于受流水作用的部位
加气混凝土砌块	磨细含硅材料、石灰、铝粉、水等经发气、压蒸养护而得的多孔混凝土	B05 级（合格品干密度≤525kg/m³）的抗压强度≮2.5MPa，缺棱掉角最小尺寸≯30mm，最大尺寸≯70mm。大于以上尺寸的缺棱掉角个数不大于 2 个。抗冻性合格	B05 级主要用于非承重墙、填充墙或保温结构
加气混凝土板（外墙板、隔墙板）	磨细含硅材料、石灰、铝粉、水等经发气、压蒸养护而得的多孔混凝土，并配有钢筋	B05 级（合格品干密度≤525kg/m³）的抗压强度≮2.5MPa，缺棱掉角最小尺寸≯30mm，最大尺寸≯70mm。大于以上尺寸的缺棱掉角个数不大于 2 个。抗冻性合格	分别用于外墙和内隔墙
泡沫混凝土砌块	水泥、泡沫剂、水等经发泡、养护等而得的多孔混凝土	通常生产的为 400 级和 500 级。500 级的抗压强度为≥0.5～7.5MPa，导热系数为≤0.08～0.27W/（m·K），碳化系数≥0.80	用途同加气混凝土
普通混凝土小型空心砌块	由水泥、砂、石、水等经搅拌、成型而得，分有单排孔、双排孔和三排孔	砌块强度为 3.5～20MPa、空心率≥25%、体积密度为 1300～1700kg/m³	主要用于承重墙体
轻骨料混凝土小型空心砌块	由水泥、砂（轻砂或普砂）、轻粗骨料、水等经搅拌、成型而得，分有单排孔和多排孔	砌块强度为 2.5～10MPa、体积密度为 500～1400kg/m³	主要用于保温墙体（＜3.5MPa）或非承重墙体；承重保温墙体（≥3.5MPa）

品　种	主要组成材料	主　要　性　质	主　要　应　用
轻骨料混凝土墙板	由水泥、砂、轻粗骨料、水等组成，并配有钢筋	墙板体积密度为 1000～1500kg/m³、抗压强度为 10～20MPa、导热系数为 0.35～0.5W/（m·K）	用于保温或非承重墙体（＜15MPa）、保温承重墙体
聚苯乙烯夹芯板	在聚苯乙烯芯板（常带有钢丝网）的两面涂有砂浆的板材（或复合彩色薄钢板等）	墙板重：10～90kg/m³，热阻≥0.65（m²·K）/W（芯板厚为 100mm）	各种非承重或保温墙体、屋面等
岩棉夹芯板	以岩棉为芯材，两面复合混凝土而成	承重板：自重为 500～520kg/m³、传热系数为 1.01W/（m²·K）（板厚为 250mm）非承重板：自重为 260kg/m³，传热系数为 0.593W/（m²·K）（板厚为 180mm）	承重外墙　非承重外墙等
纸面石膏板、纤维石膏板、空心石膏板、装饰石膏板	建筑石膏、纸板或玻璃纤维、水	体积密度为 600～1000kg/m³、抗折强度为 8.0MPa	内隔墙、外墙内贴面
玻璃纤维增强水泥板（GRC 板）	低碱水泥、耐碱玻璃纤维、砂、水等	体积密度 1880kg/m³、抗折强度大于 6.5MPa（比例极限强度）、抗折破坏强度大于 20MPa、抗冲击强度大于 25kJ/m²	用作外墙的护面板或与其他芯材复合使用

第三节　绝　热　材　料

　　建筑上将主要起到保温、隔热作用，且导热系数不大于 0.23W/m·K 的材料统称为绝热材料。绝热材料主要用于屋面、墙体、地面、管道等的隔热与保温，以减少建筑物的采暖和空调能耗，并保证室内的温度适宜于人们工作、学习和生活。绝热材料的基本结构特征是轻质（体积密度不大于 600kg/m³）、多孔（孔隙率一般为 50％～95％）。

　　绝热材料除应具有较小的导热系数外，还应具有适宜的强度、抗冻性、防火性、耐热性和耐低温性、耐腐蚀性，有时还需具有较小的吸湿性或吸水性等。优良的绝热材料应是具有很高孔隙率的，且以封闭、细小孔隙为主的，并具有较小的吸湿性的有机或无机非金属材料。多数无机绝热材料的强度较低、吸湿性或吸水性较高，使用时应予以注意。

　　常用绝热保温材料的主要组成、特性和应用见表 12-2。

常用绝热保温材料的主要组成、特性和应用　　　　　表 12-2

品　种	主要组成材料	主　要　性　质	主　要　应　用
矿渣棉	熔融矿渣用离心法制成的纤维絮状物	体积密度≤150kg/m³，导热系数≤0.044W/(m·K)，最高使用温度为650℃	绝热保温填充材料
岩棉	熔融岩石用离心法制成的纤维絮状物	体积密度≤150kg/m³、导热系数小于0.044W/(m·K)	绝热保温填充材料
沥青岩棉毡	以沥青粘结岩棉，经压制而成	体积密度为130～160kg/m³、导热系数为0.049～0.052W/(m·K)、最高使用温度250℃	墙体、屋面、冷藏库等
岩棉板（管壳、毡、带等）	以酚醛树脂粘结岩棉，经压制而成	体积密度≤40～300kg/m³、导热系数为0.043～0.052W/(m·K)、最高使用温度为400～600℃	墙体、屋面、冷藏库、热力管道等
玻璃棉	熔融玻璃用离心法等制成的纤维絮状物	体积密度为8～40kg/m³、导热系数为0.041～0.042W/(m·K)、最高使用温度为400℃	绝热保温填充材料
玻璃棉毡（带、毯、管壳）	玻璃棉、树脂胶等	体积密度为10～120kg/m³、导热系数为0.042～0.062W/(m·K)、最高使用温度为250～400℃	墙体、屋面等
膨胀珍珠岩	珍珠岩等经焙烧、膨胀而得	体积密度为200～350kg/m³、导热系数0.06～0.12W/(m·K)、最高使用温度为800℃	保温绝热填充材料
膨胀珍珠岩制品（块、板、管壳等）	水玻璃、水泥、沥青等胶结膨胀珍珠岩而成	体积密度为200～500kg/m³、导热系数为0.055～0.116W/(m·K)、抗压强度≥0.2～0.3MPa，水玻璃膨胀珍珠岩制品的性能较好	屋面、墙体、管道等，但沥青珍珠岩制品仅适合在常温或负温下使用
膨胀蛭石	蛭石经焙烧、膨胀而得	堆积密度为80～200kg/m³、导热系数为0.046～0.07W/(m·K)、最高使用温度为1000～1100℃	保温绝热填充材料
膨胀蛭石制品（块、板、管壳等）	以水泥、水玻璃等胶结膨胀蛭石而成	体积密度为300～400kg/m³、导热系数为0.076～0.105W/(m·K)、抗压强度为0.2～1.0MPa	屋面、管道等

品　种	主要组成材料	主　要　性　质	主　要　应　用
泡沫玻璃	碎玻璃、发泡剂等经熔化、发泡而得，气孔直径为 0.1～5mm	体积密度为 150～600kg/m³，导热系数≤0.066W/(m·K)，抗压强度≥0.3～15MPa，吸水率≥0.5％，抗冻性强，最高使用温度为400℃，为高级保温绝热材料	墙体或冷藏库等
聚苯乙烯泡沫塑料	聚苯乙烯树脂、发泡剂等经发泡而得	体积密度为 15～60kg/m³，导热系数为 0.039～0.041W/(m·K)，抗折强度为 0.1MPa，吸水率≤2％～6％，最高使用温度为75℃，为高效保温绝热材料	墙体、屋面、冷藏库等
硬质聚氨酯泡沫塑料	异氰酸酯和聚醚或聚酯等经发泡而得	体积密度≥25～35kg/m³，导热系数≤0.022～0.026W/(m·K)，抗压强度≥0.08～0.18MPa，耐腐蚀性高，体积吸水率≤3％～4％，使用温度－60～120℃，可现场浇筑发泡，为高效保温绝热材料	墙体、屋面、冷藏库、热力管道等
塑料蜂窝板	蜂窝状芯材两面各粘贴一层薄板而成	导热系数为 0.046～0.058W/(m·K)，抗压强度与抗折强度高，抗震性好	围护结构

第四节　防　水　材　料

建筑物中将主要起到防水作用的材料称为防水材料，防水材料主要用于屋面、地下建筑、水中建筑、水池、管道、接缝等的防水、防潮处理。防水材料的主要特征是本身致密、孔隙率很小，或具有很强的憎水性，或能够起到密封、填塞和切断其他材料内部孔隙的作用。

建筑工程对防水材料的主要要求是具有较高的抗渗性和耐水性，并具有一定的或适宜的强度、粘结力、耐久性或耐候性、耐高低温性、抗冻性、耐腐蚀性等，对柔性防水材料还应具有一定的塑性等。

防水材料按组成分为无机防水材料、有机防水材料及金属防水材料等，按其特性又可分为柔性防水材料和刚性防水材料。建筑工程中用量最大的为有机防水材料，其次为无机防水材料，金属防水材料（如镀锌铁皮等）的使用量很小。常用防水材料的主要组成、特性与应用见表12-3。

常用防水材料的主要组成、特性与应用

表 12-3

品　　种	主　要　组　成	主　要　性　质	主　要　应　用
防水砂浆	水泥、砂、防水剂（或减水剂、膨胀剂、合成树脂乳液等）、水	属于刚性防水材料。抗压强度为 20～30MPa、抗渗性 0.2～1.5MPa，寿命长（≥30～50 年）	屋面、工业与民用建筑地下防水工程。但不宜用于有变形的部位
防水混凝土	水泥、砂、石、防水剂（或减水剂、引气剂、膨胀剂等）、水	属于刚性防水材料。抗压强度为 20～40MPa、抗渗性（0.4～3.0）MPa，寿命长（≥30～50 年）	屋面、蓄水池、地下工程、隧道等
纸胎石油沥青油毡	石油沥青、纸胎等	不透水性（≥0.02～0.1MPa），抗拉力 240～340N，柔度 16～20℃时绕 $\phi=$ 20mm 棒或弯板无裂纹，寿命 3 年左右	地下、屋面等防水工程。片毡用于单层防水、粉毡可用于各层
玻璃布胎沥青油毡	石油沥青、玻璃布胎等	不透水性≥0.294MPa、抗拉力≥529N，柔度 0℃时合格，寿命≥（3～4）年	地下、屋面等防水与防腐工程
沥青再生橡胶防水卷材	石油沥青、再生废橡胶粉、石灰石粉	不透水性≥0.3MPa、拉伸强度≥0.8MPa，延伸率≥120%，柔度－20℃合格、寿命≥10 年	屋面、地下室等各种防水工程，特别适合寒冷地区或有较大变形的部位
APP 改性沥青防水卷材	APP、石油沥青、聚酯无纺布（或玻璃布）	聚酯毡：不透水性≥0.3MPa，断裂伸长率≥25%～40%，抗拉力≥500～800N，柔度－7℃～－15℃合格；玻纤毡：不透水性≥0.2～0.3MPa，抗拉力≥350～500N，其余性能也低于或接近于聚酯胎；玻纤增强聚酯毡：不透水性≥0.3MPa，抗拉力≥900N，柔度－15℃合格。寿命≥10 年	屋面、地下室等各种防水工程
SBS 改性沥青防水卷材	SBS、石油沥青、聚酯无纺布（或玻璃布）	聚酯毡：不透水性≥0.3MPa，延伸率≥30%～40%，柔度－20℃～－25℃合格，抗拉力≥500～800N；玻纤毡：不透水性≥0.2～0.3MPa，柔度－20～－25℃合格，抗拉力≥350～500N，其余性能也低于或接近于聚酯胎；玻纤增强聚酯毡：不透水性≥0.3MPa，柔度－25℃合格，抗拉力≥900N。寿命≥10 年	屋面、地下室等各种防水工程，特别适合寒冷地区
三元乙丙橡胶防水卷材	三元乙丙橡胶、交联剂等	不透水性≥0.3MPa，脆性温度≤－40℃～－45℃，断裂伸长率≥450%，拉伸强度≥7.5MPa，抗老化性很强，寿命≥20 年	屋面、地下室、水池等各种防水工程，特别适合严寒地区或有大变形的部位等
氯磺化聚乙烯橡胶防水卷材	氯磺化聚乙烯橡胶、交联剂等	不透水性≥0.3MPa，断裂伸长率≥300%，柔度：－35℃合格，拉伸强度≥8MPa，耐腐蚀性和抗老化性很强，寿命≥20 年	屋面、地下室、水池等各种防水工程，特别适合受腐蚀介质作用或有较大变形的部位

品　种	主 要 组 成	主 要 性 质	主 要 应 用
氯磺化聚乙烯橡胶防水卷材	氯磺化聚乙烯橡胶、交联剂等	不透水性≥10.29MPa，断裂伸长率≥100%，柔度：-25℃合格，拉伸强度≥9MPa，耐腐蚀性和抗老化性很强，寿命≥20年	屋面、地下室、水池等各种防水工程，特别适合受腐蚀介质作用或有较大变形的部位
聚氯乙烯防水卷材	聚氯乙烯、煤焦油、增塑剂	不透水性≥0.3MPa，断裂伸长率≥10%～150%，低温弯折温度≤-30℃合格，拉伸强度≥4～10MPa，寿命≥10～15年	屋面、地下室等各种防水工程，特别适合有较大变形的部位
聚乙烯防水卷材	聚乙烯、增塑剂、聚酯无纺布等	不透水性≥0.3MPa，柔性：-20℃合格，断裂伸长率≥10%～400%，拉伸强度≥3.0～6.0MPa，寿命≥15年	屋面、地下室等各种防水工程，特别适合严寒地区或有较大变形的部位
氯化聚乙烯防水卷材	氯化聚乙烯、增塑剂等	不透水性≥0.2MPa，断裂伸长率100%～400%，低温弯折性-30℃合格，拉伸强度≥5～12MPa，寿命≥15年	屋面、地下室、水池等各种防水工程，特别适合有较大变形的部位
氯化聚乙烯-橡胶共混防水卷材	氯化聚乙烯、橡胶等	不透水性≥0.2～0.3MPa，断裂伸长率≥100%～400%，拉伸强度≥3.0～6.0MPa，抗老化性强，脆性温度≤-20～-30℃，寿命≥20年	屋面、地下室、水池等各种防水工程，特别适合严寒地区或有大变形的部位
沥青胶	石油沥青、矿物粉、纤维状矿物材料	粘结力较高、耐热度为60～85℃、柔韧性：18℃合格	粘贴沥青油毡
建筑防水沥青嵌缝油膏	石油沥青、改性材料、稀释剂等	耐热度70～80℃、低温柔性-10～-20℃合格、耐候性较好	屋面、墙面、沟、槽、小变形缝等的防水密封。重要工程不宜使用
冷底子油	沥青、汽油等	常温下为液体、渗透力较高、与基层材料的粘结力较高。表干时间≤2～4h，剥离强度≥0.8N/mm，80℃无流淌，0℃无裂纹	防水工程的最底层
聚硫橡胶密封	液态聚硫物、交联剂、增塑剂等	伸长率≥100%～400%，低温柔性-30～-40℃合格、抗疲劳性好、粘结力高、寿命≥30年	各类防水接缝。特别是受疲劳荷载作用或接缝变形大的部位，如建筑物、公路、桥梁等的伸缩缝等
有机硅憎水剂（防水涂料）	有机硅等	渗透力强，固化后成为极薄的无色透明的膜层，憎水性强。寿命（室外喷涂）≥（5～7）年	喷涂于建筑材料的表面，起到防水、防污等作用。也可用于配制防水砂浆或防水混凝土

第五节 吸声材料与隔声材料

一、吸声材料

在建筑中将主要起到吸声作用，且吸声系数不小于 0.2 的材料称为吸声材料。吸声材料主要用于大中型会议室、教室、报告厅、礼堂、播音室、影剧院等的内墙壁、吊顶等。吸声材料主要分为多孔吸声材料、柔性吸声材料（具有封闭孔隙和一定弹性的材料，如聚氯乙烯泡沫塑料等）。对材料进行构造上的处理也可获得较好的吸声性，如穿孔吸声结构（穿有一定尺寸孔隙的薄板，其后设有空气层或多孔材料）、微穿孔吸声结构（穿有小于 1mm 孔隙的薄板）及薄板吸声结构（薄板后设有空气层的结构）。多孔吸声材料是最重要和用量最大的吸声材料。

多孔吸声材料的主要特征是轻质、多孔，且以较细小的开口孔隙或连通孔隙为主。当材料表面的孔隙为封闭孔隙时，或在多孔吸声材料表面喷涂涂料后，材料的吸声性将大幅度下降。增加材料的厚度可增加对低频声音的吸收效果，但对吸收高频声音的效果不大。

建筑上对吸声材料的主要要求有较高的吸声系数，同时还应具有一定的强度、耐候性、装饰性、防火性、耐火性、耐腐蚀性等。多数吸声材料的强度低、吸水率大，使用时需予以注意。

常用吸声材料的主要组成、特性与应用见表 12-4。表中主要为多孔吸声材料，同时也给出了穿孔板吸声结构常用的两种穿孔吸声板。

常用吸声材料的主要性质 表 12-4

品　种	厚度 (cm)	体积密度 (kg/m³)	不同频率下的吸声系数						其他性质	装置情况
			125	250	500	1000	2000	4000		
石膏砂浆（掺有水泥、玻璃纤维）	2.2		0.24	0.12	0.09	0.30	0.32	0.83		粉刷在墙上
水泥膨胀珍珠岩板	2	350	0.16	0.46	0.64	0.48	0.56	0.56	抗压强度为 0.2~1.0MPa	贴实
岩棉板	2.5	80	0.04	0.09	0.24	0.57	0.93	0.97		贴实
	2.5	150	0.07	0.10	0.32	0.65	0.95	0.95		
	5.0	80	0.08	0.22	0.60	0.93	0.98	0.99		
	5.0	150	0.11	0.33	0.73	0.90	0.80	0.96		
	10	80	0.35	0.64	0.89	0.90	0.96	0.98		
	10	150	0.43	0.62	0.73	0.82	0.90	0.95		
矿渣棉	3.13	210	0.10	0.21	0.60	0.95	0.85	0.72		贴实
	8.0	240	0.35	0.65	0.65	0.75	0.88	0.92		

品　种	厚度 (cm)	体积密度 (kg/m³)	不同频率下的吸声系数						其他性质	装置情况
			125	250	500	1000	2000	4000		
玻璃棉	5.0 5.0	80 130	0.06 0.10	0.08 0.12	0.18 0.31	0.44 0.76	0.72 0.85	0.82 0.99		贴实
超细玻璃棉	5.0 15.0	20 20	0.10 0.50	0.35 0.80	0.85 0.85	0.85 0.85	0.86 0.86	0.86 0.80		贴实
脲醛泡沫塑料	5.0	20	0.22	0.29	0.40	0.68	0.95	0.94	抗压强度大于 0.2MPa	贴实
软质聚氨酯泡沫塑料	2.0 4.0 6.0 8.0	30～40 30～40 30～40 30～40			0.11 0.24 0.40 0.63	0.17 0.43 0.68 0.93		0.72 0.74 0.97 0.93		贴实
吸声泡沫玻璃	4.0	120～180	0.11	0.32	0.52	0.44	0.52	0.33	开口孔隙率达 40%～60%、吸水率高、抗压强度 0.8～4.0MPa	贴实
地毯	厚			0.20		0.30		0.50		铺于木搁棚楼板上
帷幕	厚			0.10		0.50		0.60		有折叠、靠墙装置
☆装饰吸声石膏板（穿孔板）	1.2	750～800			0.08～0.12	0.60	0.40	0.34	防火性、装饰性好	后面有 5～10cm 的空气层
☆铝合金穿孔板	0.1								孔径 6mm、孔距 10mm、耐腐蚀、防火、装饰性好	后面有 5～10cm 的空气层

注：1. 表中数值为驻波管法测得的结果；
　　2. 材料名称前有☆者为穿孔板吸声结构。

二、隔声材料

建筑上将主要起到隔绝声音作用的材料称为隔声材料，隔声材料主要用于外墙、门窗、隔墙、隔断、地面等。

隔声可分为隔绝空气声（通过空气传播的声音）和隔绝固体声（通过撞击或振动传播的声音）。二者的隔声原理截然不同。

对隔绝空气声，主要服从质量定律，即材料的体积密度越大，隔声性越好，因此应选用密实的材料作为隔声材料，如砖、混凝土、钢板等。如采用轻质材料时，需辅以多孔吸声材料或采用夹层结构。

对隔绝固体声，主要采用具有一定柔性、弹性或弹塑性的材料，利用它们能够产生一定的变形来减小撞击声，并在构造上使之成为不连续结构。如在墙壁和承重梁之间、墙壁和楼板之间加设弹性垫层，或在楼板上铺设弹性面层，常用的弹性垫层材料有橡胶、毛毡、地毯等。

第六节　建筑装饰材料

建筑工程中将主要起到装饰和装修作用的材料称为建筑装饰材料。建筑装饰材料的应用范围很广，如内外墙面、地面、吊顶、屋面、室内环境等的装饰、装修等。

建筑工程中使用的装饰材料除应具有适宜的颜色、质感，即装饰性外，还应满足使用部位的功能要求，如一定的强度、硬度、防火性、阻燃性、耐火性、耐候性、耐水性、抗冻性、耐污染性、耐腐蚀性，有时还需具有一定的吸声性、隔声性和隔热保温性。

常用建筑装饰材料的主要组成、特性与应用见表 12-5。

常用建筑装饰材料的主要组成、特性与应用　　　　　　　表 12-5

品　种	主要成分(组成)或构造	主　要　性　质	主　要　应　用
花岗岩普通板材、异型板材、蘑菇石、料石	石英、长石、云母等	强度高、硬度大、耐磨性好、耐酸性及耐久性很高，但不耐火。具有多种颜色，装饰性好。分有细面板材、镜面板材、粗面板材（机刨板、剁斧板、锤击板、烧毛板）	室内外墙面、地面、柱面、台面等
大理岩普通板材、异型板材	方解石、白云石	强度高、耐久性高，但硬度较小、耐磨性较差、耐酸性差。具有多种颜色、斑纹，装饰性好。一般均为镜面板材	室内墙面、墙裙、柱面、台面，也可用于人流较少的地面
内墙面砖（釉面砖）	属于陶质材料、均上釉	坯体孔隙率较高，吸水率为 10%～18%、强度较低、易清洗，釉层具有多种颜色、花纹与图案	室内浴室、卫生间、厨房、试验室等的墙面、台面等，也可镶贴成壁画

品　种	主要成分(组成)或构造	主　要　性　质	主　要　应　用
墙地砖（彩釉砖、劈离砖、渗花砖等）	多属于炻质材料、多数上釉	孔隙率较低、吸水率 1%～10%、强度较高、坚硬、耐磨性好，釉层具有多种颜色、花纹与图案。用于室外时吸水率需小于 3%	室外墙面、柱面、地面及室内地面
陶瓷锦砖（马赛克）	多属于瓷质材料，不上釉	孔隙率低、吸水率小于 1%、强度高、坚硬、耐磨性高,具有多种颜色与图案	卫生间、化验室等的地面，以及外墙面等
琉璃制品（瓦、砖、兽等）	难熔黏土烧结而成	坚实耐久、不易沾污、色彩绚丽、造型古朴，能达到雄伟壮丽、光辉夺目的效果	宫殿式建筑、纪念性建筑、园林建筑中的亭、台、楼阁等的屋面、墙面、围墙等
磨砂玻璃（毛玻璃）	普通玻璃表面磨毛而成	表面磨毛、透光不透视、光线柔和	宾馆、酒吧、浴室、卫生间、会客厅、办公室等的门窗与隔断
彩色玻璃	普通玻璃中加入着色金属氧化物而得	具有红、蓝、灰、茶色等多种颜色。分有透明和不透明两种，不透光的又称饰面玻璃	透明彩色玻璃用于门窗等、不透明玻璃用于内外墙等
吸热玻璃	普通玻璃中加入吸热和着色金属氧化物而得	能吸收太阳辐射热的 20%～60%、透光率 70%～75%，具有多种颜色	商品陈列窗、炎热地区大型建筑等的门窗，也可用于室内的各种装饰
热反射玻璃（镀膜玻璃）	普通玻璃表面用特殊方法喷涂金、银、铜、铝等金属或金属氧化物而成	对太阳辐射的反射率为 20%～60%，能减少热量向室内辐射，并具有单向透视性，即迎光面具有镜子的效果，而背光面具有透视性。具有银白、茶色、灰、金色等多种颜色	大型公用建筑的门窗、幕墙等
压花玻璃（普通压花玻璃、镀膜压花玻璃、彩色镀膜压花玻璃等）	带花纹的辊筒压在红热的玻璃上面成	表面压花、透光不透视、光线柔和。镀膜压花玻璃和彩色镀膜压花玻璃具有立体感强，并具有一定的热反射能力，灯光下更具华贵和富丽堂皇	宾馆、饭店、餐厅、酒吧、会客厅、办公室、卫生间、浴室等的门窗与隔断
夹丝玻璃（夹丝压花玻璃、夹丝磨光玻璃）	将钢丝网压入软化后的红热玻璃中而成	抗折强度及耐温度剧变性高，破碎时不会四处飞溅而伤人	防火门、楼梯间、电梯井、天窗等
夹层玻璃	两层或多层玻璃（普通、钢化、彩色、吸热、镀膜玻璃等）由透明树脂胶粘结而成	抗折强度及抗冲击强度高，破碎时不裂成分离的碎片	具有防弹或有特殊安全要求的建筑的门窗

品　　种	主要成分(组成)或构造	主　要　性　质	主　要　应　用
中空玻璃	两层或多层玻璃（普通、彩色、压花、镀膜、夹层等）与边框用橡胶材料粘结、密封而成	保温性好、节能效果好（20%～50%）、隔声性好（可降低30dB）、结露温度低	大型公用建筑的门窗等
玻璃砖（实心砖、空心砖）	玻璃空心砖由两块玻璃热熔接而成，其内侧压有一定的花纹	玻璃空心砖的强度高、绝热、隔声、透光率高	门厅、通道、体育馆、图书馆、楼梯间、淋浴间、酒吧、宾馆、饭店等的非承重内外墙、隔墙或隔断等
光栅玻璃（镭射玻璃）	玻璃经特殊处理，背面出现全息或其他光栅	在各种光线的照射下会出现艳丽的七色光，且随光线的入射角和观察的角度不同会出现不同的色彩变化，华贵高雅、梦幻迷人	宾馆、饭店、酒店、商业与娱乐建筑等的内外墙、屏风、隔断、装饰画、桌面、灯饰等
玻璃锦砖（玻璃马赛克）	由碎玻璃或玻璃原料烧结而成	色调柔和、朴实、典雅，化学稳定性和耐久性高、易洁性好	外墙面
装饰石膏板、普通板、吸声板、浮雕板	建筑石膏、玻璃纤维等	轻质、保温隔热、防火性与吸声性好，图案花纹多样、质地细腻、颜色洁白、抗折强度较高	宾馆、礼堂、办公室、候机室等的吊顶、内墙面，影剧院、播音室等须使用吸声板。防水型的可用于潮湿环境
纸面石膏板（普通板、耐火纸面板、吸声板）	建筑石膏、纸板等	轻质、保温隔热、防火性与吸声性好、抗折强度较高	宾馆、礼堂、办公室、候机室等的吊顶、内墙面，影剧院、播音室等须使用吸声板。防水型的可用于潮湿环境
水磨石板		强度较高、耐磨性较好、耐久性高，颜色多样（色砂外露）	室内地面、柱面、墙裙、台面及室外地面、柱面等
石渣类装饰砂浆（斩假石、水刷石、干粘石等）	白色水泥、白色及彩色砂、耐碱矿物颜料、水等	强度较高、耐久性较好、颜色多样（色砂外露）、质感较好	室外墙面、勒角等，斩假石还可用于台阶等
灰浆类装饰砂浆（拉毛、甩毛、扫毛、拉条、假面砖、喷涂、弹涂、滚涂等）		强度较高、耐久性较好、颜色与表面形式（线条、纹理等）多样，但耐污染性、质感、色泽的持久性较石渣类装饰砂浆差	多数用于室外墙面，个别也可用于室内墙面（如拉毛条、拉毛、扫毛）

品　　种	主要成分(组成)或构造	主　要　性　质	主　要　应　用
装饰混凝土（彩色混凝土、清水装饰混凝土、露骨料混凝土等）	水泥（普通或白色）、砂与石（普通或彩色）、耐碱矿物颜料、水等	性能与普通混凝土相同，但具有多种颜色或表面具有多种立体花纹与线条，或骨料外露	外墙面。彩色混凝土也可制成彩色混凝土花砖用于室外地面等
岩棉装饰吸声板	岩棉、酚醛树脂等	轻质、保温隔热、防火性与吸声性好、强度低（参见表12-2、表12-4）	礼堂、影剧院、播音室、候机楼等的吊顶、内墙面等
玻璃棉装饰吸声板	玻璃棉、酚醛树脂等	轻质、保温隔热、防火性与吸声性好、强度低（参见表12-2、表12-4）	礼堂、影剧院、播音室、候机楼等的吊顶、内墙面等
膨胀珍珠岩装饰吸声板	膨胀珍珠岩、水泥或水玻璃等	轻质、保温隔热、防火性与吸声性好、强度低（参见表12-2、表12-4）	办公室、影剧院、播音室、候机室、礼堂等的吊顶、内墙面
普通及彩色不锈钢制品（板、管、花格）	普通不锈钢、彩色不锈钢	经久耐用，在周围灯光或光线的配合下，可取得与周围景物交相辉映的效果	大型建筑的门窗、幕墙、栏杆扶手、柱面、内外墙、门窗的护栏等
彩色涂层钢板、彩色压型钢板	冷轧钢板及特种涂料等	涂层附着力强、可长期保持新颖的色泽、装饰性好、施工方便	外墙板、屋面板、护壁板
轻钢龙骨、不锈钢龙骨	镀锌钢带、薄钢板；不锈钢带	强度高、防火性好	隔断、吊顶，不锈钢龙骨特别适合用于玻璃幕墙
铝合金花纹板	花纹轧辊轧制而成	花纹美观、筋高适中、不易磨损、耐腐蚀	外墙面、楼梯踏板等
铝合金波纹板	铝合金板轧制而成	波纹及颜色多样、耐腐蚀、强度较高	宾馆、饭店、商场等建筑的墙面、屋面等
铝合金穿孔板	圆孔、方孔	吸声性好，并具有耐腐蚀、防火、抗震、颜色多样、立体感强、装饰性好	影剧院、播音室、展览厅等的内墙面、吊顶等
铝合金门窗、花格、龙骨	铝及铝合金	颜色多样、耐腐蚀、坚固耐用。铝合金门窗的气密性、水密性及隔声性好	铝合金门窗与花格分别用于各类建筑的门窗与门窗的防护，龙骨用于吊顶等
铜及铜合金制品(门窗、花格、管、板)	铜及铜合金	坚固耐用、古朴华贵	大型建筑的门窗、墙面、栏杆、扶手、柱面、门窗的护栏等

品　种	主要成分(组成)或构造	主 要 性 质	主 要 应 用
木地板（条木、拼花）	木材	弹性好、脚感舒适、保温性好，拼花木地板还具有多种花纹图案	办公室、会议室、幼儿园、卧室等
护壁板、旋切微薄木板、木装饰线条	木材	花纹美丽、线条多变，特别是旋切微薄木具有花纹美丽动人、立体感强、自然等特点	高级建筑的室内墙壁等
木花格	木材	花格多样、古朴华贵	室内花窗、隔断、博古架以及仿古建筑的门窗等
塑料贴面板	合成树脂、胶合板等	可仿制各种花纹图案、色调丰富、表面硬度大、耐烫、易清洗，分有镜面型和柔光型	室内墙面、柱面、墙裙、顶棚等
玻璃钢装饰板	不饱和聚酯树脂、玻璃纤维等	轻质、抗拉强度与抗冲击强度高、耐腐蚀、透明或不透明，并具有多种颜色	屋面、阳台栏板、隔墙板等
塑料地板块、塑料地面卷材	聚氯乙烯等	图案丰富、颜色多样、耐磨、尺寸稳定、价格较低，卷材还具有易于铺贴、整体性好	人流不大的办公室、家庭等的地面
塑料壁纸（有光、平光、印花、发泡等）	聚氯乙烯、纸或玻璃纤维布等	美观、耐用，可制成仿丝绸、仿织锦缎等，发泡壁纸还具有较好的吸声性	各类建筑的室内墙面、顶棚等
有机玻璃板	聚甲基丙烯酸甲酯	透光率极高、强度较高，耐热性、耐候性、耐腐蚀性较好，但表面硬度小、易擦毛	室内隔断、透明护栏与护板，及其他透明装饰部件等
塑料门窗（全塑门窗、复合塑料门窗）	改性硬质聚氯乙烯、金属型材等	外观平整美观、色泽鲜艳、经久不褪，并具有良好的耐水性、耐腐蚀性、隔热保温性、气密性、水密性、隔声性、阻燃性等	各类建筑的门窗
纸基织物壁纸	棉、麻、毛等天然纤维的织物粘合于基纸上	花纹多样、色彩柔和幽雅、吸声性好、耐日晒、无静电且具有透气性	宾馆、饭店、办公室、会议室、计算机房、广播室、家庭卧室等内墙面
麻草壁纸	麻草编织物与纸基复合而成	具有吸声、阻燃，且具有自然、古朴、粗犷的自然与原始美	宾馆、饭店、影剧院、酒吧、舞厅等的内墙贴面
无纺贴墙布	天然或人造纤维	挺括、富有弹性、色彩艳丽、可擦洗、透气较好、粘贴方便	高级宾馆、住宅等建筑的内墙面
化纤装饰贴墙布	化纤布为基材，一定处理后印花而成	透气、耐磨、不分层、花纹色彩多样	宾馆、饭店、办公室、住宅等的内墙面

品　种	主要成分(组成)或构造	主　要　性　质	主　要　应　用
高级墙面装饰织物（锦缎、丝绒等）	丝	锦缎纹理细腻、柔软绚丽、高雅华贵，但易变形、不能擦洗、遇水或潮湿会产生斑迹。丝绒质感厚实温暖、格调高雅	高级宾馆、饭店、舞厅等的软隔断、窗帘或浮挂装饰等
聚乙烯醇水玻璃内墙涂料	聚乙烯醇、水玻璃等	无毒、无味、耐燃、价格低廉，但耐水擦洗性差	广泛用于住宅、一般公用建筑的内墙面、顶棚等
聚醋酸乙烯乳液涂料	聚醋酸乙烯乳液等	无毒、涂膜细腻、色彩艳丽、装饰效果良好价格适中，但耐水性、耐候性差	住宅、一般建筑的内墙与顶棚等
醋酸乙烯-丙烯酸酯有光乳液涂料	醋酸乙烯-丙烯酸酯乳液等	耐水性、耐候性及耐碱性较好，具有光泽，属于中高档内墙涂料	住宅、办公室、会议室等的内墙、顶棚
多彩涂料	两种以上的合成树脂等	色彩丰富、图案多样、生动活泼及良好的耐水性、耐油性、耐刷洗性，对基层适应性强。属于高档内墙涂料	住宅、宾馆、饭店、商店、办公室、会议室等的内墙、顶棚
苯乙烯-丙烯酸酯乳液涂料	苯乙烯-丙烯酸酯乳液等	具有良好的耐水性、耐候性，并具有外观细腻、色彩艳丽，属于中档涂料	办公楼、宾馆、商店等的外墙面
丙烯酸酯系外墙涂料	丙烯酸树脂等	具有良好的耐水性、耐候性和耐高低温性，色彩多样，属于中高档涂料	办公楼、宾馆、商店等的外墙面
聚氨酯系外墙涂料	聚氨酯树脂等	优良的耐水性、耐候性和耐高低温性及一定的弹性和抗伸缩疲劳性，涂膜呈瓷质感、耐污性好，属于高档涂料	宾馆、办公楼、商店等的外墙面
合成树脂乳液砂壁状涂料	合成树脂乳液、彩色细骨料等	属于粗面厚质涂料，涂层具有丰富的色彩和质感，保色性和耐久性高，属于中高档涂料	宾馆、办公室、商店等的外墙面
纯毛地毯	羊毛等	图案多样、富有弹性、光泽好、经久耐用、并具有良好的保温隔热，吸声隔声等性质，以手工地毯效果更佳	宾馆、饭店、办公室、会议室、会客厅、住宅等的地面，手工地毯主要用于高级建筑
化纤地毯（簇绒地毯、针扎地毯、机织地毯）	丙纶或腈纶、尼龙、涤纶	质轻、富有弹性、耐磨性好，价格远低于纯毛地毯。丙纶回弹差；腈纶耐磨性较差、易吸尘；涤纶，特别是尼纶性能优异，但价格相对较高	宾馆、住宅、办公室、会议室、会客厅、餐厅等的地面

选用建筑装饰材料时应考虑以下几个方面：

（1）建筑物的装饰效果与风格　建筑物的装饰效果是选材时首先应考虑的。选材时应结合建筑物的造型、功能、用途、所处的环境（包括周围的建筑物）、材料的使用部位等，充分考虑建筑装饰材料的颜色、质感、花纹、图案、形状、尺寸及其相互之间的配合与组合，并考虑建筑装饰材料的其他性质，从而最大限度地表现出建筑装饰材料的装饰效果，以取得良好的装饰效果和建筑风格。

（2）建筑物的适用性与功能　所选的装饰材料应能满足建筑物的功能与使用要求。如播音室的内部装饰，所选装饰材料还应具有较高的吸声效果；卫生间所选装饰材料还应具有一定的抗渗性和易洁性；大型公用建筑所选的装饰材料除应满足各种使用功能外还应具有良好的防火性等等。

（3）方便施工　选用的装饰材料以及设计方案应尽量方便施工和维修。

（4）耐久性　所选的装饰材料应具有与所处环境相适应的耐久性，以保证建筑装饰工程的耐久性和建筑物的各项使用功能，并减少维修次数与费用。

（5）经济性　在保证以上四项的基础上，应尽量选用价格低廉或适中的装饰材料。要做到这一点就必须很好地掌握各种装饰材料的特性与装饰效果，同时既要考虑一次投资的多少，又要考虑日后的维修费用。低廉的装饰材料只要运用得当也同样会取得良好的装饰效果。如法国戴高乐机场和美国的肯尼迪机场的候机大厅就是采用的装饰混凝土，它取得了较好的装饰效果并较好地体现了建筑物的风格。

思　考　题

1. 常用结构材料的主要品种与主要应用有哪些？
2. 常用墙体材料的主要品种与主要应用有哪些？
3. 常用保温材料的主要品种与主要应用有哪些？
4. 常用防水材料的主要品种与主要应用有哪些？
5. 常用吸声材料与隔声材料的主要品种与主要应用有哪些？
6. 常用装饰材料的主要品种与主要应用有哪些？

建 筑 材 料 试 验

建筑材料试验是建筑材料课程的重要组成部分，它是由感性认识到理性认识的重要过程。通过试验，既可以熟悉、验证、巩固所学的理论知识，又可以了解试验手段，掌握试验方法，为建筑材料的科学研究进行最基本训练，同时还可让学生更深刻地掌握各种材料的技术性质，对常用材料具有独立进行质量检验的能力。

为此，学生在试验中必须做到：

1. 试验前做好预习，明确试验目的、基本原理，掌握操作规程。

2. 严格遵守试验操作规程，注意观察试验现象，详细做好试验记录。

3. 对试验结果进行分析、评定，做好试验报告。

本书试验是根据课程教学大纲要求，按现行国家标准及其规范编写的，并不包括建筑材料的所有试验，今后工作中可根据需要参阅有关资料。

本试验参照标准：

《普通混凝土用砂、石质量及检验方法标准》JGJ 52—2006。

试验一　建筑材料的基本性质试验

通过密度、表观密度、体积密度、堆积密度的测试，可计算出材料的孔隙率及空隙率，从而了解材料的构造特征，由于材料构造特征是决定材料强度、吸水率、抗渗性、抗冻性、耐腐蚀性、导热性及吸声等性能的重要因素。因此，了解建筑材料的基本性质，对于掌握材料的特性和使用功能是十分必要的。

一、密度试验

材料的密度是指材料在绝对密实状态下，单位体积的质量。

（一）主要仪器设备

李氏瓶（见图1）、筛子（孔径0.200mm或900孔/cm²）、量筒、烘箱、干燥器、天平、温度计、漏斗、小勺等。

（二）试样制备

1. 将试样研磨，用筛子筛分除去筛余物，并放到105～110℃的烘箱中，烘至恒重。

2. 将烘干的粉料放入干燥器中冷却至室温待用。

（三）试验方法及步骤

1. 在李氏瓶中注入与试样不起化学反应的液体至突颈下部，记下刻度（V_0）。

2. 用天平称取60～90g试样，用小勺和漏斗小心地将试样徐徐送入李氏瓶中（不能大量倾倒，会妨碍李氏瓶中空气排出或使咽喉

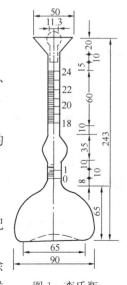

图1　李氏瓶

部位堵塞），直至液面上升至 20mL 刻度左右为止。

3. 用瓶内的液体将粘附在瓶颈和瓶壁的试样洗入瓶内液体中，转动李氏瓶使液体中气泡排出，计下液面刻度（V_1）。

4. 称取未注入瓶内剩余试样的质量，计算出装入瓶中试样质量 m。

5. 将注入试样后的李氏瓶中液面读数减去未注前的读数，得出试样的绝对体积 V。

（四）结果计算及确定

按下式计算出密度 ρ（精确至 0.01g）

$$\rho = \frac{m}{V}$$

式中　m——装入瓶中试样的质量，g；

　　　V——装入瓶中试样的体积，cm^3。

按规定，密度试验用两个试样平行进行，以其计算结果的算术平均值作为最后结果。但两次结果之差不应大于 $0.02g/cm^3$，否则重做。

二、表观密度试验

表观密度是指材料在自然状态下，单位体积（包括材料的绝对密实体积与内部封闭孔隙体积）的质量。其试验方法有容量瓶法和广口瓶法，其中容量瓶法用来测试砂的表观密度，广口瓶法用来测试石子的表观密度，下面我们就以砂和石子为例分别介绍两种试验方法。

（一）砂的表观密度试验（容量瓶法）

1. 主要仪器设备

（1）天平——称量 1000g，感量 1g；

（2）容量瓶——容量 500mL；

（3）烘箱——温度控制范围为（105±5）℃；

（4）干燥器、浅盘、铝制料勺、温度计等。

2. 试样制备

经缩分后不少于 650g 的样品装入浅盘，在温度为（105±5）℃的烘箱中烘干至恒重，并在干燥器内冷却至室温。

3. 试验方法及步骤

（1）称取烘干的试样 300g（m_0），装入盛有半瓶冷开水的容量瓶中。

（2）摇转容量瓶，使试样在水中充分搅动以排除气泡，塞紧瓶塞，静置 24h；然后用滴管加水至瓶颈刻度线平齐，再塞紧瓶塞，擦干容量瓶外壁的水分，称其质量（m_1）。

（3）倒出容量瓶中的水和试样，将瓶的内外壁洗净，再向瓶内加入与本条文第 2 款水温相差不超过 2℃的冷开水至瓶颈刻度线。塞紧瓶塞，擦干容量瓶外壁水分，称质量（m_2）。

注：在砂的表观密度试验过程中应测量并控制水的温度，试验的各项称量可在 15～25℃的温度范围内进行。从试样加水静置的最后 2h 起直至试验结束，其温度相差不应超过 2℃。

4. 结果计算及确定

表观密度（标准法）应按下式计算，精确至 $10kg/m^3$：

$$\rho' = \left(\frac{m_0}{m_0 + m_2 - m_1} - \alpha_t\right) \times 1000$$

式中 m_0——试样的烘干质量，g；

m_1——试样、水及容量瓶总质量 g；

m_2——水及容量瓶总质量，g；

α_t——考虑称量时的水温对水相对密度影响的修正系数，见表 1。

按规定，视密度应用两份试样测定两次，并以两次结果的算术平均值作为测定结果，如两次测定结果的差值大于 20kg/m³ 时，应重新取样进行试验。

不同水温下砂的体积密度温度修正系数 表 1

水温（℃）	15	16	17	18	19	20
α_t	0.002	0.003	0.003	0.004	0.004	0.005

水温（℃）	21	22	23	24	25
α_t	0.005	0.006	0.006	0.007	0.008

（二）石子表观密度试验（广口瓶法）

1. 主要仪器设备

（1）烘箱——温度控制范围为（105±5）℃；

（2）秤——称量 20kg，感量 20g；

（3）广口瓶——容量 1000mL，磨口，并带玻璃片；

（4）试验筛——筛孔公称直径为 5.00mm 的方孔筛一只；

（5）毛巾、刷子等。

2. 试样制备

试验前，筛除样品中公称粒径为 5.00mm 以下的颗粒，缩分至略大于表 2 所规定的量的两倍。洗刷干净后，分成两份备用。

体积密度试验所需的试样最少质量 表 2

最大公称粒径（mm）	10.0	16.0	20.0	25.0	31.5	40.0	63.0	80.0
试样最少质量（kg）	2.0	2.0	2.0	2.0	3.0	4.0	6.0	6.0

3. 方法与步骤

（1）将试样浸水饱和后，装入广口瓶中，装试样时广口瓶应倾斜放置，然后注满饮用水，用玻璃片覆盖瓶口，以上下左右摇晃的方法排除气泡。

（2）气泡排尽后，向瓶内添加饮用水，直至水面凸出到瓶口边缘，然后用玻璃片沿瓶口迅速滑行，使其紧贴瓶口水面。擦干瓶外水分后，称取试样、水、瓶和玻璃片的总质量（m_1）。

（3）将瓶中的试样倒入浅盘中，置于 105℃±5℃ 的烘箱中烘干至恒重，取出来放在带盖的容器中冷却至室温后称出试样的质量（m_0）。

（4）将瓶洗净，重新注入饮用水，用玻璃片紧贴瓶口水面，擦干瓶外水分后称出质量

(m_2)。

注：试验时各项称重可以在 15～25℃ 的温度范围内进行，但从试样加水静置的最后 2h 起直至试验结束，其温度相差不应超过 2℃。

4. 试验结果的计算及确定

试样的表观密度 ρ'_g 按下式计算（精确到 0.01g/cm³）

$$\rho'_g = \left(\frac{m_0}{m_0 + m_2 - m_1} - \alpha_t \right) \times 1000 \quad (kg/m^3)$$

式中 m_0——烘干后试样质量，g；

m_1——试样、水、瓶和玻璃片的总质量，g；

m_2——水、瓶和玻璃片总质量，g；

α_t——考虑称量时的水温对表观密度影响的修正系数，见表 3。

不同水温下碎石或卵石的表观密度温度修正系数　　　　表 3

水温（℃）	15	16	17	18	19	20	21	22	23	24	25
α_t	0.002	0.003	0.003	0.004	0.004	0.005	0.005	0.006	0.006	0.007	0.008

按规定，表观密度应用两份试样测定两次，并以两次结果的算术平均值作为测定结果，如两次结果之差大于 20kg/m³，应重新取样试验，对颗粒材质不均匀的试样，如两次试验结果之差值超过 20kg/m³，可取四次测定结果的算术平均值作为测定值。

三、体积密度试验

体积密度是指材料在自然状态下，单位体积（包括材料孔隙和材料绝对密实体积之和）的质量。体积密度的测试分规则几何形状试样的测定与不规则形状试样测定，其测定方法如下：

（一）规则几何形状试样的测试（如砖）

1. 主要仪器设备

游标卡尺、天平、烘箱、干燥器等。

2. 试样制备

将规则形状的试样放入 105～110℃ 的烘箱内烘干至恒重，取出放入干燥器中，冷却至室温待用。

3. 试验方法与步骤

（1）用游标卡尺量出试样尺寸（试件为正方体或平行六面体时以每边测量上、中、下三个数值的算术平均值为准。试件为圆柱体，按两个互相垂直的方向量其直径，各方向上、中、下量三次，以六次的平均值为准确定直径），并计算出其体积（V_0）。

（2）用天平称量出试件的质量（m）。

4. 试验结果计算

按下式计算出体积密度 ρ_0

$$\rho_0 = m/V_0$$

式中 m——试样的质量，g；

V_0——试样体积（包括开口孔隙、闭口孔隙体积和材料绝对密实体积）。

（二）不规则形状试样的测试（如卵石等）

此类材料体积密度的测试仍采用排液法（即砂石表观密度的测定方法），其不同之处在于应对其表面涂蜡，封闭开口孔后，再用容量瓶法或广口瓶法进行测试。方法同上不再介绍。

四、堆积密度试验

堆积密度是指粉状或颗粒状材料，在堆积状态下，单位体积（包括组成材料的孔隙，堆积状态下的空隙和密实体积之和）的质量。堆积密度的测试是在测试原理相同的基础上，根据测试材料的粒径不同，而采用不同的方法。下面我们就以细骨料和粗骨料为例介绍两种堆积密度的测试方法。

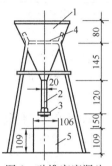

图2 砂堆密度漏斗

1—漏斗；2—φ20管子

3—活动门；4—筛；

5—容量筒

（一）细骨料堆积密度试验

1. 主要仪器设备

（1）秤——称量5kg，感量5g；

（2）容量筒——金属制，圆柱形，内径108mm，净高109mm，筒壁厚2mm，容积1L，筒底厚度为5mm；

（3）漏斗（见图2）或铝制料勺；

（4）烘箱——温度控制范围为（105±5）℃；

（5）直尺、浅盘等。

2. 试样制备

先用公称直径5.00mm的筛子过筛，然后取经缩分后的样品不少于3L，装入浅盘，在温度为（105±5）℃烘箱中烘干至恒重，取出并冷却至室温，分成大致相等的两份备用。试样烘干后若有结块，应在试验前先予捏碎。

3. 试验方法及步骤

取试样一份，用漏斗或铝制勺，将它徐徐装入容量筒（漏斗出料口或料勺距容量筒筒口不应超过50mm）直至试样装满并超出容量筒筒口。然后用直尺将多余的试样沿筒口中心线向相反方向刮平，称其质量（m_2）。

4. 试验结果计算及确定

试样的堆积密度 ρ'_0 按下式计算（精确至10kg/m³）

$$\rho'_0 = \frac{m_2 - m_1}{V'_0}$$

式中　m_1——标准容器的质量，kg；

　　　m_2——标准容器和试样总质量，kg；

　　　V'_0——标准容器的容积，L。

按规定，堆积密度应用两份试样测定两次，并以两次结果的算术平均值作为测定结果。

（二）粗骨料堆积密度试验

1. 主要仪器设备

容量筒（规格容积见表4）、平头铁锹、烘箱、磅秤。

容量筒的规格要求 表 4

碎石或卵石的最大粒径 (mm)	容量筒容积 (L)	容量筒规格 (mm)		筒壁厚度 (mm)
		内 径	净 高	
10.0；16.0；20.0；25.0	10	208	294	2
31.5；40.0	20	294	294	3
63.0；80.0	30	360	294	4

注：测定紧密密度时，对最大粒径为 31.5、40.0mm 的骨料，可采用 10L 的容量筒，对最大粒径为 63.0、80.0mm 的集料，可采用 20L 的容量筒。

2. 试样制备

用四分法缩取（方法见试验三，混凝土用骨料中取样方法）不少于表 1 规定数量的试样，放入浅盘，在 105℃±5℃ 的烘箱中烘干，也可以摊在洁净的地面上风干，拌匀后分成大致相等的两份待用。

3. 试验方法与步骤

（1）称取容量筒质量 m_1（kg）。

（2）取试样一份置于平整、干净的混凝土地面或铁板上，用平头铁锹铲起试样，使石子在距容量筒上口约 5cm 处自由落入容量筒内，容量筒装满后，除去凸出筒口表面的颗粒并以比较合适的颗粒填充凹陷空隙，应使表面凸起部分和凹陷部分的体积基本相等。

（3）称出容量筒连同试样的总质量，m_2（kg）。

4. 试验结果计算及确定

试样的堆积密度 ρ_0' 按下式计算（精确至 0.01kg/m³）

$$\rho_0' = \frac{m_2 - m_1}{V_0'}$$

式中　m_1——容量筒的质量，kg；

　　　m_2——容量筒和试样总质量，kg；

　　　V_0'——容量筒容积，L。

按规定，堆积密度应用两份试样测定两次，并以两次结果的算术平均值作为测定结果。

五、孔隙率、空隙率的计算

（一）孔隙率计算

孔隙率是指材料体积内，孔隙体积所占的比例。

材料的孔隙率 P 按下式计算

$$P = \frac{V_{孔}}{V_0} = \frac{V_0 - V}{V_0} = \left(1 - \frac{\rho_0}{\rho}\right) \times 100\%$$

式中　ρ——材料的密度，（g/cm³）

　　　ρ_0——材料的体积密度，（g/cm³）

（二）空隙率的计算

空隙率是指粉状或颗粒状材料的堆积体积中，颗粒间空隙体积所占的比例。

材料的空隙率 P' 按下式计算

$$P' = \frac{V_k}{V_0'} = \frac{V_0' - V_0}{V_0'} = \left(1 - \frac{\rho_0'}{\rho_0}\right) \times 100\%$$

式中　ρ_0——材料颗粒的体积密度（当测试混凝土用骨料时，ρ_0 应取 ρ'），kg/m^3；

　　ρ'_0——材料的堆积密度，kg/m^3。

六、吸水率试验

材料的吸水率是指材料吸水饱和时的吸水量与干燥材料的质量或体积之比。材料的含水率是指材料在潮湿环境中，材料内部所含的水分与干燥材料的质量比。现介绍其测试方法。

（一）块体材料的吸水率试验

1. 主要仪器设备

天平、游标卡尺、烘箱、玻璃（或金属）盆等。

2. 试样制备

将试样（如砖）置于不超过 110℃ 的烘箱中，烘干至恒重，再放到干燥器中冷却到室温待用。

3. 试验方法及步骤

（1）从干燥器中取出试件，称其质量 m（g）。

（2）将试样放在金属盆或玻璃盆中，并在盆底放些垫条（如玻璃管或玻璃杆，使试样底面与盆底不致紧贴，试件之间应留 1～2cm 的间隔，使水能够自由进入）。

（3）加水至试样高度的 $\frac{1}{3}$ 处，过 24h 后，再加水至高度 $\frac{2}{3}$ 处，再过 24h 加满水，并放置 24h。逐次加水的目的在于使试件孔隙中空气逐渐逸出。

（4）取出试样，用拧干的湿毛巾轻轻抹去表面水分（不得来回擦拭），称其质量 m_1。

（5）为检验试样是否吸水饱和，可将试样再浸入水中至高度 $\frac{3}{4}$ 处，过 24h 重新称量，两次质量之差不得超过 1%。

4. 试验结果计算及确定

材料的吸水率 $w_质$ 或 $w_体$ 按下式计算

$$w_质 = \frac{m_1 - m}{m} \times 100\%$$

$$w_体 = \frac{m_1 - m}{V_0} \times 100\%$$

式中　$w_质$——质量吸水率，%；

　　$w_体$——体积吸水率（用于高度多孔材料），%；

　　m——试样干燥质量，g；

　　m_1——试样吸水饱和质量，g。

按规定，吸水率试验应用三个试样平行进行，并以三个试样吸水率的算术平均值作为测试结果。

（二）砂的含水率试验（标准法）

1. 砂的含水率试验（标准法）应采用下列仪器设备：

（1）烘箱——温度控制范围为 (105±5)℃；

（2）天平——称量 1000g，感量 1g；

（3）容器——如浅盘等。

2. 含水率试验（标准法）应按下列步骤进行：

由密封的样品中取各重 500g 的试样两份，分别放入已知质量的干燥容量（m_1）中称重，记下每盘试样与容器的总重（m_2）。将容器连同试样放入温度为（105±5）℃的烘箱中烘干至恒重，称量烘干后的试样与容器的总质量（m_3）。

3. 试验结果计算及确定

砂的含水率（标准法）按下式计算，精确至 0.1%：

$$w_{wc} = \frac{m_2 - m_3}{m_3 - m_1} \times 100\%$$

式中　w_{wc}——砂的含水率（%）；

　　　m_1——容器质量（g）；

　　　m_2——未烘干的试样与容器的总质量（g）；

　　　m_3——烘干后的试样与容器的总质量（g）。

以两次试验结果的算术平均值作为测定值。

试验二　水　泥　试　验

本试验执行标准：

《水泥细度检验方法　筛析法》（GB 1345—2005）

《水泥标准稠度用水量、凝结时间、安定性检验方法》（GB/T 1346—2001）

《水泥胶砂强度检验方法（ISO 法）》（GB/T 17671—1999）

一、水泥试验的一般规定

（一）检验批

使用单位在水泥进场后，应按批对水泥进行检验。根据国家标准《混凝土结构工程施工质量验收规范》（GB 50204—2002）规定，按同一生产厂家、同一等级、同一品种、同一批号且连续进场的水泥，袋装不超过 200t 为一批，散装不超过 500t 为一批，每批抽样不少于一次。

（二）水泥的取样

1. 取样单位：即按每一检验批作为一个取样单位，每检验批抽样不少于一次。

2. 取样数量与方法：

为了使试样具有代表性，可在散装水泥卸料处或输送水泥运输机具上 20 个不同部位取等量样品，总量至少 12kg。然后采用缩分法将样品缩分到标准要求的规定量。

（三）试样制备，试验前应将试样通过 0.9mm 方孔筛，并在 110℃±5℃烘干箱内烘干，备用。

（四）试验室条件

试验室的温度为 20℃±2℃，相对湿度不低于 50%；水泥试样、拌合水、标准砂、仪器和用具的温度应与试验室一致；水泥标准养护箱的温度为 20℃±1℃，相对湿度不低于 90%。

二、水泥细度检验

（一）目的

水泥细度测定的目的，在于通过控制细度来保证水泥的活性，从而控制水泥质量。

（二）检验方法

细度可用透气式比表面积仪或筛析法测定，这里主要介绍筛析法。筛析法分为负压筛法、水筛法和手工干筛法。

1. 负压筛法

（1）主要仪器设备 负压筛（见图3）、筛座（见图4）、天平等。

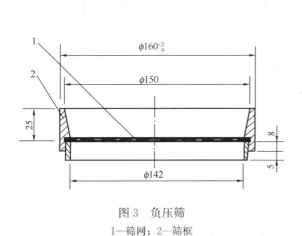

图3 负压筛
1—筛网；2—筛框

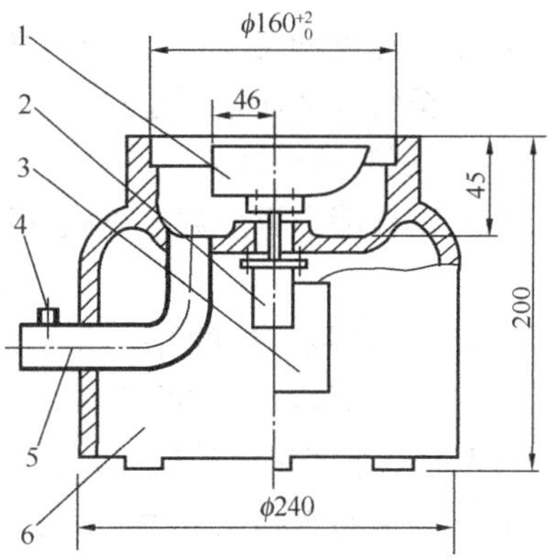

图4 筛座
1—喷气嘴；2—微电机；3—控制板开口；
4—负压表接口；5—负压源及收尘器接口；
6—壳体

（2）试验方法步骤

a. 筛析试验前，应把负压筛放在筛座上，盖上筛盖，接通电源，检查控制系统。调节负压至 4000～6000MPa 范围内，喷气嘴上口平面应与筛网之间保持 2～8mm 的距离。

b. 称取试样 25g，置于洁净的负压筛中。盖上筛盖，放在筛座上，开动筛析仪连续筛动 2min，在此期间如有试样附着在筛盖上，可轻轻地敲击，使试样落下，筛毕，用天平称量筛余物。

当工作负压小于 4000MPa 时，应清理吸尘器内水泥，使负压恢复正常。

2. 水筛法

（1）主要仪器设备 筛子、筛座、喷头（见图5）、天平等。

（2）试验方法步骤

a. 筛析试验前应检查水中无泥、砂，调整好水压及水筛架位置，使其能正常运转，喷头底面和筛网之间距离为 35～75mm。

b. 称取水泥试样 50g，置于洁净的水筛中，立即用洁净水冲洗至大部分细粉通过，再将筛子置于筛座上，用水压为

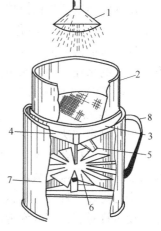

图5 水泥细度筛
1—喷头；2—标准筛；3—旋转托架；
4—集水斗；5—出水口；6—叶轮；
7—外筒；8—把手

0.05℃±0.02℃的喷头连续冲洗 3min。

c. 筛毕取下，将筛余物冲至一边，用少量水把筛余物全部移至蒸发皿（或烘样盘）中，等水泥颗粒全部沉淀后将水倾出，烘干后称量其筛余物。

3. 手工干筛法

（1）主要仪器设备　筛子（筛框有效直径为 150mm，高 50mm、方孔边长为 0.08mm 的铜布筛）、烘箱、天平等。

（2）试验方法步骤　称取烘干试样 50g 倒入筛内，用一手执筛往复摇动，另一手轻轻拍打，拍打速度约为120 次/min，其间每 40 次向同一方向转动 60°，使试样均匀分布在筛网上，直至每分钟通量不超过 0.05g 时为止，称取筛余物质量。

（三）试验结果计算

水泥试样筛余百分数按下式计算（精确至 0.1%）。

$$F = R_s/W \times 100\%$$

式中　F——水泥试样的筛余百分数，%；

　　　R_s——水泥筛余物的质量，g；

　　　W——水泥试样的质量，g。

负压筛法与水筛法或手工筛法测定的结果发生争议时，以负压筛法为准。

三、水泥标准稠度用水量试验

（一）目的

标准稠度用水量是指水泥净浆以标准方法测试而达到统一规定的浆体可塑性所需加的用水量，而水泥的凝结时间和安定性都和用水量有关，因而此测试可消除试验条件的差异，有利于比较，同时为进行凝结时间和安定性试验作好准备。

（二）主要仪器设备

标准法维卡仪（见图 6）、代用法维卡仪（见图 7）

（三）水泥净浆的拌制

用水泥净浆搅拌机搅拌，搅拌锅和搅拌叶片先用湿布擦过，将拌和水倒入搅拌锅内，然后在 5～10s 内小心将称好的 500g 水泥加入水中，防止水和水泥溅出；拌和时，先将锅放在搅拌机的锅座上，升至搅拌位置，启动搅拌机，低速搅拌 120s，停 15s，同时将叶片和锅壁上的水泥浆刮入锅中间，接着高速搅拌 120s 停机。

（四）测定方法与步骤

1. 标准法

（1）测定方法

水泥净浆拌合结束后，立即将拌制好的水泥净浆装入已置于玻璃底板上的试模中，用小刀插捣，轻轻振动数次，刮去多余的净浆，抹平后迅速将试模和底板移到维卡仪上，并将其中心定在试杆下，降低试杆直至与水泥净浆表面接触，拧紧螺母 1～2s 后，突然放松，使试杆垂直地沉入水泥净浆中。在试杆停止沉入或释放试杆 30s 时记录试杆距底板之间的距离，升起试杆后，立即擦净；整个操作应在搅拌后 1.5min 内完成。

（2）试验结果计算与确定

以试杆沉入净浆并距底板 6 mm±1 mm 的水泥净浆为标准稠度净浆。其拌合水量为该水泥的标准稠度用水量（P），按水泥质量的百分比计。

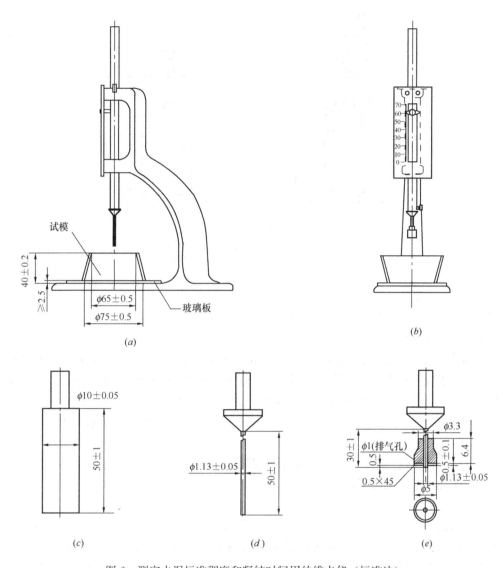

图 6　测定水泥标准稠度和凝结时间用的维卡仪（标准法）

(a) 初凝时间测定用立式试模的侧视图；(b) 终凝时间测定用反转试模的前视图

(c) 标准稠度试杆；(d) 初凝用试针；(e) 终凝用试针

2. 代用法

采用代用法测定水泥标准稠度用水量可用调整水量和不变水量两种方法的任一种测定。

（1）调整水量法

采用调整水量法时拌合水量按经验找水。水泥净浆拌制结束后，立即将拌制好的水泥净浆装入锥模中，用小刀插捣，轻轻振动数次，刮去多余的净浆；抹平后迅速放到试锥下面的固定位置上，将试锥降至净浆表面，拧紧螺母 1~2s 后，突然放松，让试锥垂直自由地沉入水泥净浆中。到试锥停止下沉或释放试锥 30s 时记录试锥下沉深度。整个操作应在搅拌后 1.5min 内完成。

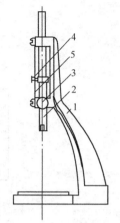
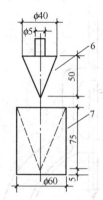

图 7　代用法维卡仪

1—铁座；2—金属圆棒；3—松紧螺丝；
4—指针；5—标尺；6—试锥；7—锥模

（2）不变水量法

采用不变水量法时拌合水量用 142.5mL。测定方法同调整水量法。

（3）试验结果计算与确定

1）采用调整水量法测定时，以试锥下沉深度 28mm±2mm 时的净浆为标准稠度净浆。其拌合水量为该水泥的标准稠度用水量（P），按水泥质量的百分比计。如下沉深度超出范围需另取试样，调整水量，重新试验，直至达到 28mm±2mm 为止。

2）根据测得的试锥下沉深度 S（mm）按下式计算得到标准稠度用水量 P（%）。

$$P = 33.4 - 0.185S$$

当试锥下沉深度小于 13mm 时，应改用调整水量法测定。

四、水泥净浆凝结时间试验

（一）目的

测定水泥加水至开始失去可塑性（初凝）和完全失去可塑性（终凝）所用的时间，可以评定水泥的技术性质。初凝时间可以保证混凝土施工过程（即搅拌、运输、浇筑、振捣）的完成。终凝时间可以控制水泥的硬化及强度增长，以利于下一道施工工序的进行。

（二）主要仪器设备

凝结时间测定仪（见图 6）、试针和圆模（见图 8）、净浆搅拌机等。

（三）测定方法

（1）测定前准备工作：调整凝结时间测定仪的试针接触玻璃时，指针对准零点。

（2）试件的制备：以标准稠度用水量按以上要求制定标准稠度净浆一次装满试模，振动数次刮平，立即放入养护箱中。记录水泥全部加入水中的时间作为凝结时间的起始时间。

（3）测试时应注意

1）每次测试完毕后，须将试模放回湿气养护箱内放置。

2）整个测试过程中，要防止试模受振。

3）每次测定均应更换试针落下位置，不能落入同一针孔。每次测试完毕要将试针擦净。

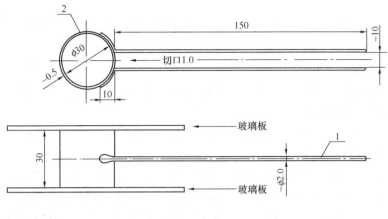

图 8　雷氏夹
1—指针；2—环模

（4）初凝时间的测定

1）试件在湿气养护箱中养护至加水后 30min 时进行第一次测定。测定时，从湿气养护箱中取出试模放到试针下，降低试针与水泥净浆表面接触。拧紧螺丝 1～2s 后，突然放松，试针垂直地沉入水泥净浆中。观察试针停止沉入或释放试针 30s 时指针的读数。当试针沉至距底板 4mm±1mm 时，为水泥达到初凝状态。

2）在最初测定操作时，应注意轻轻扶持金属柱，使其徐徐下降，以防试针撞弯，但其结果以自由下落为准。

3）在整个测试过程中，试针沉入的位置至少要距试模内壁 10mm。

4）临近初凝时，每隔 5min 测定一次。当达到初凝时应立即重复测一次，当两次结论相同时才能定为达到初凝状态。

（5）终凝时间的测定

1）为了准确观测试针沉入的状况，在终凝针安装了一个环形附件（见图 6-4e）。在完成初凝时间测定后，立即将试模连同浆体以平移的方式从玻璃板取下，翻转 180°，直径大端向上，小端向下放在玻璃板上，再放入湿气养护箱中继续养护，临近终凝时间每隔 15min 测定一次，当试针沉入试体 0.5mm 时，即环形附件开始不能在试体上留下痕迹时，为水泥达到终凝状态。

2）当达到终凝时应立即重复测一次，当两次结论相同时才能定为达到终凝状态。

（四）试验结果的确定及验定

初凝时间是指：自水泥全部入水时起，至净浆达到初凝状态的时间即为初凝时间，用"min"表示。

终凝时间是指：自水泥全部入水时起，至净浆达到终凝状态的时间即为终凝时间，用"min"表示。

验定方法为将测定的初凝和终凝时间，对照国家规范对各种水泥的技术要求，从而判定凝结时间是否合格。

五、安定性试验

安定性试验可采用饼法或雷氏夹法，当试验结果有争议时以雷氏夹法为准。

（一）目的

安定性是水泥硬化后体积变化的均匀性，体积的不均匀变化会引起膨胀，裂缝或翘曲等现象。

（二）主要仪器设备

沸煮箱、雷氏夹（见图8）、雷氏夹膨胀值测量仪、水泥净浆搅拌机、玻璃板等。

（三）试验方法及步骤

（1）称取水泥试样400g，用标准稠度需水量，按标准稠度测定时拌和净浆的方法制成水泥净浆，然后制作试件。

a. 饼法制作　从制成的水泥净浆中取试样150g，分成两等份，制成球形，放在涂过油的玻璃板上，轻轻振动玻璃板，并用湿布擦过的小刀，由边缘向饼的中央抹动，制成直径为70～80mm，中心厚约10mm，边缘渐薄，表面光滑的试饼，接着将试饼放入养护箱内，自成型时起，养护24h±2h。

b. 雷氏夹法制作　将预先准备好的雷氏夹，放在已擦过油的玻璃板上，并将已制好的标准稠度净浆装满试模，装模时一只手轻轻扶模，另一只手用宽约10mm的小刀插捣15次左右，然后抹平，盖上稍涂油的玻璃板，接着将试模移至养护箱内养护24h±2h。

（2）调整好沸煮箱的水位，使之能在整个沸煮过程中都没过试件，不需中途补试验用水，同时又能保证在30min±5min内升至沸腾。

（3）脱去玻璃板，取下试件。

a. 当采用饼法时，先检查试饼是否完整，在试饼无缺陷的情况下，将取下之试饼置于沸煮箱内水中的箅板上，然后在30min±5min内加热至沸，并恒沸3h±5min。

b. 当采用雷氏夹法时，先测量试件指针尖端间的距离（A），精确到0.5mm，接着将试件放入水中箅板上，指针朝上，试件之间互不交叉，然后在30min±5min内加热至沸，并恒沸3h±5min。

煮毕，将水放出，待箱内温度冷却至室温时，取出检查。

（四）结果鉴定

饼法鉴定：目测试饼，若未发现裂缝，再用直尺检查也没有弯曲时，则水泥安定性合格，反之为不合格。当两个试饼有矛盾时，为安定性不合格。

雷氏夹法鉴定：测量试件指针尖端间的距离C，精确至0.5mm。当两个试件煮后增加距离（C-A）的平均值不大于5.00mm时，即安定性合格，反之为不合格。

当两个试件的（C-A）值相差超过4mm时，应用同一样品立即重做一次试验。

六、水泥胶砂强度检验

（一）目的

根据国家标准要求，用软练胶砂法测定水泥各标准龄期的强度，从而确定或检验水泥的强度等级。

（二）试验室要求

（1）试件成型室的温度应保持在20℃±2℃，相对湿度应不低于50%。

（2）试件带模养护的养护箱或雾室温度保持在20℃±1℃，相对湿度不低于90%。

（三）主要仪器：行星式水泥胶砂搅拌机、水泥胶砂试模、水泥胶砂试件成型振实台、电动抗折试验机、抗压试验机、水泥抗压模具等。

（四）试验步骤

（1）胶砂制备

1）配料

水泥、砂、水和试验用具的温度与试验室相同，称量用的天平精度应为±1g。当用自动滴管加水时，滴管精度应达到±1ml。水泥称量450g±2g；标准砂称量1350g±5g；水称量225ml±1ml。

2）搅拌

每锅胶砂用搅拌机进行机械搅拌。先使搅拌机处于待工作状态，然后按以下的程序进行操作：

把水加入锅里，再加入水泥，把锅放在固定架上，上升至固定位置。

然后立即开动机器，低速搅拌30s后，在第二个30s开始的同时均匀地将砂子加入。当各级砂是分装时，从最粗粒级开始，依次将所需的每级砂量加完。把机器转至高速再拌30s。

停拌90s，在第1个15s内用一胶皮刮具将叶片和锅壁上的胶砂，刮入锅中间。在高速下继续搅拌60s。各个搅拌阶段，时间误差应在±1s以内。

（2）试件制备

胶砂制备后立即进行成型。将空试模和模套固定在振实台上，用一个适当勺子直接从搅拌锅里将胶砂分两层装入试模，装第一层时，每个槽里约放300g胶砂，用大播料器垂直架在模套顶部沿每个模槽来回一次将料层播平，接着振实60次。再装入第二层胶砂，用小播料器播平，再振实60次。移走模套，从振实台上取下试模，用一金属直尺以近似90°的角度架在试模顶的一端，然后沿试模长度方向以横向锯割动作慢慢向另一端移动，一次将超过试模部分的胶砂刮去，并用同一直尺以近乎水平的情况下将试体表面抹平。

在试模上作标记或加字条标明试件编号和试件相对于振实台的位置。

（3）试件养护

1）脱模前的处理和养护

去掉留在模子四周的胶砂。立即将作好标记的试模放雾室或湿箱的水平架子上养护，湿空气应能与试模各边接触。养护时不应将试模放在其他试模上。一直养护到规定的脱模时间时取出脱模。脱模前，用防水墨汁或颜料笔对试体进行编号和做其他标记。两个龄期以上的试体，在编号时应将同一试模中的三条试体分在两个以上龄期内。

2）脱模

脱模应非常小心，脱模时可采用塑料锤或橡皮榔头或专门脱模器防止脱模破损。对于24h龄期的，应在破型试验前20min内脱模。对于24h以上龄期的，应在成型后20～24h之间脱模。

注：如经24h养护，会因脱模对强度造成损害时，可以延迟至24h以后脱模，但在试验报告中应予说明。

已确定作为24h龄期试验（或其他不下水直接做试验）的已脱模试体，应用湿布覆盖至做试验时为止。

3）水中养护

将做好标记的试件立即水平或竖直放在20℃±1℃水中养护，水平放置时刮平面应朝上。试件放在不易腐烂的篦子上，并彼此间保持一定间距，以让水与试件的六个面接触。

养护期间试件间间隔或试体上表面的水深不得小于 5mm。

注：不宜用木篦子。

每个养护池只养护同类型的水泥试件。

最初用自来水装满养护池（或容器），随后随时加水保持适当的恒定水位，不允许在养护期间全部换水。

除 24h 龄期或延迟至 48h 脱模的试体外，任何到龄期的试体应在试验（破型）前 15min 从水中取出。揩去试体表面沉积物，并用湿布覆盖至试验为止。

4）强度试验试件的龄期

试体龄期是从水泥加水搅拌开始试验时算起。不同龄期强度试验在下列时间里进行。

$$—72h \pm 45min$$

$$—28d \pm 8h$$

（4）抗折强度测定

将试体一个侧面放在试验机支撑圆柱上试体长轴垂直于支撑圆柱，通过加荷圆柱以 $50N/s \pm 10N/s$ 的速率均匀地将荷载垂直地加在棱柱体相对侧面上，直至折断。

保持两个半截棱柱体处于潮湿状态直至抗压试验。

抗折强度 R_f 以牛顿每平方毫米（MPa）表示，按下式进行计算：

$$R_f = \frac{1.5F_fL}{b^3}$$

式中 F_f——折断时施加于棱柱体中部的荷载，N；

L——支撑圆柱之间的距离，mm；

b——棱柱体正方形截面的边长，mm。

各试体的抗折强度记录至 0.1MPa。

（5）抗压强度测定

抗压强度试验在半截棱柱体的侧面上进行。

半截棱柱体中心与压力机压板受压中心差应在 ± 0.5mm 内，棱柱体露在抗压强度试件夹具压板外的部分约有 10mm。在整个加荷过程中以 $2400N/s \pm 200N/s$ 的速率均匀地加荷直至破坏。抗压强度 R_c 以牛顿每平方毫米（MPa）为单位，按下式进行计算：

$$R_c = \frac{F_c}{A}$$

式中 F_c——破坏时的最大荷载，N；

A——受压部分面积，mm^2（$40mm \times 40mm = 1600mm^2$）。

各试体的抗压强度结果计算至 0.1MPa。

（五）试验结果

（1）抗折强度

以一组三个棱柱体抗折结果的平均值作为试验结果。当三个强度值中有超出平均值 $\pm 10\%$ 时，应剔除后再取平均值作为抗折强度试验结果。（计算精确至 0.1 MPa）

（2）抗压强度

以一组三个棱柱体上得到的六个抗压强度测定值的算术平均值为试验结果。如六个测定值中有一个超出六个平均值的 $\pm 10\%$，就应剔除这个结果。而以剩下五个的平均数为结

果。如果五个测定值中再有超过它们平均数±10%的，则此组结果作废。（计算精确至0.1MPa）

（六）结果评定

试验结果中各龄期的抗折和抗压强度的四个数值均应符合标准中数值要求。如有任一项低于规定值则应降低等级，直至全部满足规定值为止。

试验三　混凝土用骨料试验

本试验执行标准：《普通混凝土用砂、石质量及检验方法标准》（JGJ 52—2006）

一、取样方法

（一）骨料的取样方法

1. 分批方法：骨料取样应按批取样，在料堆上取样一般以400m³ 或600t 为一批。

2. 抽取试样：在料堆上取样时，取样部位应均匀分布。取样前先将取样部位表层铲除，然后由各部位抽取大致相等的砂 8 份、石子 16 份组成了各自一组样品。

3. 取样数量：对于每单项检验项目，砂、石的每组样品取样数量应满足表 5 和表 6 的规定。当需要做多项检验时，可在确保样品经一项试验后不致影响其他试验结果的前提下，用同组样品进行多项不同的试验。

4. 样品的缩分：

（1）砂的样品缩分方法可选择下列两种方法之一：

1）用分料器缩分：将样品在潮湿状态下拌和均匀，然后将其通过分料器，留下两个接料斗中的一份，并将另一份再次通过分料器。重复上述过程，直至把样品缩分到试验所需量为止。

2）人工四分法缩分：将样品置于平板上，在潮湿状态下拌合均匀，并堆成厚度约为20mm 的"圆饼"状，然后沿互相垂直的两条直径把"圆饼"分成大致相等的四份，取其对角的两份重新拌匀，再堆成"圆饼"状。重复上述过程，直到把样品缩分后的材料量略多于进行试验所需量为止。

（2）碎石或卵石缩分时，应将样品置于平板上，在自然状态下拌均匀，并堆成锥体，然后沿互相垂直的两条直径把锥体分成大致相等的四份，取其对角的两份重新拌匀，再堆成锥体。重复上述过程，直至把样品缩分至试验所需量为止。

（3）砂、碎石或卵石的含水率、堆积密度、紧密密度检验所用的试样，可不经缩分，拌匀后直接进行试验。

每一单项检验项目所需砂的最少取样质量 表5

检 验 项 目	最少取样质量（g）
筛分析	4400
表观密度	2600
吸水率	4000
紧密密度和堆积密度	5000
含水率	1000

检 验 项 目	最少取样质量（g）
含泥量	4400
泥块含量	20000
石粉含量	1600
人工砂压碎值指标	分成公称粒级 5.00～2.50mm；2.50～1.25mm；1.25mm～630μm；630～315μm；315～160μm 每个粒级各需 1000g
有机物含量	2000
云母含量	600
轻物质含量	3200
坚固性	分成公称粒级 5.00～2.50mm；2.50～1.25mm；1.25mm～630μm；630～315μm；315～160μm 每个粒级各需 100g
硫化物及硫酸盐含量	50
氯离子含量	2000
贝壳含量	10000
碱活性	20000

每一单项检验项目所需碎石或卵石的最小取样质量（kg）　　表6

试 验 项 目	最大公称粒径（mm）							
	10.0	16.0	20.0	25.0	31.5	40.0	63.0	80.0
筛分析	8	15	16	20	25	32	50	64
表观密度	8	8	8	8	12	16	24	24
含水率	2	2	2	2	3	3	4	6
吸水率	8	8	16	16	16	24	24	32
堆积密度、紧密密度	40	40	40	40	80	80	120	120
含泥量	8	8	24	24	40	40	80	80
泥块含量	8	8	24	24	40	40	80	80
针、片状含量	1.2	4	8	12	20	40	—	—
硫化物及硫酸盐	1.0							

注：有机物含量、坚固性、压碎值指标及碱-骨料反应检验，应按试验要求的粒级及质量取样。

5. 除筛分析外，当其余检验项目存在不合格项时，应加倍取样进行复验。当复验仍有一项不满足标准要求时，应按不合格品处理。

二、砂的筛分析试验

（一）目的

测定试验用砂的颗粒级配，计算细度模数，评定砂的粗细程度。

（二）主要仪器设备

砂的筛分析试验应采用下列仪器设备：

1. 试验筛——公称直径分别为 10.0mm、5.00mm、2.50mm、1.25mm、630μm、315μm、160μm 的方孔筛各一只，筛的底盘和盖各一只；筛框直径为 300mm 或 200mm。

2. 天平——称量 1000g，感量 1g；

3. 摇筛机；

4. 烘箱——温度控制范围为（105±5）℃；

5. 浅盘，硬、软毛刷等。

（三）试样制备

试样制备应符合下列规定：

用于筛分析的试样，其颗粒的公称粒径不应大于 10.0mm。试验前应先将来样通过公称直径 10.0mm 的方孔筛，并计算筛余。称取经缩分后样品不少于 550g 两份，分别装入两个浅盘，在（105±5）℃的温度下烘干到恒重。冷却至室温备用。

注：恒重是指在相邻两次称量间隔时间不小于 3h 的情况下，前后两次称量之差小于该项试验所要求的称量精度。

（四）试验方法及步骤

筛分析试验应按下列步骤进行：

1. 准确称取烘干试样 500g（特细砂可称 250g），置于按筛孔大小顺序排列（大孔在上、小孔在下）的套筛的最上一只筛（公称直径为 5.00mm 的方孔筛）上；将套筛装入摇筛机内固紧，筛分 10min；然后取出套筛，再按筛孔由大到小的顺序，在清洁的浅盘上逐一进行手筛，直至每分钟的筛出量不超过试样总量的 0.1% 时为止；通过的颗粒并入下一只筛子，并和下一只筛子中的试样一起进行手筛。按这样顺序依次进行，直至所有的筛子全部筛完为止。

注：1. 当试样含泥量超过 5% 时，应先将试样水洗，然后烘干至恒重，再进行筛分；

  2. 无摇筛机时，可改用手筛。

2. 试样在各只筛子上的筛余量均不得超过按下式计算得出的剩留量，否则应将该筛的筛余试样分成两份或数份，再次进行筛分，并以其筛余量之和作为该筛的筛余量。

$$m_r = \frac{A\sqrt{d}}{300}$$

式中 m_r——某一筛上的剩留量（g）；

  d——筛孔边长（mm）；

  A——筛的面积（mm²）。

3. 称取各筛筛余试样的质量（精确至 1g），所有各筛的分计筛余量和底盘中的剩余量之和与筛分前的试样总量相比，相差不得超过 1%。

（五）试验结果计算

筛分析试验结果应按下列步骤计算：

1. 计算分计筛余（各筛上的筛余量除以试样总量的百分率），精确至 0.1%；

2. 计算累计筛余（该筛的分计筛余与筛孔大于该筛的各筛的分计筛余之和），精确至 0.1%；

3. 根据各筛两次试验累计筛余的平均值，评定该试样的颗粒级配分布情况，精确至 1%；

4. 砂的细度模数应按下式计算，精确至0.01：

$$\mu_f = \frac{(\beta_2 + \beta_3 + \beta_4 + \beta_5 + \beta_6) - 5\beta_1}{100 - \beta_1}$$

式中 μ_f——砂的细度模数；

β_1、β_2、β_3、β_4、β_5、β_6 —— 分别为公称直径 5.00mm、2.50mm、1.25mm、630μm、315μm、160μm 方孔筛上的累计筛余；

（六）试验结果鉴定

（1）级配的鉴定：用各筛号的累计筛余百分率绘制级配曲线，或对照国家规范规定的级配区范围，判定其是否都处于一个级配区内。

注：除4.75mm和600μm筛孔外，其他各筛的累计筛余百分率允许略有超出，但超出总量不应大于5%。

（2）粗细程度鉴定：

根据细度模数的大小来确定砂的粗细程度。

当μ_f＝3.7～3.1时为粗砂

μ_f＝3.0～2.3时为中砂

μ_f＝2.2～1.6时为细砂

μ_f＝1.5～0.7时为特细砂

（3）以两次试验结果的算术平均值作为测定值，精确至0.1。当两次试验所得的细度模数之差大于0.20时，应重新取试样进行试验。

三、碎石或卵石的筛分析试验

（一）目的

测定粗骨料的颗粒级配及粒级规格，对于节约水泥和提高混凝土强度是有利的，同时为使用骨料和混凝土配合比设计提供了依据。

（二）主要试验设备

筛分析试验应采用下列仪器设备：

1. 试验筛——筛孔公称直径为 100.0mm、80.0mm、63.0mm、50.0mm、40.0mm、31.5mm、25.0mm、20.0mm、16.0mm、10.0mm、5.00mm 和 2.50mm 的方孔筛以及筛的底盘和盖各一只。

2. 天平和秤——天平的称量 5kg，感量 5g；秤的称量 20kg，感量 20g；

3. 烘箱——温度控制范围为（105±5）℃；

4. 浅盘。

（三）试样制备

试样制备应符合下列规定：试验前，应将样品缩分至表7所规定的试样最少质量，并烘干或风干后备用。

筛分析所需试样的最少质量   表7

公称粒径（mm）	10.0	16.0	20.0	25.0	31.5	40.0	63.0	80.0
试样最少质量（kg）	2.0	3.2	4.0	5.0	6.3	8.0	12.6	16.0

（四）试验步骤：

筛分析试验应按下列步骤进行：

1. 按表 7 的规定称取试样；

2. 将试样按筛孔大小顺序过筛，当每只筛上的筛余层厚度大于试样的最大粒径值时，应将该筛上的筛余试样分成两份，再次进行筛分，直至各筛每分钟的通过量不超过试样总量的 0.1%；

注：当筛余试样的颗粒粒径比公称粒径大 20mm 以上时，在筛分过程中，允许用手拨动颗粒。

3. 称取各筛筛余的质量，精确至试样总质量的 0.1%。各筛的分计筛余量和筛底剩余量的总和与筛分前测定的试样总量相比，其相差不得超过 1%。

（五）试验结果的计算及鉴定

1. 计算分计筛余——各号筛上筛余量除以试样总质量的百分数（精确至 0.1%）。

2. 计算累计筛余——该号筛上分计筛余百分率与大于该号筛的各号筛上的分计筛余百分率之总和（精确至 1%）。

3. 根据各号筛的累计筛余，评定石子试样的粗细程度（粒级）及颗粒级配。

粗骨料的各筛号上的累计筛余百分率应满足国家规范规定的粗骨料颗粒级配范围要求。

试验四　普通混凝土试验

本试验执行标准　《普通混凝土拌合物性能试验方法》（GB/T 50080—2002）

《普通混凝土力学性能试验方法》（GB/T 50081—2002）

一、普通混凝土拌合物试验室拌合方法

（一）目的

学会普通混凝土拌合物的拌制方法，为测试和调整混凝土的性能，进行混凝土配合比设计打好基础。

（二）一般规定

（1）拌制时，原材料与拌合场所的温度宜保持在 20℃±5℃。

（2）原材料应符合技术要求，并与施工实际用料相同，水泥若有结块现象，需用筛孔为 0.9mm 的方孔筛将结块筛除。

（3）拌制混凝土的材料用量以重量计。混凝土试配最小搅拌量是：当骨料最大粒径小于 31.5mm 以下时，拌制数量为 15L，最大粒径为 40mm 时取 25L；当采用机械搅拌时，搅拌量不应小于搅拌机额定搅拌量的 1/4。称料精确度为：骨料±1%，水、水泥、混合材料、外加剂±0.5%。

（三）主要仪器设备

搅拌机、磅秤、天平、拌合钢板、钢抹子、量筒、拌铲等。

（四）拌合方法

1. 人工拌合

（1）按所定的配合比备料，以全干状态为准。

（2）将拌板和拌铲用湿布润湿后，将砂倒在拌板上，然后加入水泥，用拌铲自拌板一端翻拌至另一端，如此反复，直至充分混合，颜色均匀，再放入称好的粗骨料与之拌合，继续翻拌，直至混合均匀为止，然后堆成锥形。

（3）将干混合物锥形堆的中间作一凹槽，将已称量好的水，倒一半左右到凹槽中（勿使水流出），然后仔细翻拌，并徐徐加入剩余的水，继续翻拌，每翻拌一次，用铲在混合料上铲切一次。至少翻拌 6 遍。

（4）拌合时力求动作敏捷，拌合时间从加水时算起，应大致符合下列规定：

拌合物体积为 30L 以下时 4～5min

拌合物体积为 31～50L 时 5～9min

拌合物体积为 51～75L 时 9～12min

（5）拌好后，立即做坍落度试验或试件成型，从开始加水时算起，全部操作须在 30min 内完成。

2. 机械搅拌法

（1）按所定的配合比备料，以全干状态为准。

（2）拌前先对混凝土搅拌机挂浆，即用按配合比要求的水泥、砂、水和少量石子，在搅拌机中涮膛，然后倒去多余砂浆。其目的在于防止正式拌合时水泥浆挂失影响混凝土配合比。

（3）将称好的石子、砂、水泥按顺序倒入搅拌机内，干拌均匀，再将需用的水徐徐倒入搅拌机内一起拌合，全部加料时间不得超过 2min，水全部加入后，再拌合 2min。

（4）将拌合物自搅拌机中卸出，倾倒在拌板上，再经人工拌合 1～2min。

（5）拌好后，根据试验要求，即可做坍落度测定或试件成型。从开始加水时算起，全部操作必须在 30min 内完成。

二、普通混凝土拌合物和易性试验

新拌混凝土拌合物的和易性是保证混凝土便于施工、质量均匀、成型密实的性能，它是保证混凝土施工和质量的前提。

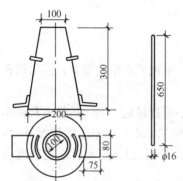

图 9 坍落度筒及捣棒

（一）新拌混凝土拌合物坍落度试验

1. 适用范围

本试验方法适用于坍落度值不小于 10mm，骨料最大粒径不大于 40mm 的混凝土拌合物测定。

2. 主要仪器设备

坍落筒（见图 9）、捣棒、小铲、木尺、钢尺、拌板、馒刀、喂料斗等。

3. 试验方法及步骤

（1）每次测定前，用湿布把拌板及坍落筒内外擦净、润湿，并将筒顶部加上漏斗，放在拌板上，用双脚踩紧脚踏板，使位置固定。

（2）取拌好的混凝土拌合物 15L，用取样勺将拌合物分三层均匀装入筒内，每层装入高度在插捣后大致应为筒高的 1/3，每层用捣棒插捣 25 次，插捣应呈螺旋形由外向中心进行，各次插捣均应在截面上均匀分布，插捣筒边混凝土时，捣棒应稍稍倾斜，插捣底层时，捣棒应贯穿整个深度，插捣第二层和顶层时，捣棒应插透本层，并使之刚刚插入下一

236

层。浇灌顶层时，混凝土应灌到高出筒口，插捣过程中，如混凝土沉落到低于筒口，则应随时添加，顶层插捣完后，刮去多余混凝土，并用抹刀抹平。

（3）清除筒边底板上的混凝土后，垂直平稳地提起坍落筒，坍落筒的提离过程应在5～10s内完成，从开始装料到提起坍落筒整个过程应不间断地进行，并在150s内完成。

（4）当混凝土拌合物的坍落度大于220mm时，用钢尺测量混凝土扩展后最终的最大直径和最小直径在这两个直径之差小于50mm的条件下，用其算术平均值作为坍落度扩展值；否则，此次试验无效。

4. 试验结果确定

提起坍落筒后，立即测量筒高与坍落后混凝土试体最高点之间的高度差，此值即为混凝土拌合物的坍落度值，单位毫米（mm）。

坍落筒提起后，如混凝土拌合物发生崩塌或一边剪切破坏，则应重新取样进行测定，如仍出现上述现象，则该混凝土拌合物和易性不好，并应记录备查。

（二）粘聚性和保水性的评定

粘聚性和保水性的测定是在测量坍落度后，再用目测观察判定粘聚性和保水性。

1. 粘聚性检验方法

用捣棒在已坍落的混凝土锥体侧面轻轻敲打，此时，如锥体渐渐下沉，则表示粘聚性良好，如锥体崩裂或出现离析现象，则表示粘聚性不好。

2. 保水性检验

坍落筒提起后，如有较多的稀浆从底部析出，锥体部分的混凝土拌合物也因失浆而骨料外露，则表明保水性不好。

坍落筒提起后，如无稀浆或仅有少量稀浆自底部析出，则表明混凝土拌合物保水性良好。

（三）和易性的调整

（1）当坍落度低于设计要求时，可在保持水灰比不变的前提下，适当增加水泥浆用量，其数量可各为原来计算用量的5%与10%。

当坍落度高于设计要求时，可在保持砂率不变的条件下，增加骨料用量。

（2）当出现含砂不足、粘聚性、保水性不良时，可适当增大砂率，反之减小砂率。

（四）维勃稠度试验

1. 适用范围

本方法适用于骨料最大料径不超过40mm，维勃稠度值在5～30s之间的混凝土拌合物稠度测定。

2. 主要仪器设备

维勃稠度仪（见图10）、捣棒、小铲、秒表等。

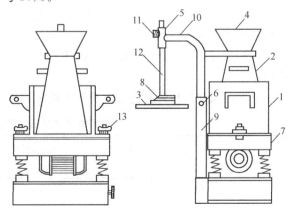

图 10　维勃稠度仪

1—容器；2—坍落度筒；3—透明圆盘；4—喂料斗；

5—套筒；6—定位螺丝；7—振动台；8—荷重；9—支柱；

10—旋转架；11—测杆螺丝；12—测杆；13—固定螺丝

3. 试验方法及步骤

（1）把维勃稠度仪放置在坚实水平的基面上，用湿布把容器、坍落筒、喂料斗内壁及其他用具擦湿。

（2）将喂料斗提到坍落筒上方扣紧，校正容器位置，使其中心与喂料斗中心重合，然后拧紧固定螺丝。

（3）把混凝土拌合物，用小铲分三层经喂料斗均匀地装入筒内，装料及插捣方式同坍落度法。

（4）将圆盘、喂料斗都转离坍落筒，小心并垂直地提起坍落筒，此时应注意不使混凝土试体产生横向扭动。

（5）把透明圆盘转到混凝土圆台体顶面，放松测杆螺丝，小心地降下圆盘，使它轻轻地接触到混凝土顶面。

（6）拧紧定位螺丝，并检查测杆螺丝是否完全放松，同时开启振动台和秒表，当振动到透明圆盘的底面被水泥浆布满的瞬间，停下秒表，并关闭振动台，记下秒表的时间，精确到1s。

4. 试验结果确定

由秒表读出的时间，即为该混凝土拌合物的维勃稠度值，单位为秒（s）。

如维勃稠度值小于5s或大于30s，则此种混凝土所具有的稠度已超出本仪器的适用范围，不能用维勃稠度值表示。

三、普通混凝土立方体抗压强度试验

（一）目的

学会混凝土抗压强度试件的制作及测试方法，用以检验混凝土强度，确定、校核混凝土配合比，并为控制混凝土施工质量提供依据。

（二）一般技术规定

（1）本试验采用立方体试件，以同一龄期至少三个同时制作、同样养护的混凝土试件为一组。

（2）每一组试件所用的拌合物应从同盘或同一车运送的混凝土拌合物中取样，或在试验室用人工或机械单独制作。

（3）检验工程和构件质量的混凝土试件成型方法应尽可能与实际施工采用的方法相同。

（4）试件尺寸按粗骨料的最大粒径来确定（见表8）。

试件尺寸与其抗压强度换算系数　　　　　　　表8

试 件 尺 寸 （mm）	骨料最大粒径 （mm）	抗压强度换算系数
100×100×100	31.5	0.95
150×150×150	40	1
200×200×200	63	1.05

（三）主要仪器设备

压力试验机、上下承压板、振动台、试模、捣棒、小铁铲、钢尺等。

（四）试件制作

（1）在制作试件前，首先要检查试模，拧紧螺栓，并清刷干净，同时在其内壁涂上一薄层矿物油脂。

（2）试件的成型方法应根据混凝土的坍落度来确定

a. 坍落度不大于 70mm 的混凝土拌合物应采用振动台成型。

其方法为将拌好的混凝土拌合物一次装入试模，装料时应用抹刀沿试模内壁略加插捣并使混凝土拌合物稍有富余，然后将试模放到振动台上，用固定装置予以固定，开动振动台并计时，当拌合物表面呈现水泥浆时，停止振动台并记录振动时间，用镘刀沿试模边缘刮去多余拌合物，并抹平。

b. 坍落度大于 70mm 的混凝土拌合物采用人工捣实成型

其方法为将混凝土拌合物分两层装入试模，每层装料厚度大致相同，插捣时用垂直的捣棒按螺旋方向由边缘向中心进行，插捣底层时捣棒应达到试模底面，插捣上层时，捣棒应贯穿下层深度 2～3cm，并用抹刀沿试模内侧插入数次，以防止麻面，每层插捣次数，按在 10000mm² 截面积内不得少于 12 次。捣实后，刮除多余混凝土，并用抹刀抹平。

（五）试件的养护

（1）试件成型后应立即用不透水的薄膜覆盖表面。

（2）采用标准养护的试件，应在温度为 20℃±5℃ 的环境中静置一昼夜至二昼夜，然后编号、拆膜。拆膜后应立即放入温度为 20℃±2℃，相对湿度为 95% 以上的标准养护室中养护，或在温度为 20℃±2℃ 的不流动的 $Ca(OH)_2$ 饱和溶液中养护。标准养护室内的试件应放在支架上，彼此间隔（10～20）mm，试件表面应保持潮湿，并不得被水直接冲淋。

（3）同条件养护试件的拆膜时间可与实际构件的拆膜时间相同，拆膜后，试件仍需保持同条件养护。

（4）标准养护龄期为 28d（从搅拌加水开始计时）。

（六）抗压强度测定

（1）试件从养护地点取出，随即擦干并量出其尺寸（精确到 1mm），并以此计算试件的受压面积 A（mm^2）。

（2）将试件安放在压力试验机的下压板上，试件的承压面应与成型时的顶面垂直。试件的轴心应与压力机下压板中心对准，开动试验机，当上压板与试件接近时，调整球座，使接触均衡。

（3）加压时，应连续而均匀的加荷。

当混凝土强度等级低于 C30 时，加荷速度取每秒钟 0.3～0.5MPa。

当混凝土强度等级等于或大于 C30 且小于 C60 时加荷速度取每秒钟 0.5～0.8MPa。

当混凝土强度等级大于或等于 C60 时，加荷速度取每秒钟 0.8～1.0MPa。

当试件接近破坏而开始迅速变形时，应停止调整试验机油门，直至试件破坏，然后记录破坏荷载 F（N）。

（七）试验结果计算

（1）试件的抗压强度 f_{cu} 按下式计算

$$f_{cu} = F/A$$

式中 F——试件破坏荷载，N；

    A——试件受压面积，mm^2。

（2）以三个试件抗压强度的算术平均值作为该组试件的抗压强度值，精确至 0.1MPa。

如果三个测定值中的最大或最小值中有一个与中间值的差异超过中间值的 15%，则把最大及最小值舍去，取中间值作为该组试件的抗压强度值。

如果最大、最小值均与中间值相差 15%，则此组试验作废。

（3）混凝土抗压强度是以 150mm×150mm×150mm 的立方体试件作为抗压强度的标准试件，其他尺寸试件的测定结果均应换算成 150mm 立方体试件的标准抗压强度值，换算系数见表 6。

试验五 建筑砂浆试验

本试验执行标准《建筑砂浆基本性能试验方法标准》JCJ/T 70—2009

一、砂浆的拌合

（一）目的

学会砂浆的拌制，为确定砂浆配合比或检验砂浆各项性能提供试样。

（二）仪器设备

砂浆搅拌机、铁板、磅秤、台秤、铁铲、抹刀等。

（三）试样制备

1. 在试验室制备砂浆试样时，所用材料应提前 24h 运入室内。拌合时，试验室的温度应保护在 20±5℃。当需要模拟施工条件下所用的砂浆时，所用原材料的温度宜与施工现场保护一致。

2. 试验所用原材料应与现场使用材料一致。砂应通过 4.75mm 筛。

3. 试验室拌制砂浆时，材料用量应以质量计。水泥、外加剂、掺合料等的称量精度应为±0.5%，细骨料的称量精度应为±1%。

4. 在试验室搅拌砂浆时应采用机械搅拌，搅拌的用量宜为搅拌机容量的 30%~70%，搅拌时间不应少于 120s。掺有掺合料和外加剂的砂浆，其搅拌时间不应少于 180s。

二、砂浆的稠度试验

（一）目的

通过稠度试验，可以测得达到设计稠度时的加水量，或在施工过程中控制砂浆的稠度以保证施工质量。

（二）仪器设备

砂浆稠度仪（见图 11）、捣棒、台秤、拌锅、拌板、秒表等。

（三）试验方法及步骤

稠度试验应按下列步骤进行：

1. 应先采用少量润滑油轻擦滑杆，再将滑杆上多余的油用吸油纸擦净，使滑杆能自由滑动；

2. 应先采用湿布擦净盛浆容器和试锥表面，再将砂浆拌合物一次装入容器，砂浆表面宜低于容器口 10mm，用捣棒自容器中心向边缘均匀地插捣 25 次，然后轻轻地将容器摇动或敲击 5～6 下，使砂浆表面平整，随后将容器置于稠度测定仪的底座上；

3. 拧开制动螺丝，向下移动滑杆，当试锥尖端与砂浆表面刚接触时，应拧紧制动螺丝，使齿条测杆下端刚接触滑杆上端，并将指针对准零点上；

4. 打开制动螺丝，同时计时间，10s 时立即拧紧螺丝，将齿条测杆下端接触滑杆上端，从刻度盘上读出下沉深度（精确至 1mm），即为砂浆的稠度值；

5. 盛浆容器内的砂浆，只允许测定一次稠度，重复测定时，应重新取样测定。

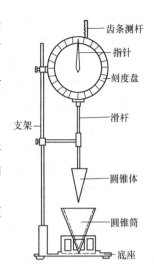

图 11　砂浆稠度测定仪

（四）试验结果评定

稠度试验结果应按下列要求确定：

1. 同盘砂浆应取两次试验结果的算术平均值作为测定值，并应精确至 1mm；

2. 当两次试验值之差大于 10mm 时，应重新取样测定。

三、砂浆分层度试验

（一）目的

测定砂浆拌合物的分层度，以确定在运输及停放时砂浆拌合物的稳定性。

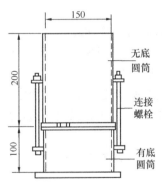

图 12　砂浆分层度筒

（二）主要仪器设备

分层度测定仪（见图 12）、振动台：振幅应为 0.5±0.05mm，频率应为 50±3Hz、砂浆稠度仪、木槌等。

（三）试验方法与步骤

分层度的测定可采用标准法和快速法。当发生争议时，应以标准法的测定结果为准。

1. 标准法测定分层度应按下列步骤进行：

（1）应按照标准规定测定砂浆拌合物的稠度；

（2）应将砂浆拌合物一次装入分层度筒内，待装满后，用木槌在分层度筒周围距离大致相等的四个不同部位轻轻敲击 1～2 下，当砂浆沉落到低于筒口时，应随时添加，然后刮去多余的砂浆并用抹刀抹平；

（3）静置 30min 后，去掉上节 200mm 砂浆，然后将剩余的 100mm 砂浆倒在拌合锅内拌 2min，再按照本标准第 4 章的规定测其稠度。前后测得的稠度之差即为该砂浆的分层度值。

2. 快速法测定分层度应按下列步骤进行：

（1）应按照标准规定测定砂浆拌合物的稠度；

（2）应将分层度筒预先固定在振动台上，砂浆一次装入分层度筒内，振动 20s；

（3）去掉上节 200mm 砂浆，剩余 100mm 砂浆倒出放在拌合锅内拌 2min，再按标准试验方法测其稠度，前后测得的稠度之差即为该砂浆的分层度值。

（四）试验结果评定

分层度试验结果应按下列要求确定：

1. 应取两次试验结果的算数平均值作为该砂浆的分层度值，精确至1mm；

2. 当两次分层度试验值之差大于10mm时，应重新取样测定。

四、砂浆抗压强度试验

（一）目的

检验砂浆的实际强度是否达到设计要求。

（二）主要仪器设备

立方体抗压强度试验应使用下列仪器设备：

1. 试模：应为70.7mm×70.7mm×70.7mm的带底试模；

2. 钢制捣棒：直径为10mm，长度为350mm，端部磨圆；

3. 压力试验机：精度应为1%，试件破坏荷载应不小于压力机量程的20%，且不应大于全量程的80%；

4. 垫板：试验机上、下压板及试件之间可垫以钢垫板，垫板的尺寸应大于试件的承压面，其不平度应为每100mm不超过0.02mm；

5. 振动台：空载中台面的垂直振幅应为0.5±0.05mm，空载频率应为50±3Hz，空载台面振幅均匀度不应大于10%，一次试验应至少能固定3个试模。

（三）试件制作与养护

立方体抗压强度试件的制作及养护应按下列步骤进行：

1. 应采用立方体试件，每组试件应为3个；

2. 应采用黄油等密封材料涂抹试模的外接缝，试模内应涂刷薄层机油或隔离剂，应将拌制好的砂浆一次性装满砂浆试模，成型方法应根据稠度而确定。当稠度大于50mm时，宜采用人工插捣成型，当稠度不大于50mm时，宜采用振动台振实成型：

1）人工插捣：应采用捣棒均匀地由边缘向中心按螺旋方式插捣25次，插捣过程中当砂浆沉落低于试模口时，应随时添加砂浆，可用油灰刀插捣数次，并用手将试模一边抬高5～10mm各振动5次，砂浆应高出试模顶面6～8mm；

2）机械振动：将砂浆一次装满试模，放置到振动台上，振动时试模不得跳动，振动5～10s或持续到表面泛浆为止，不得过振；

3）应待表面水分稍干后，将浆高出试模部分的砂浆沿试模顶面刮去并抹平；

4）试件制作后应在温度为20±5℃的环境下静置24±2h，对试件进行编号、拆模。当气温较低时，或者凝结时间大于24h的砂浆，可适当延长时间，但不应超过2d，试件拆模后应立即放入温度为20±20℃，相对湿度为90%以上的标准养护室中养护，养护期间，试件彼此间隔不得小于10mm，混合砂浆、湿拌砂浆试件上面应覆盖，防止有水滴在试件上；

5）从搅拌加水开始计时，标准养护龄期应为28d，也可根据相关标准要求增加7d或14d。

（四）砂浆抗压强度测定

立方体试件抗压强度试验应按下列步骤进行：

1. 试件从养护地点取出后应及时进行试验。试验前应将试件表面擦拭干净，测量尺寸，并检查其外观，并应计算试件的承压面积，当实测尺寸与公称尺寸之差不超过 1mm 时，可按照公称尺寸进行计算；

2. 将试件安放在试验机的下压板或下垫板上，试件的承压面应与成型时的顶面垂直，试件中心应与试验机下压板或下垫板中心对准，开动试验机，当上压板与试件或上垫板接近时，调整球座，使接触面均衡受压。承压试验应连续而均匀地加荷，加荷速度应为 0.25～1.5kN/s，砂浆强度不大于 2.5MPa 时，宜取下限。当试件接近破坏而开始迅速变形时，停止调整试验机油门，直至试件破坏，然后记录破坏荷载。

（五）试验结果计算

砂浆立方体抗压强度应按下列公式计算：

$$f_{m,cu} = K \frac{N_u}{A}$$

式中　$f_{m,cu}$——砂浆立方体抗压强度，MPa，应精确至 0.1MPa；

　　　　N_u——立方体破坏压力，N；

　　　　A——试件承压面积，mm^2；

　　　　K——换算系数，取 1.35。

（六）试验结果的确定

立方体抗压强度试验的试验结果应按下列要求确定：

1. 应以三个试件测值的算术平均值作为该组试件的砂浆立方体抗压强度平均值（f_2），精确至 0.1MPa；

2. 当三个测值的最大值或最小值中有一个与中间值的差值超过中间值的 15% 时，应把最大值及最小值一并舍去，取中间值作为该组试件的抗压强度值；

3. 当两个测值与中间值的差值均超过中间值的 15% 时，该组试验结果应为无效。

试 验 六　钢　筋　试　验

本试验执行标准　《金属材料弯曲试验方法》（GB/T 232—1999）

　　　　　　　　《金属材料室温拉伸试验方法》（GB/T 228—2010）

一、钢筋的验收及取样

1. 钢筋进场时，应及时检查其出厂质量证明书和试验报告单。每捆（盘）钢筋应有标牌。进场验收内容包括查对标牌和对钢筋的外观进行检查。并按有关规定抽取试样进行机械性能检验，即拉伸试验与冷弯试验。两个项目中有一个项目不合格，该批钢筋即为不合格。

2. 钢筋每检验批质量不大于 60t。每批应由同一牌号、同一炉罐号、同一规格、同一交货状态的钢筋组成。

3. 取样时，自每批同一截面尺寸的钢筋中任取四根，于每根钢筋距端部 500cm 处截取一定长度的钢筋作试样，两根作拉伸试验，两根作冷弯试验。拉伸试验和冷弯试验用钢筋试样不允许进行车削加工。

二、拉伸试验

（一）目的

通过试验得到钢筋在拉伸过程中应力与应变的关系曲线，测定出钢筋的屈服强度、抗拉强度和伸长率三个重要指标，从而检验钢筋的力学及工艺性能。

（二）主要仪器设备

万能试验机量程选择应以所测量值处于该试验机最大量程的 20%～80% 范围内。钢板尺、游标卡尺等。

（三）试样制备

1. 钢筋长度：$L \geqslant L_0 + 3a + 2h$

式中　L_0——原始标距，$L_0 = 5a$，其计算值应修约至最接近 5mm 的倍数，中间值向较大一方修约，（mm）；

　　　a——钢筋直径，（mm）；

　　　h——试验时，夹持长度，（mm）。

2. 若钢筋的自由长度（夹具间非夹技部分的长度）比原始标距大许多，可在自由长度范围内做出 10mm、5mm 的等间距标记，以便在拉伸试验后根据钢筋的断裂位置选择合适的原始标记。

（四）试验步骤

1. 将试件固定在试验机夹具内，应使试件在加荷时受轴向拉力作用。

2. 调整试验机测力度盘指针，使其对准零点，拨动副指针使之与主指针重叠。

3. 开动试验机进行拉伸，应力增加速度应保持并恒定在表 9 规定的范围内，直至钢筋断裂。

4. 试验时，应记录其拉伸图如第八章第二节图 8-1 所示。

钢筋拉伸试验加荷速度　　　　　　　　表 9

钢筋的弹性模量 E（N/mm^2）	应力速率/（N/mm^2）· s^{-1}	
	最　小	最　大
$<1.5 \times 10^5$	2	20
$\geqslant 1.5 \times 10^5$	6	60

注：热轧带肋钢筋的弹性模量约为 2×10^5 MPa。

（五）结果计算

1. 强度计算

（1）从拉伸图或测力盘读取，屈服阶段的最小力或屈服平台的恒定力 F_{eL}，按下式计算屈服强度（R_{eL}）。

$$R_{EI} = \frac{F_{eL}}{S_0}$$

（2）从拉伸图或测力盘读取，试验过程中的最大力 F_m，按下式计算抗拉强度（R_m）：

$$R_m = \frac{F_m}{S_0}$$

（3）强度数值修约至 1MPa（$R \leqslant 200$MPa），5MPa（200MPa$<R<$1000MPa）。

2. 伸长率计算

（1）选取拉伸前标记间距为 5a（a 为钢筋公称直径）的两个标记为原始标距（L_0）

的标记。原则上只有断裂部位处在原始标距中间三分之一的范围内为有效。但伸长率大于或等于规定值，不管断裂位置处于何处，测量均为有效。

（2）将已拉断试件的两段，在断裂处对齐使其轴线处于同一直线上，并确保试件断裂部位适当接触后测量试件断裂后标距，准确到±0.25mm。

（3）按下式计算伸长率 A（精确至0.5%）

$$A = \frac{L_u - L_0}{L_0} \times 100\%$$

式中　A——伸长率，（%）；

　　　L_u——断后标距，mm；

　　　L_0——原始标距，mm。

（六）复验与判定

在拉伸试验的两根试件中，如果其中一根试件的屈服强度、抗拉强度和伸长率三个指标中有一个指标达不到钢筋标准中的规定数值，应再抽取双倍（四根）钢筋，制取双倍（四根）试件重作试验，如仍有一根试件的任一指标达不到标准规定数值，则拉伸试验项目判为不合格。

三、冷弯试验

（一）目的

检验钢筋承受规定弯曲程度的变形能力，从而了解其可加工性能。

（二）主要仪器设备

压力机或万能试验机、弯曲装置（可采用支辊式、V形模具式、虎钳式、翻板式弯曲装置）。

（三）试验步骤

1. 采用支辊式弯曲装置时，试件长度 $L \approx 0.5\pi(d/ + a) + 140$mm。

2. 按表10确定弯曲压头直径 d 和弯曲角度 α。

钢筋冷弯的弯心直径和弯曲角度　　　　　　　　　　表10

钢筋牌号	公称直径 a（mm）	弯心直径 d（mm）	弯曲角度 α
HPB235	8～20	a	
HRB335	6～25	3a	
	28～50	4a	
HRB400	6～25	4a	180°
	28～50	5a	
HRB500	6～25	6a	
	28～50	7a	

3. 调节支辊间距为 $l = (d + 3a) \pm 0.5a$，并应在试验期间此间距保持不变。

4. 将钢筋试件放于两支辊上（图13），试件轴线应与弯曲压头轴线垂直，弯曲压头在两支座中点处对试件平稳地施加荷载使其弯曲到180°。如不能直接达到180°，应将试件置于两平行压板之间，连续加荷，直至达到180°（图14），试验时可以加或不加垫块。

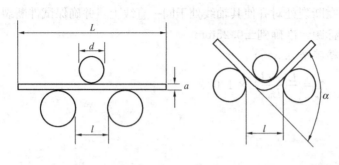

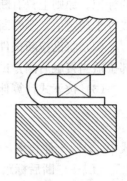

图 14 弯曲至
两臂平行

图 13 支辊式弯曲装置

（四）结果评定

检查试件弯曲处外表面，无肉眼可见裂纹应评定为合格。

（五）复验与判定

在冷弯试验中，两根试件中如有一根试件不符合标准要求，应再抽取双倍（四根）钢筋，制成双倍（四根）试件重新试验，如仍有一根试件不符合标准要求，则冷弯试验项目判为不合格。

试验七　普通黏土砖试验

本试验执行标准　《烧结普通砖》（GB 5101—2003）

　　　　　　　　　《砌墙砖试验方法》（GB/T 2542—1992）

一、取样方法

（一）外观检查用砖

在成品堆垛中按机械抽样法取样，抽样前预先确定好抽样方案。如每隔几垛，在垛上哪一部位，取某一个位置上的几块，使所取样品，能均匀分布于该批成品的堆垛范围中，并具有代表性，然后抽取之，数量为 200 块。

（二）物理力学试验用砖

在外观检查后的样品中，按机械抽样法抽取，但试件的外观质量必须符合成品的外观指标，否则以原规定抽样位置相邻的合格砖替补。试验用砖数量为 15～20 块，抗压 10 块，抗冻 5 块，试样取完后，应在每块砖上注明试验内容及编号，不允许随便更换样品或改变试验内容。

二、普通黏土砖抗压强度试验

（一）目的

学会普通黏土砖抗压强度试验方法，并通过测试的抗压强度，确定砖的强度等级。

（二）主要仪器设备

压力试验机，锯砖机或切砖器、量尺、镘刀等。

（三）试件制备

（1）将一组（10 块）砖样切断或锯成两个半截砖，断开的半截砖边长不得小于

100mm，如果不足 100mm，应另取备用试样补足。

（2）在试样制备台上，将已断开的半截砖放入室温的净水中，浸泡 10～20min。

（3）取出后，以断口相反方向叠放，两者中间抹以厚度不超过 5mm 的用 32.5 级或 42.5 级普通硅酸盐水泥调制成稠度适宜的水泥净浆粘结，上、下两面用厚度不超过 3mm 的同种水泥浆抹平，制成的试件上下两面需互相平行，并垂直于侧面。

（4）制成的抹面试件应置于不低于 10℃的不通风室内养护 3 天，再进行抗压强度试验。

（四）试验方法及步骤

（1）测量每个试件连接面的长宽尺寸各两个，分别取其平均值（精确至 1mm）。

（2）将试样平放在加压板中央，垂直于受压面加荷，加荷应均匀平稳，不得发生冲击或振动，加荷速度为 5kN/s±0.5kN/s，直至试件破坏为止，记录最大破坏荷载 R。

（五）试验结果的计算

1. 平均值 $\overline{R}$ 的计算

$$\overline{f} = \frac{\sum\limits_{i=1}^{10} f_i}{10}$$

式中　$\overline{f}$——10 块砖样的抗压强度算术平均值，MPa；

　　　f_i——单块砖样抗压强度测定值，MPa。

2. 强度标准值计算

$$f_k = \overline{f} - 1.8S$$

$$S = \sqrt{\frac{1}{9} \sum\limits_{i=1}^{10} (f_i - \overline{f})^2}$$

式中　f_k——强度标准值，MPa；

　　　S——10 块砖样的抗压强度标准差，MPa。

（六）试验结果鉴定

将以上所得的强度平均值 $\overline{f}$、强度标准值 f_k 以及单块抗压强度最小值 f_{min}，同时还应计算出变异系数 δ，然后对照表 6-1 从而判定砖的强度等级或检验此砖是否达到强度等级要求。

试验八　沥青试验

本试验执行标准　《石油沥青软化点测定方法》（GB 4507—1999）

　　　　　　　　《石油沥青延度测定方法》（GB 4508—1999）

　　　　　　　　《石油沥青针入度测定方法》（GB 4509—1999）

一、取样

（1）同一批出厂，同一规格标号的沥青以 20t 为一个取样单位，不足 20t 亦按一个取样单位。

（2）取样应从桶（袋、箱）表面以下及容器侧面以内至少 5cm 处采取。若能打碎时可取洁净的碎块；若沥青较软，可用干净的适当工具切割取样。应在同一批生产的沥青中

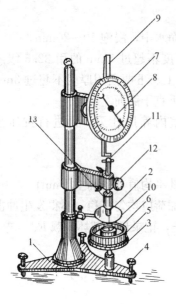

图 15 针入度计

1—底座；2—小镜；3—圆形平台；
4—调平螺钉；5—保温皿；6—试样；
7—刻度盘；8—指针；9—活杆；
10—标准针；11—连杆；
12—按钮；13—砝码

随机取样 4kg 供检验用。

二、针入度试验

（一）目的

通过对石油沥青针入度的测定可了解石油沥青的粘滞性。它是石油沥青评定牌号的主要指标。

（二）主要仪器设备

针入度计（图 15）、标准钢针、盛样皿、恒温水浴、平底保温皿、秒表、温度计等。

（三）试样制备

（1）将石油沥青试样加热熔化，充分搅拌，用筛过滤后备用。

（2）将沥青注入盛样皿内，其深度大于预计穿入深度 10mm。置于 15～30℃的空气中冷却 1.5h，冷却时须注意不使灰尘落入。然后将盛样皿浸入（25±0.5)℃的恒温水浴中，备用。

（四）试验步骤

（1）调整针入度计调平螺钉 4，使其水平。检查连杆 11，使能自由滑动，并装好标准钢针 10。

（2）从恒温水浴中取出盛样皿，放入水温严格控制为 25℃的平底保温皿 5 中，试样表面以上的水层高度应不少于 10nm。将保温皿放于圆形平台 3 上，慢慢放下连杆，使针尖与试样表面恰好接触。拉下活杆 9 与连杆 11 顶端接触，调节刻度盘 7 使指针 8 指零。

（3）用手压紧按钮 12，同时开动秒表，标准针自由地穿入沥青中，经过 5s，放开按钮，使指针停止下沉。

（4）拉下活杆与连杆顶部接触，这时刻度盘指针的读数即为试样的针入度值。

（5）同一试样重复测定至少 3 次，在每次测定前，都应检查并调节保温皿内水温；每次测定后，都应将标准针取下，用浸有溶剂（煤油、汽油等）的布或棉花擦净，再用干布或棉花擦干。每次穿入点相互距离及与盛样皿边缘距离都不得小于 10mm。

（五）结果评定

取 3 次测定针入度的平均值，取至整数，作为试验结果。3 次测定的针入度值相差不应大于表 11 所列数值，否则试验应重做。

针入度测定允许差值   表 11

针入度	0～49	50～149	150～249	250～350
最大差值	2	4	6	10

三、延度测定

（一）目的

通过对石油沥青延度的测定可了解石油沥青的塑性。它是石油沥青评定牌号的主要指标。

（二）主要仪器设备

延度仪、延度模具（图16）、恒温水浴、温度计以及隔离剂等。

（三）试样制备

（1）将隔离剂拌合均匀，涂于金属垫板和试模的内侧，将试模在金属垫板上卡紧。

（2）将沥青缓缓注入模中，自模的一端至另一端往返多次，使沥青略高出模具。

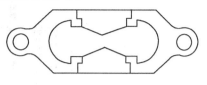

图16 沥青延度模具

（3）浇注好的试样在 15～30℃ 的空气中冷却 30min 后，放入（25±0.1)℃ 的水浴中，保持 30min 后取出，用热刮刀将高出模具部分的沥青刮去，使沥青面与模面齐平。然后将试件连同金属垫板浸入（25±0.1)℃ 的水浴中 85～95min，备用。

（四）试验步骤

（1）调整水槽中水温为（25±0.25)℃。

（2）移动滑板使其指针正对标尺的零点。

（3）将试件移至延伸仪水槽中，将模具两端的孔分别套在滑板及槽端的金属柱上，并取下试件侧模。此时试件表面距水面应不小于 25mm。

（4）开动延伸仪，此时仪器不得有振动，观察沥青的延伸情况。在测定时，如沥青细丝浮于水面或沉于槽底时，则应加入乙醇（酒精）或食盐调整水的比重至与试样的比重相近后，再进行测定。

（5）试件拉断时指针所指标尺上的读数，即为试样的延度（以 cm 表示）。

（五）结果评定

取平行测定的三个结果的平均值作为测定结果。若三次测定值不在其平均值的 5% 以内但两个较高值在平均值的 5% 之内，则弃去最低测定值，取两个较高值的平均值作为测定结果。

四、软化点试验

（一）目的

软化点反映了石油沥青的温度敏感性，即在温度作用下其黏性和塑性的改变程度。它是评定石油沥青牌号的重要指标，也是在不同环境下选用沥青的重要依据。

（二）主要仪器设备

沥青软化点测定仪（包括温度计）（图17）、电炉或其他加热器、隔离剂等。

（三）试样制备

（1）将黄铜环置于涂有隔离剂的金属板或玻璃板上，向环内注入沥青至略高于环面为止，如估计软化点在 120℃ 以上时，应将黄铜环与金属板预热至 80～100℃。

（2）浇筑好的试件在 15～30℃ 的空气中冷却 30min 后，用热刮刀将高出环面的沥青刮去，使沥青面与环面齐平。

（3）将盛有试样的黄铜环及金属板置于盛满水（估计软化点不高于 80℃ 的试样）或甘油（估计软化点高于 80℃ 的试样）的保温槽内恒温 15min。水温保持（5±0.5)℃；甘油温度保持（32±1)℃。同时，钢球也置于恒温的水或甘油中，备用。

（四）试验步骤

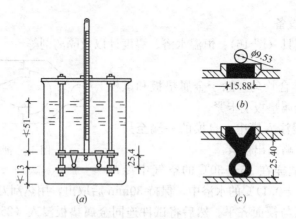

图 17　软化点测定仪

(a) 软化点测定仪装置图；(b)、(c) 试验前后钢球位置图

（1）向软化点测定仪中注入新煮沸并冷却至 5℃ 的蒸馏水（估计软化点不高于 80℃ 的试样）或注入预先加热至 32℃ 的甘油（估计软化点高于 80℃ 的试样），使水面或甘油液面略低于连接杆上的深度标记。

（2）从水浴或甘油保温槽中取出盛有试样的黄铜环置在环架中层板上的圆孔中，并套上钢球定位用套环，把整个环架放入烧杯内，调整水面或甘油液面至连接杆上的深度标记，环架上任何部分不得有气泡。将温度计由上层板中心孔垂直插入，使水银球与铜环下面齐平。

（3）移烧杯至放有石棉网的三脚架上或电炉上，然后将钢球放在试样上（须使各环的平面在全部加热时间内完全处于水平状态）立即加热，使烧杯内水或甘油温度在 3min 后保持每分钟上升（5±0.5）℃，否则重做。

（4）试样受热软化下坠至与下层底板面接触时的温度即为试样的软化点。

（五）结果评定

取平行测定两个结果的算术平均值作为测定结果。重复测定两个结果间的差数不得大于表 12 的规定。

软化点测定允许差值　　　　　　　　　　　　　　表 12

软化点（℃）	80	80~100	100~140
允许差值（℃）	1	2	3

参 考 文 献

[1] 建筑材料辞典. 北京：中国建筑工业出版社，1981
[2] 袁润章. 胶凝材料学. 武汉：武汉工业大学出版社，1989
[3] 笠井方夫著. 材料科学概论. 张绶庆译. 北京：中国建筑工业出版社，1981
[4] 皮心喜，黄伯瑜. 建筑材料. 第三版. 北京：中国建筑工业出版社，1989
[5] 王世芳. 建筑材料. 武汉：武汉大学出版社，1992
[6] 高琼英. 建筑材料. 武汉：武汉工业大学出版社，1989
[7] 纪午生等. 常用建筑材料试验手册. 北京：中国建筑工业出版社，1986
[8] 李荫余. 建筑材料与试验. 南京：南京工学院出版社，1988
[9] 张宝生，葛勇. 建筑材料学——概要·思考题与习题·题解. 北京：中国建材工业出版社，1994
[10] 葛勇，土木工程材料学. 北京：中国建材工业出版社，2007
[11] 刘祥顺. 建筑材料. 大连：大连理工大学出版社，1994
[12] 刘祥顺. 建筑材料. 北京：中国建筑工业出版社，1996
[13] 刘祥顺. 土木工程材料. 北京：中国建材工业出版社，2001